U0323121

江西理工大学清江学术文库

离子吸附型稀土矿区地表环境多源遥感监测方法

李恒凯　著

北　京
冶 金 工 业 出 版 社
2019

内 容 提 要

本书深入介绍了稀土矿区环境信息遥感监测方法，分析了南方稀土矿区地表环境时空变化规律，以及不同稀土开采模式对矿区生态环境的影响机制，为矿区环境治理和生态恢复提供了科学依据。

全书共分7章，包括多光谱遥感数据、高空间分辨率遥感数据、热红外遥感数据、高光谱遥感数据等多种遥感技术在离子稀土矿区的监测方法及典型应用。

本书可供离子型稀土矿区环境监测领域的科研工作者、相关企业和政府部门人员阅读，也可供大专院校有关专业的师生参考。

图书在版编目(CIP)数据

离子吸附型稀土矿区地表环境多源遥感监测方法/李恒凯著. —北京：冶金工业出版社，2019.10

ISBN 978-7-5024-8242-8

Ⅰ.①离…　Ⅱ.①李…　Ⅲ.①离子吸附—稀土元素矿床—矿区—地表—环境遥感—遥感监测—研究　Ⅳ.①X87

中国版本图书馆CIP数据核字（2019）第221296号

出 版 人　陈玉千
地　　址　北京市东城区嵩祝院北巷39号　邮编　100009　电话　(010)64027926
网　　址　www.cnmip.com.cn　电子信箱　yjcbs@cnmip.com.cn
责任编辑　郭冬艳　美术编辑　郑小利　版式设计　禹　蕊
责任校对　李　娜　责任印制　牛晓波

ISBN 978-7-5024-8242-8

冶金工业出版社出版发行；各地新华书店经销；三河市双峰印刷装订有限公司印刷
2019年10月第1版，2019年10月第1次印刷
169mm×239mm；14.75印张；284千字；222页

69.00元

冶金工业出版社　投稿电话　(010)64027932　投稿信箱　tougao@cnmip.com.cn
冶金工业出版社营销中心　电话　(010)64044283　传真　(010)64027893
冶金工业出版社天猫旗舰店　yjgycbs.tmall.com

前 言

稀土素有“工业维生素”之称，被广泛应用于国民经济生产的各个领域中，是极其重要的战略性资源。已在包括精确制导武器、航空航天等诸多尖端军事和高科技领域中拥有不可替代的作用，具有尤为重要的价值。我国南方离子吸附型稀土呈离子态吸附于土壤之中，以中重稀土为主，其中重稀土占全球总量的90%，该类稀土矿具有分布广、储量大、放射性低、开采容易、提取稀土工艺简单、成本低、产品质量好等特点，主要分布在我国江西、广东、湖南、广西、福建等南方地区。但该稀土丰度低，工业化开采难度大，导致手工作坊式生产盛行。又由于南方离子型稀土矿点大多位于偏远山区，山高林密、矿点众多、矿区分散，导致监管成本高、常规开采难度大，非法开采屡禁不止。无序粗放式的资源开发方式不仅浪费了宝贵的资源，而且带来了一系列的生态问题，诸如大面积土地损毁、植被破坏、水土流失等生态环境问题。部分地区由于稀土的乱开滥采，还造成大规模的山体滑坡和突发性环境污染问题，甚至引发群体性事件，造成极为严重的生态环境破坏和社会问题。

当前，随着以遥感为代表的空间信息技术的飞速发展，已形成无人机、航空飞机及卫星的空-天-地立体监测平台，积累了丰富的历史存档遥感数据并开发了针对多种遥感数据类型的对地监测技术。而南方离子型稀土资源为我国所独有，由于其具有特殊的行业性和地域性，针对该方面的研究与应用较少。在此背景下，本书从离子型稀土不同的开采工艺所带来的环境问题着手，以赣南稀土为例，结合本矿区特点，研究建立了适合稀土矿区的多时相遥感植被覆盖、土壤侵蚀、土地荒漠化、地表扰动、矿区复垦、稀土开采等问题的遥感监测与评估方法；并分析矿区在不同开采模式下的环境演变规律，为矿区环境的恢复治理提供了理论依据，从而为推动稀土矿区生态环境向绿色可持续方向发展提供了技术支持。

全书共分7章，第1章从南方离子型稀土开采现状出发，指出当前开采稀土可能导致的环境问题，梳理国内外相关成果以及研究现状；第2章主要从植被覆盖角度出发，以高分遥感影像获取的矿区植被覆盖度作为检验数据，比较FCD、DPM和LSMM模型对稀土矿区植被覆盖提取的准确性，研究了矿区植被覆盖与稀土开采的关系及景观格局演变规律，为稀土矿区植被景观的生态恢复提供了科学依据；第3章以定南县和寻乌县的稀土矿区为例，分析了稀土开采的时空分布及矿区土地毁损与恢复过程，以1990~2016年的HJ-1B CCD、Landsat 5和Landsat 8遥感数据为数据源，结合回归分析法、遥感时序NDVI分析方法，对岭北稀土矿区的稀土开采状况及土地毁损与恢复情况进行了分析；第4章在以上研究的基础上，采用RS、GIS及RULSE模型，开展矿区土壤侵蚀定量评估及不同开采模式下的时空演变分析，并采用27年的多时相Landsat遥感影像数据，基于Albedo-NDVI特征空间理论，对岭北矿区荒漠化信息进行提取，定量监测与分析了矿区土壤侵蚀时空动态以及荒漠化动态变化特征和规律，反映了不同稀土开采模式和复垦措施对矿区土壤侵蚀与土地荒漠化的影响；第5章以Landsat系列卫星影像作为主要数据源，分别运用Artis算法、单通道算法、单窗算法、辐射传输方程四种算法反演了矿区地表温度，分析比对温度差异指数、植被指数与矿区地表生态扰动的响应关系，构建矿区地表生态扰动指示性因子及扰动的关系模型，对矿区多时空的地表生态扰动展开分析；第6章主要采用高光谱方法，以复垦植被竹柳、油桐和湿地松为例，提取敏感波段以及相关性较好的光谱特征参数，构建叶绿素含量的反演模型，对复垦植被长势进行监测；第7章主要介绍了以 Pleiades 影像和航拍高分影像为基础数据，开展稀土开采的遥感识别方法。

本书是江西理工大学矿山资源环境遥感团队近年来共同努力的研究成果，全书由李恒凯设计大纲并主持撰写，硕士研究生雷军、杨柳、欧彬、熊云飞、李芹、王英浩、刘玉婷、魏志安、吴冠华、翁旭阳、徐丰等共同参与了本书的相关研究工作。本书的撰写得到了中南大学吴立新教授、江西理工大学刘小生教授、兰小机教授及江西理工大学建筑与测绘工程学院有关领导、老师的热忱关心与大力支持，在此表示衷心的感谢。

本书由江西理工大学优秀学术著作出版基金资助出版，在此对江西理工大学在各方面提供的支持和帮助表示诚挚的感谢。

由于作者水平有限，在书中阐述的某些学术观点，仅为一家之言，欢迎广大读者争鸣。此外，书中疏漏不足之处，敬请广大读者和同行专家批评指正。

李恒凯

2019 年 6 月于江西理工大学

目　录

1 稀土开采与矿区环境

稀土被广泛应用于国民经济生产的各个领域，是涉及国家安全的战略资源和高科技材料。我国南方离子吸附型稀土资源由于较高的中重稀土含量，具有尤为重要的战略价值。然而，由于其矿点大多位于偏远山区，山高林密、矿区分散、矿点众多，导致监测成本高、难度大，非法开采屡禁不止。无序粗放的资源开发方式不仅带来资源的浪费，而且带来一系列的生态环境问题。本章从离子型稀土形成的特殊地理条件，以及由此带来的特殊开采工艺角度，阐述了稀土开采对环境的影响，并分析了当前遥感技术在矿区环境监测中的应用及发展，提出了离子型稀土矿区多源遥感监测方法。

1.1 离子吸附型稀土形成及分布

1.1.1 离子吸附型稀土

稀土素有“工业维生素”之称，被广泛应用于国民经济生产的各个领域，是极其重要的战略资源。我国稀土资源分两大类，一类以内蒙古包头为代表的北方氟碳铈矿，另一类就是以江西赣州为代表的南方离子型矿。南方离子吸附型稀土呈离子态吸附于土壤之中，以中重稀土为主，其中重稀土储量占全球的90%，其经济价值高于氟碳铈矿，具有易开采、配分齐、放射性低等特点，已在包括精确制导武器、航空航天等诸多尖端军事和高科技领域应用，具有不可替代的作用，而成为世界稀土产业中罕见和珍贵的自然矿产资源（李恒凯，2016）。

离子吸附型稀土矿的原岩一般都属于酸性岩浆型花岗岩或火山岩，但花岗岩属于浸入岩，火山岩属于喷出岩。在湿热的气候和有利的地貌条件下，原岩中的各种硅铝矿物在物理风化和弱酸性地下水介质的长期化学腐蚀作用下，相继遭到破坏，最终粒度变小且风化成如高岭石、蒙脱石、云母等黏土矿物（肖燕飞，2015）。其中易风化的稀土矿物和含稀土的副矿物也在各种物理化学作用下不断风化解离，形成带羟基的水合稀土离子进入到地下水体系，而在随地下水迁移过程中，羟基水合离子被新生成的黏土矿物表面吸附，最终形成了离子吸附型稀土矿（黄成敏，2002）。

1.1.2 离子吸附型稀土分布及特点

1969 年，原江西九〇八地质大队在赣州龙南地区首次发现离子吸附型稀土矿床，之后我国在广东、福建、广西、湖南、云南、浙江等地陆续发现，近几年甚至在越南、缅甸等东南亚国家也有发现，从而打破了离子吸附型稀土矿床只发育在中国北纬 22°~29°、东经 106°~119°范围内的传统认识（王登红，2013）。与世界上绝大部分的稀土资源相比，其突出特点是中重稀土含量高、放射性元素含量低、状态特殊、提取技术独特。

该矿中的稀土一般赋存于风化壳矿床中，其原矿品位很低，一般稀土氧化物（REO）含量仅 0.05%~0.2%，但赋存条件差、分布散、丰度低，难以实现规模化开采，导致手工作坊式生产盛行。又由于离子吸附型稀土矿点大多位于偏远山区，山高林密、矿区分散、矿点众多，导致监管成本高、难度大，非法开采屡禁不止。无序粗放式的资源开发方式不仅带来资源的浪费，而且带来了一系列的诸如大面积土地损毁，植被破坏、水土流失等生态环境问题。一些地方由于稀土的乱挖滥采，还造成大规模的山体滑坡和突发性环境污染问题，甚至引发群体性事件，带来极为严重的生态环境问题和社会问题。

1.2 稀土开采技术及环境影响

1.2.1 稀土开采技术发展

离子吸附型稀土矿被发现之后，最初将矿石采出后经过筛分放于桶中，采用氯化钠作为浸取剂浸取其中的稀土。每次桶浸量大概为几千克，此阶段生产规模很小，后来采用池浸工艺将其取代，从而实现工业化生产。池浸过程是在水泥防漏的 10~20m^3 浸析池中进行，池底有一定的倾斜角度，稀土矿石堆积在池中滤层中。浸取剂自上而下自然渗入矿层，渗滤液汇集在池的底部进行收集。此方法俗称为“搬山运动”式开采，主要包括“表土剥离—矿体开采—运矿入池—回收浸液—排放尾矿”等工艺过程。该工艺开采作业面积及深度大，扰动和破坏大量的地表植被，产生大量的固体废弃物及尾矿压覆矿床，造成地表压占及水土流失，且浸矿母液收集率低，富含氨氮的酸性母液流失量大，又造成水土污染。

随后，王永志等（1989）发明了一种对离子吸附型稀土矿堆浸工艺。将稀土原矿构筑成矿堆，矿堆底部提前布置收液沟、收液管，铺设防漏层，安放导流管，并在矿堆下游做好收液工作。该工艺工业化生产始于 20 世纪 90 年代后期，主要包括“表土剥离—矿体开采—筑坝堆浸—回收浸液”等工艺过程，该工艺普遍借助大型机械开采和装运，图 1-1 为正在使用的和废弃的露采-堆浸场。堆浸工艺极大提高了稀土开采效率，但并没有从根本上解决池浸工艺所带来的环境污染问题，同样存在大量尾矿堆弃，造成水土流失、生态环境破坏。

a

b

图 1-1 堆浸工艺的堆浸场
a—使用中的堆浸场；b—废弃的堆浸场

“八五”期间，我国科研工作者研究和开发了离子吸附型稀土矿的原地浸取工艺，只需在矿山表面开挖注液系统和收液，然后将浸取剂溶液经注液井直接注入矿体，在黏土矿物吸附的稀土和浸取剂阳离子之间发生离子交换反应，进而通过收液系统收集浸出液（汤巧忠，1997）。其过程主要包括“原地打井—注液渗透—母液回收”等关键工艺，不用开挖山体和筑池（堆）浸矿、排弃尾矿，地形地貌、地表植被、生态环境破坏程度较轻，图 1-2 所示为原地浸矿现场照片。

1.2.2 稀土开采对环境的影响

当前我国整个南方离子吸附型稀土开采已经淘汰了池浸工艺，积极推广原地浸矿工艺，但由于原地浸矿工艺对矿区地质结构有一定要求，完全推广存在一定难度，主要以原地浸矿为主，堆浸为辅。堆浸工艺占用大量土地，对地表植被的直接破坏和压覆，其底部不设防渗层或防渗层损毁造成的母液流失，导致水源污染和水质下降，使得下游农田受到影响，堆浸后尾砂直接留在堆场，雨季也极易引发溃坝和泥石流等地质灾害，加剧了水土流失的速度，附近河道不断淤积，河床抬升，原有河流地貌也有较大改变。

原地浸矿工艺尽管不用开挖山体和筑池（堆）浸矿、排弃尾矿，地形地貌、地表植被、生态环境破坏程度较轻，但在矿区地表大量开挖注液井，仍然会一定程度上破坏地表植被和改变地貌景观，使大片山体变成“瘌痢头山”，酸性浸矿化学用料不仅破坏原有的岩土应力平衡状态，导致土壤侵蚀程度加大，形成了大量的沟壑，由于天然岩土底板存在大量裂隙、孔隙及导水层，母液渗漏不可避

a　　b　　c　　d

图 1-2　原地浸矿现场照片

a—原地浸矿对山体注液；b—原地浸矿沉淀池；c—原地浸矿高位池；d—原地浸矿集液巷道

免，必然导致流域水源和水质污染，给当地生态环境造成极大破坏。

1.2.3　赣南稀土矿区环境问题

赣州地区简称赣南，是我国南方离子型稀土的主要产地，有“稀土王国”之称。离子吸附型稀土资源分布于赣州市 17 个县（市、区）146 个乡镇，矿区有 105 处。自 20 世纪 70 年代中期开始，受当时“有水快流”（即有资源要快点开采）和“四轮驱动”（即国家、乡（镇）、集体、个人四股力量齐上）的影响，稀土开采进入极为迅猛的发展阶段，一大批池浸工艺的稀土矿山（点）蜂拥而上。

针对稀土资源无序开采的混乱局面，赣州市于 1999 年 10 月全面实施稀土矿关停整顿。关停期间，由江西省国土资源厅换发了 88 宗稀土矿采矿许可证，由国资委管辖的"赣州稀土矿业有限公司"统一管理。为保护环境、提高资源利用率，2003年起，赣州市全面停止了池浸工艺，2007年又全面停止了堆浸工艺，赣州稀土矿业有限公司开始实施原地浸矿工艺。历经近四十年的开采，赣州离子型稀土为世界和我国高新技术产业发展供应了充足原料，为我国经济发展做出了卓越贡献，同时也给赣南老区遗留下大量废弃稀土矿山和严重的生态环境问题，集中体现在：

（1）矿区生态及地形地貌破坏，植被退化严重。在稀土矿开发及闭坑后，地表植被被剥除，山头被削平，沟谷被弃土或流砂充填，改变了原始地形地貌，形成了大面积裸露采场，矿区生态严重破坏，植被覆盖率急剧下降，部分矿区低至10%。此外，酸性液体的注入，也导致山体土壤酸化板结，植被出现成片退化现象。

（2）矿区土地资源压占、水土流失、土地沙化酸化荒漠化。早期采用的池浸/堆浸工艺，需"剥皮"开矿，并建造大量溶浸池和临时建筑，矿物提取后堆弃的大量尾矿，直接破坏和占用大量土地资源；赣南雨水丰沛，裸露废弃的采矿场和随意堆放的尾矿，产生大量水土流失及尾砂下泄，掩埋矿区下游大量农田、村庄，或使良田土质、功能严重退化和沙化，形成大面积荒漠。

（3）稀土盗采滥采严重，屡禁不止。由于稀土行业的高额利润和相对简易的开采技术，同时，稀土矿大部分分布于偏远山区，交通不便，监管困难，使稀土盗采成为赣南稀土行业的顽疾。

生态环境的恢复和治理，已成为稀土产区的一个沉重负担。2012年4月16日，国家多个部委组成的联合调研组在离子型稀土主要产区赣州的调研报告显示，赣州所辖的18个县，均有不同程度的稀土开采环境问题，整个赣州废弃的稀土矿山多达302个，这些矿山遗留尾矿高达1.91亿吨，有将近97.34km^2的山林由于稀土开采被破坏，需要治理70年。

2011年7月25日，工信部与监察部、环境保护部等六部委联合下发了《关于开展全国稀土生产秩序专项整治行动的通知》。行动开展以来，在打击稀土盗采、规范开采方面取得一定效果，但由于离子型稀土极其简易的开采技术、高额的利润和监管手段的缺乏，稀土盗采及其环境问题依然不能从根本上得到解决。稀土开采监测成本高、监管不力，成为制约行业发展的突出问题，探索新的有效的监管方法，已经迫在眉睫。

1.3　矿区环境遥感监测进展

1.3.1　稀土矿区环境问题的提出

早在20世纪80年代，离子吸附型稀土开采所带来的环境问题已经引起了关注。卢能进（1988）就离子型稀土矿尾矿的性质和特点，尾矿对环境的危害做了分析，指出离子型稀土尾矿是一种含有有毒有害物质很低、化学性质较稳定的黏土类物质。它对环境的主要危害是加剧矿区的水土流失和小区域荒漠化；罗冠文（1989）指出，稀土开采的尾矿，在雨季会导致大量泥砂冲入农田，堵塞河道，破坏环境；贺伦燕（1989）指出，由于离子稀土矿床呈面形分布，采矿时会破坏大面积植被，加速水土流失，同时稀土开采尾矿量大，又吸附一定量的浸矿剂，尾矿的储存和防止流失是离子稀土开采的难题。

进入20世纪90年代，随着离子稀土开采规模的持续扩大，矿区环境恶化加剧，对其环境问题研究日趋广泛。陈志澄（1992）较早关注了离子稀土开采所带来的化学环境问题；涂翠琴（1995）、陈振金（1998）分别针对江西寻乌、福建长汀某稀土矿区水土流失问题，对矿区进行了复垦实验；汤洵忠（1997）根据离子型稀土矿原地浸析采矿试验，指出该工艺与池浸工艺相比，开采每吨稀土产品可减少约200m^{2}的矿区森林被毁，可减少2000m^{3}左右尾砂及剥离物堆弃用地约0.4亩，相比传统池浸/堆浸的露天剖采方法，较好地保护了生态环境；许炼烽（1999）对广东省平远县稀土矿开采对土地资源影响进行了调查和分析，表明离子型稀土矿的开采，造成了植被和农田的大面积毁损、区域水土流失等多方面生态环境问题。

2000年后，原地浸矿技术被积极倡导并得到推广应用，稀土矿区环境恶化问题得到了一定程度的遏制。但一些学者的研究表明，原地浸矿工艺并不能从根本上消除稀土开采带来的环境影响（杜雯，2001；李春，2011）。其中，刘毅（2002）针对龙南县矿区水土流失进行研究，表明原地浸矿工艺尽管一定程度上减少了水土流失，但会造成山体滑坡及滑坡时间的不确定性，治理困难。此外，山体灌注硫铵液，会造成植被根系萎缩，生长停滞，植被退化；李天煜（2003）指出原地浸矿由于受地质条件限制，无法完全取代野外硫铵沉浸-碳铵沉淀的方法，原地浸矿在实施过程中，易引发事故性环境问题，诱发滑坡，可能污染地下水；李永绣（2014）指出原地浸矿的山体是水土流失的重大隐患；罗才贵（2014）进一步指出原地浸矿工艺对矿区植被仍有较大破坏，并且会污染矿区土壤和水体；刘文深（2015）研究表明，废弃3~10年内离子型稀土矿尾砂地的土壤理化性质并未得到明显改善，土壤养分贫乏、生物多样性少，导致生态恢复困难。

1.3.2　稀土矿区环境遥感监测进展

尽管南方离子型稀土开采带来严重的生态环境问题，但由于特殊的地域性及行业性，相关环境遥感监测与评估方面的研究起步较晚，仅在近10年才有相关研究。由于稀土矿点小而分散，当前稀土矿区环境遥感主要使用中高空间分辨率开展相关研究。

1.3.2.1 高空间分辨率遥感影像的矿区环境调查

主要通过目视解译方法，采用稀土矿区高空间分辨率遥感影像数据，对稀土非法开采及开采过程、地质灾害及矿区植被生长状况进行监测。王瑜玲（2006）应用 QuickBird 遥感影像数据对稀土矿的开采状况及引发的地质灾害问题进行调查；雷国静（2006）采用 QuickBird 遥感数据对南方离子型稀土矿周围植被长势进行了调查；王少军（2012）采用 QuickBird 高分辨率遥感信息与 3D 可视化技术相结合，对定南矿区开采面、固体废弃物及其造成的泥石流进行解译；代晶晶（2013，2014）以赣南寻乌地区为研究区，采用 IKONOS 高分辨率遥感数据，对稀土矿开采导致的土地荒漠化、河流污染、稀土盗采等问题进行了研究；安志宏（2015）利用资源一号（ZY-1）02C 卫星全色高分辨率相机（HR）和多光谱相机（MUX）数据，开展了 1∶5 万矿山遥感监测应用研究；黄铁兰（2015）采用资源一号 02C 数据，通过建立合适的解译标志，对粤赣两省交界处的稀土开采状况进行监测；吴亚楠（2017）采用高分一号数据为主要信息源，建立稀土矿山主要地物解译标志，开展稀土矿山占地现状调查。

一些学者针对稀土开采方式和特点，采用面向对象方法开展稀土开采识别，取得了一定效果。如彭燕（2013）依据面向对象分类方法，结合 ALOS 影像纹理、面积及上下文关系等特征，进行稀土矿开采地的信息提取，有效区分了原地浸矿法和非原地浸矿法开采区；李恒凯（2017）从离子吸附型稀土矿开采过程中沉淀池状态及其空间分布关系入手，构建了面向对象的稀土开采高分遥感影像识别方法，并采用定南县岭北稀土矿区的 Pleiades 卫星遥感影像和寻乌县河岭稀土矿区航拍遥感影像对该方法进行检验；吴亚楠（2018）以 IKONOS 影像为数据源，应用面向对象分类方法提取了稀土开采区的遥感信息。

1.3.2.2 多时相遥感的矿区环境变化提取与过程监测

主要采用具有较长历史存档的 Landsat 及 HJ 卫星影像数据，对稀土矿区环境变化进行监测与评估。王平（2008）以我国南方丘陵地区风化壳离子型稀土矿区作为研究对象，采用遥感解译法，对研究区土壤侵蚀状况进行了动态分析，得到不同强度土壤侵蚀面积变化的总体趋势，揭示了稀土矿开采对土壤侵蚀的影响；王陶（2009）以江西赣州稀土矿区为例，选择 1988~2005 年的 4 期不同数据源的遥感数据，采用最大似然分类后比较法，对矿山开采环境下 17 年的环境变化信息进行了分析评价；Peng（2013）对赣州市龙南县生态进行评估，发现生态最差的区域主要集中在该县的稀土矿区；张航（2015）结合 Landsat-TM/ETM+与 HJ-1/CCD 数据，采用像元二分法提取植被覆盖度，根据矿区植被覆盖度的变化监测稀土矿区开采活动，对江西定南地区 20 年来稀土矿区开采变化情况进行分析；Wu（2016）提出了一种新的形态挖掘特征指数，从 Landsat 影像上提取了稀土矿区；熊恬苇（2018）以多时相Landsat遥感数据计算归一化植被指数和植被覆盖度，通过回溯法确定1990~2015年赣南6县稀土矿开采范围的变化及矿区植被恢复状况。

由上述研究可知，当前对于南方稀土矿区遥感监测，主要针对稀土非法开采问题，采用高空间分辨率遥感影像进行稀土开采状况监测。而针对稀土矿区环境变化监测与评估问题，当前研究主要采用传统的遥感监测技术，缺乏可靠的矿区环境信息提取方法，如针对矿区土壤侵蚀与土地荒漠化，遥感解译法无法对具体区域的侵蚀状况进行定量评价，在南方稀土矿区的适用性也有待检验，而植被覆盖提取采用像元二分法模型对于位于丘陵山区的稀土矿区是否适用也需要验证。稀土开采的时空分布及矿区土地毁损与恢复过程，是分析稀土矿区环境变化的基础，也需要深入研究。此外，南方稀土矿区环境与稀土开采模式有密切关系，如何通过矿区环境的变化，分析不同的稀土开采模式对环境的影响及生态累积效应，当前也缺乏相应的研究手段。

1.3.3　多源遥感的矿区环境监测方法

遥感技术作为获取环境信息的强有力手段，其应用的必要性和迫切性越来越广泛地被世界各国所接受，该技术突破了以往传统矿山环境监测的局限性。近年来，已初步建立起了高、中、低轨道卫星和地面结合，大、中、小、微型卫星协同，粗、中、细、精分辨率卫星互补的全天候、多层次的全球对地观测体系，积累了丰富的历史存档遥感数据和发展了针对多种遥感数据类型的矿区环境遥感监测技术手段（Walther，2017）。当前，对矿区环境遥感监测，从使用的遥感数据类型来看，主要集中在如下方面。

1.3.3.1　基于多时相多光谱数据的矿区环境变化监测

在很长一段历史时期，我国矿产资源采取粗放型的开采模式，造成矿区原有生态景观的严重破坏和一系列的生态环境问题，如土地荒漠化、植被退化、水土流失，南方稀土矿区更是由于长期无序粗放的开采方式，带来极为严重的环境问题。矿区环境变化体现了人类活动对矿区生态环境的扰动影响，是一个长期累积的过程，并与不同矿产开采方式有直接的关系。采用多时相遥感卫星数据，对矿区的地表环境变化进行长期跟踪监测与评估，进而分析不同开采方式对地表环境响应模式及地表环境生态累积效应，对于矿区环境治理与生态修复有重要意义。

Schmidt（1998）、Felinks（1998）、Almeida（2002）、Petja（2006）、Lei（2010）、Erener（2011）、Sarp（2012）、黄家政（2014）、王藏姣（2017）分别采用Landsat系列影像，对煤矿区及石棉矿区植被退化与植被覆盖时空变化进行了监测；Lausch（2000）采用不同时相和不同空间尺度的矿区土地利用数据分析矿区景观的时空变化；Antwi（2008）、Yang（2009）、Newman（2011）、

Fagiewicz（2014）采用TM数据，对矿区进行地表覆盖分类并分析景观指数变化，结果表明矿区扰动和矿区斑块碎片生成有显著的相关性，矿区复垦要重点考虑加强矿区的自然生态结构；Antwi（2014）采用时间序列的Landsat数据，生成矿区土地覆盖制图，进而分析矿区复垦对覆盖景观的影响，表明不同的矿区类型、不同的复垦时间对于矿区景观都有明显影响；Broma（2012）采用Landsat数据，利用植被指数、温度、湿度指数对欧洲某煤矿矿区废石堆在1984~2009年期间进行监测；Li（2015）采用28年的Landsat时序影像探测某煤矿区的采矿位置和量化采矿扰动，结果表明矿区扰动不断扩大并贯穿整个研究阶段；Zhao（2015）研究了不同的植被类型对复垦矿区微气候的影响，结果表明复垦区平均地表温度明显降低，而土壤湿度显著增加，其中，复垦草本植物对地表温度和土壤湿度改变起着重要作用。

矿区土地毁损与复垦也得到较多学者关注。Gillanders（2008）利用土地覆盖分类图对多时相矿区遥感数据进行了土地覆盖分类，分析矿区各种类型植被变化面积，分析其原因，为土地复垦何种植被类型建立依据；Schmid（2013）采用多源多时相的遥感数据，对某汞矿区开始建设到关闭的长达30年的过程进行土地利用变化分析，表明汞矿的开采极大改变了地表环境；Li（2015）采用Landsat系列影像，对2000年、2005年、2010年、2013年中国某煤矿区煤矿扩张及由此带来的土地利用变化进行监测和分析，进而为当地政府规划制定和矿区生态环境修复提供支持；李晶（2015）以阿巴拉契亚煤田区为研究区域，应用遥感时序分析法分析了像元尺度的土地损毁和复垦过程特征；张世文（2016）等基于多时相遥感影像，构建植被覆盖度参数，从植被覆盖度变化的角度分析煤炭开采及复垦活动对煤矿区土地的影响。

此外，一些学者也将遥感方法应用与煤矿区热效应监测（谢苗苗，2011；邱文玮，2013；姬洪亮，2014）、土壤侵蚀（周伟，2007；汪炜，2011；黄翌，2014）、煤矿开采扰动（毕如田，2009；邱文玮，2013；黄翌，2014）等方面，取得较好效果。近年来，国内一些学者也利用遥感技术对其他类型的矿区环境进行了监测，赵祥（2005）基于15年的TM数据，针对江西德兴铜矿开采环境，对矿山开采环境内植被及水体的影响进行了动态监测分析；陈华丽（2004）以湖北大冶铁矿区为研究对象，采用多时相TM影像及分类变化检测技术，定量分析了矿区生态环境的动态变化；林彰文（2014）以海南省文昌锆钛矿区作为研究对象，分析了2004~2009年矿区土地利用类型、景观格局的动态变化及与人类活动影响关系，并与煤矿区景观格局发展进行比较，结果表明相对煤矿而言，锆、钛矿开采一方面对地表破坏更严重，另一方面矿区砂壤本底使生态恢复难度加大。

通过上述研究可见，近几年，矿区环境问题已经引起了国内外越来越多专家学者的重视，并得到广泛研究。以煤矿区环境演变分析为基础，其分析方法逐渐应用到多种类型的矿区，由于不同类型的矿区面临不同的环境问题，因而也形成了新的研究方法，如稀土矿区的土壤侵蚀分析方法。总体而言，国外较为重视多种数据源综合协调观测和观测方法的改进，而国内研究多集中于矿区的某个应用进行展开，缺乏更宏观尺度对矿区生态效应的深入研究及研究方法适应性评价和改进。

1.3.3.2　基于高光谱数据的矿区植被生态参数遥感监测

植被往往与土壤、气候、地下水等自然因素密切相关，其生长发育的好坏将直接反映该区域生态环境的状况（Dunn，1986），而高光谱遥感技术在植被方面的成熟发展使得其具备成为生态监测工具的条件。当前在矿区植被的研究方面已经取得一定进展，如 Lu 等（2009）对煤矿区进行高光谱遥感监测，建立植被氮含量反演模型，为煤矿区作物种植选择和生态恢复提供参考依据；Lévesque（2003）等建立了基于空间和波谱信息的森林参数最佳模型，用于废弃酸性矿山尾矿库的生态监测；陈圣波等（2012）通过黑龙江多宝山和铜山多金属矿区典型植物光谱和叶片生理参数分析，表明植被光谱的吸收深度对金属元素的含量估算有较好效果；徐奥等（2017）对铁尾矿产生的尾矿粉尘进行模拟实验，分析降尘量对植被光谱的影响。还有一些学者（卢霞，2007；李庆亭，2008；李娜，2010；付卓，2016）以江西德兴铜矿典型植被为研究对象，通过野外采集光谱数据，利用多种模型方法构建由光谱参数到重金属含量的反演模型，分析矿区重金属含量与叶绿素的关系，表明高光谱在大面积估测植被长势方面很有潜力，这些研究为矿区环境对植被的生长影响提供理论支持。

当矿区闭矿后，必然会遗留一些生态问题，诸如水体污染、土地沙化、生物多样性减少等，此时需要对矿区进行人工复垦，对地表地貌进行重塑。基于此，有学者使用遥感的手段去监测矿区复垦地植被的长势，通过植被的生长状况来反映矿区的复垦情况。张耀等（2016）以安太堡露天煤矿为例，从 19 个植被指数因子中建立复垦植被模型进行反演估算；王金满等（2013）通过研究煤矿复垦泥土环境因素和森林植被生物量的演化规律，揭示了泥土环境因素与植被生物量的相关性；任珊珊等（2017）分析了煤矸山复垦地土壤剖面养分及重金属污染情况，确定阻碍植被恢复的关键因素并提供指导。以上成果表明不同矿点不同地域，由于开采情况、污染情况等不同，植被受到的胁迫是不同的，光谱特征分析、参数选取、分析方法也有所不同。而稀土矿区目前的研究较少，借助高光谱遥感在矿区植被方面的研究可以为稀土矿的研究提供借鉴思路，具有重要意义。

1.3.3.3　基于高空间分辨率遥感的矿区开采状态监测

高空间分辨率遥感影像能够更加清楚地表达地物目标的空间结构与表层纹理特征，可以分辨出地物内部更为精细的组成，能够一定程度上识别矿山开采过程及地表环境扰动，在精细化矿山开采过程监测方面具有较大潜力，已引起广泛关注。Nuray（2011）采用2004～2008年的IKONOS、QuickBird影像为数据源，利用SVM分类方法对土耳其的Goynuk露天煤矿进行高分辨率影像识别地表煤矿区的变化；黄丹（2015）采用SPOT-5影像数据，运用面向对象的方法对煤矸石堆场的各种地物进行识别监测；杨文芳（2014）采用2012年、2013年的Pleiades-1影像数据，结合采矿权等数据，对该矿区开采现状进行监测；李丽（2016）以ZY-3等高分辨率遥感数据为数据源，通过目视解译和人机交互解译对德兴多金属矿集区开采状况进行识别与统计分析，为矿山监测提供参考依据；Pagot（2008）采用IKONOS高分辨率影像数据，利用最大似然分类法对非洲的一个钻石矿开采进行监测，实现影像识别矿区手工与工业钻石开采的两种情况；Chaussard（2016）采用ALOS PALSAR数据，以菲律宾吕宋岛的黑砂矿为研究对象，利用GIS与遥感技术来识别合法和非法采矿活动以及监测沿海地区地面沉降的情况。

高空间分辨率遥感技术在矿区开采监测方面提供了很大的方便，为矿产开采监测与管理提供了新的思路，节约了大量成本，但是当前对于矿区开采的遥感监测技术的运用主要以目视解译或人机交互为主，监测的工作效率主要靠人工解译的速度，效率较低，缺乏自动识别监测的方法。

1.3.4 研究现状分析

尽管遥感技术在国内外矿区环境监测有较为广泛的研究，但主要集中在煤矿区，南方离子型稀土矿区由于其特殊的行业性和地域性，研究较少。离子稀土矿区位于南方红壤丘陵生态脆弱区，常年有较高植被覆盖，矿点小而分散，与煤矿区有显著差异。当前对南方稀土矿区环境遥感监测与评估仅有零星研究，缺乏针对稀土矿区特点的完善的监测与评估方法体系，煤矿区的环境遥感监测与评估方法在南方稀土矿区是否适用有待考证。但是围绕稀土矿区环境遥感监测与评估这条主线，相关技术在其他领域已经得到较为广泛研究，并积累了丰富的成果，这为开展本研究提供了较好的理论与技术基础；然而，南方稀土矿区位于红壤丘陵生态脆弱区的区域特征及其因特殊的成矿环境和开采方式，又有其自身特点，当前的研究不能直接应用于稀土矿区环境遥感监测与评估，其局限性表现在：

矿区环境多源遥感监测技术在国外进行了较为广泛和深入的研究和应用，涉及不同矿产开发，而国内研究对象集中于煤矿区，对其他类型矿区环境问题研究较少，对南方红壤丘陵环境下的稀土矿区，仅有零星研究，缺乏较为完整的方法和应用案例。离子稀土矿区位于植被覆盖较为茂密的南方红壤丘陵山区，稀土开采导致矿点区地表形态及环境要素发生急剧变化，与周边区域形成强烈反差。传统矿区环境遥感监测方法对于该区域有较大局限性。此外，稀土矿区环境变化与其开采模式和特殊的地域环境有直接关系，稀土矿区位于红壤丘陵山区生态脆弱区，同时，稀土的自身开采加剧了局部生态环境退化。稀土开采采用的浸矿液体也导致土壤酸化，植被根系萎缩，生长停滞，植被退化，而且浸矿液体可能进入水系，带来潜在的生态风险。稀土开采工艺的变化又带来不同的环境影响，所以该区域环境既有宏观方面，又有微观方面，应该从矿区地域环境和稀土开采方式转变角度，采用多源遥感数据，研究环境变化信息提取与评估方法，挖掘矿区环境变化时空演变过程，分析不同开采方式对地表环境响应模式及地表环境生态累积效应，为矿区环境治理与生态修复提供理论依据。

2　矿区植被覆盖遥感监测

离子吸附型稀土开采导致矿区植被退化和严重的生态环境问题，日益引起人们关注。采用 Landsat 系列影像作为数据源，以定南县岭北稀土矿区作为研究案例，以寻乌河岭矿区作为验证矿区，对稀土开采扰动下的矿区植被覆盖景观格局的变化进行分析。为提高分析的可靠性，以高分遥感影像获取的矿区植被覆盖度作为检验数据，比较森林郁闭度制图模型（forest canopy density mapping model，FCD）、像元二分法模型（dimidiate pixel model，DPM）和线性光谱混合模型（linear spectral mixture model，LSMM）对稀土矿区植被覆盖提取的准确性。

2.1　研究区概况

岭北稀土矿区位于江西省定南县城北约 2km 处，地理坐标：114°58′04″~115°10′56″E，24°51′24″~25°02′56″N，面积约为 200km²。该区为典型丘陵山区，植被生长茂盛，森林覆盖率较高。矿区迄今已有 20 多年的开采历史，其开采工艺大致经历了 2 个阶段：第 1 阶段主要于 2001 以前，采选工艺为池浸工艺，该开采工艺由于需要将植被表土层与矿体剥离，导致采矿区地表植被覆盖急剧下降；第 2 阶段主要于 2002 年以后，主要开采工艺为原地浸矿，部分矿点使用堆浸工艺，并逐渐过渡到原地浸矿。原地浸矿相比池浸/堆浸工艺，具有较大进步，避免了对地表植被的直接破坏，但大量酸性浸矿溶液（硫酸铵）的注入，破坏了土壤中原有的酸碱平衡，从而导致植被生长受到抑制，造成一定程度植被退化。长时间的稀土开采，特别是早期池浸工艺的使用，废石和尾砂的大量堆积，破坏了原有土层结构和营养分布，使得废弃矿区的植被恢复较为困难。据定南稀土普查统计，截至 2011 年，水土流失面积达 21.19km²，破坏土地面积达 13.2km²，废石积存量 15620kt，尾砂积存 3390t，目前生态治理面积只有 34hm²，且多靠自然恢复，生态状况不容乐观。寻乌县河岭稀土矿区矿体埋藏浅，厚度不大，位于侵蚀基准面之上，基本裸露地表，地形有利于自然排水，开采方式基本为露天开采，以池浸/堆浸工艺为主，植被破坏严重，形成大面积成片裸露稀土尾砂地表。两矿区具体地理位置如图 2-1 所示。

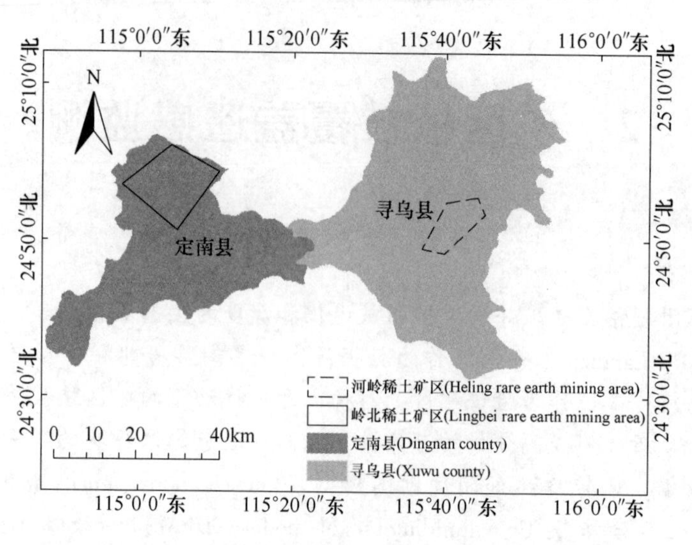

图 2-1　研究区地理位置图

2.2　数据获取与处理

2.2.1　数据来源

本研究以定南县岭北稀土矿区为例，研究矿区植被覆盖度提取方法，并将该方法在寻乌河岭稀土矿区进行检验，以证明方法的适应性和有效性。以此方法为基础，研究岭北稀土矿区植被覆盖时空分布特征及植被覆盖的景观格局演变规律。使用了中空间分辨率和高空间分辨率的卫星遥感影像数据及航拍数据、土地利用数据和地形数据。土地利用数据来自江西省国土资源厅 2010 年野外调查数据，DEM 数据空间分辨率为 30m，由 ASTER GDEM 第一版本（V1）的数据加工得来。

遥感数据选择具有较长历史存档的 Landsat 数据系列及具有较高空间分辨率的岭北矿区 Pleiades 数据和河岭矿区航拍数据，所有数据在矿区均无云覆盖，数据间隔前三期为 9 年，后一期为 5 年，矿区所在区域为南方丘陵山区，物候较晚，12 月植被仍较为茂密，能反映植被总体覆盖情况，数据参数如表 2-1 所示。

表 2-1　研究区卫星数据参数

数据采集时间	卫星标识	传感器标识	轨道号	空间分辨率
1990 年 12 月	Landsat-5	TM	121/43	多光谱 30m
1999 年 12 月	Landsat-5	TM	121/43	多光谱 30m
2008 年 12 月	Landsat-5	TM	121/43	多光谱 30m

续表 2-1

数据采集时间	卫星标识	传感器标识	轨道号	空间分辨率
2013 年 12 月	Landsat-8	OLI	121/43	多光谱 30m
2013 年 10 月	Landsat-8	OLI	121/43	多光谱 30m
2013 年 10 月	Pleiades			全色 0.5m，多光谱 2m

表 2-1 中，Landsat-8 卫星是 NASA 为 Landsat 计划重新注入的新鲜血液，于 2013 年 2 月 11 号成功发射。Landsat-8 保证了陆地数据接收及可利用的连续性，其数据与已有的标准陆地卫星数据产品一致。多年接收的陆地卫星数据的一致性，使用户可以直接对当前特定地点的图像与那些若干个月以至几十年接收的图像进行对比，从而进行地表环境变化监测，建立长期的趋势研究。本章研究选择 Landsat-8 搭载的 OLI 传感器获得的矿区研究影像，该传感器与 Landsat-5 的 TM 性能参数基本一致，包括了 TM 传感器的所有波段，并调整了 OLI Band5（0.845~0.885μm）波段，排除了 0.825μm 处水汽吸收特征；OLI 全色波段范围较窄，对植被和非植被区域有更好的区分能力。

本研究使用 Pleiades 高分影像数据对岭北矿区提取的植被覆盖度进行方法验证。Pleiades 是 SPOT 卫星家族后续的卫星名，是由 Pleiades 1A 和 Pleiades 1B 组成的一对（两颗）超高分辨率的数字成像卫星星座。两颗卫星的轨道高度相同，可以在每天都能观测到地球的任何一个角度，分辨率高达 50cm 数量级。Pleiades 单次过境可以得到最大 100km×100km 的镶嵌影像，可以为军用和民用领域提供大量高清卫星图片，广泛地在地点监视、自然资源普查、灾难救援等方面发挥巨大作用。采用航拍数据对寻乌河岭矿区植被覆盖度进行验证，航拍数据采集时间为 2013 年 10 月份，为空间分辨率 0.5m 的彩色影像，覆盖整个河岭稀土矿区。

2.2.2 数据预处理

首先，对获取的 Landsat 卫星数据进行数据预处理，包括遥感影像的辐射定标、大气校正、几何校正和研究区影像数据裁剪。其中，辐射定标和大气校正是数据预处理的关键。利用绝对定标系数将 *DN* 值图像转换为辐亮度图像的公式为：$L=DDN/a+L_0$，其中 L 为辐亮度，a 为绝对定标系数增益，DDN 为 DN 原始遥感影像数字值，L_0 为偏移量，转换后辐亮度单位为 $W/(m^2 \cdot sr^2 \cdot \mu m)$，定标系数从原始影像数据的元数据文件中获取，通过 ENVI 的 Band Math 工具编写代码进行传感器定标。定标完成后，采用 ENVI 的 FLAASH 大气校正模型进行大气校正。采用 2008 年 TM 影像为基准影像，分别对 1990 年、1999 年的 TM 影像和 2013 年的 OLI 影像进行相对配准。最后，利用矿区边界数据进行裁剪。通过上述处理，得到 1990 年、1999 年、2008 年、2013 年 4 期矿区全境遥感影像图。

采用主成分变换融合方法，将 Pleiades 数据 0.5m 全色和 2m 多光谱波段进行影像融合，得到 0.5m 的彩色高分矿区遥感影像。为保证验证的准确性，将 Pleiades 影像和校正后的 OLI 影像进行配准，采样点分布均匀，误差在一个像元内。对配准后的 Pleiades 划分成 30m×30m 格网，如图 2-2 所示。

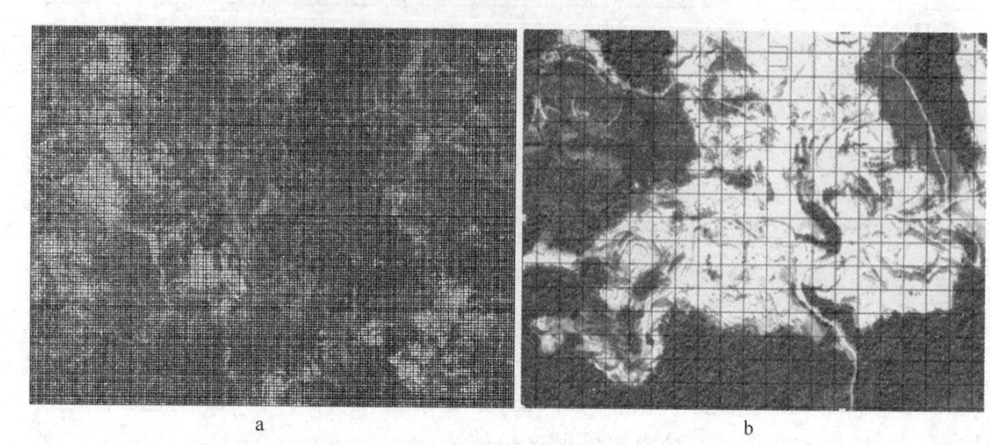

a　　b

图 2-2　Pleiades 格网划分示意图
a—格网缩略图；b—格网图

在图 2-2 中，每个格网包含 3600 个像元，对应于 OLI 影像一个像元，用目视解译方法勾画出每个格子里面植被像元，用植被像元数除以对应格子总像元数，即可计算出每个格子的植被覆盖度，可以近似认为为地面真实植被覆盖度。河岭矿区的航拍影像采用相同方法进行数据预处理。

多时相 Landsat 数据只有一景影像为 10 月份，该影像在岭北矿区有少量云覆盖，而在河岭矿区无云，使用其对寻乌河岭矿区植被覆盖提取进行检验。对于岭北矿区有云区域，为提高检验的可靠性，对有云区域进行裁剪，然后用裁剪后的影像进行植被覆盖度的检验。

2.3　植被覆盖度提取与分级

2.3.1　方法背景

植被是连接土壤、大气和水分的纽带，具有减少降雨时雨滴击溅、减缓地表径流、增加土壤保土固土等功能，是土壤侵蚀与水土流失的主要监测因子，也是矿区生态系统的重要衡量指标（王金满等，2013）。遥感由于在时效性、测算范围等方面的明显优势，已成为植被覆盖监测的主要方法（李恒凯等，2013）。当前采用遥感进行植被覆盖度提取方法使用较多的是基于 NDVI 的像元二分法模型（dimidiate pixel model，DPM），由于不依赖实测数据，使用方便，但该模型的适用性一直受到质疑。Jiang 认为当土壤背景颜色较深或有阴影存在时，植被覆盖度会被高估（Jiang 等，2006）；吴见研究表明基于 NDVI 的像元二分模型受地形影响较大，平原植被覆盖度总体精度最高，阴坡植被覆盖度精度最差（吴见等，2013）；唐志光指出 NDVI 对土壤亮度敏感，对高植被覆盖区域容易低估其植被覆盖度，适宜于植被覆盖度中等区域（唐志光等，2010）。森林郁闭度制图模型（forest canopy density mapping model，FCD）是 DPM 模型的改进，通过植被指数（vegetable index，VI）、裸土指数（bare soil index，BI）、阴影指数（shadow index，SI）的线性组合构造复合植被指数 VBSI（vegetable ，bare soil and shadow index），该模型对阴影、土壤、岩石等背景均有较好的削弱作用，在沙漠绿洲具有较高反演精度（蔡蘅等，2013）。离子稀土矿区位于南方丘陵山区，地形复杂，植被茂密，以高植被覆盖为主，低植被覆盖主要集中在矿点及矿区复垦区域，地表主要为稀土尾砂，植被稀疏，DPM 及 FCD 模型在稀土矿区的适用性有待检验。

线性光谱混合模型（linear spectral mixture model，LSMM）将像元灰度值大小看成是像元内部各种地物覆盖类型对传感器信息的贡献，建立影像像元信息的线性分解模型，利用提取的植被端元含量来估算地表的植被覆盖度。该模型较早被应用到城市植被覆盖度提取，获得较好效果（Small ，2001；Small，2006），后来被广泛应用到各种特定研究区域。如 Xiao 利用 Landsat ETM+影像对美国新墨西哥州沙漠山地过渡带建立多种端元的 LSMM，获得植被覆盖度（Xiao，2005）；古丽验证了 LSMM 可充分利用植被的光谱信息提取干旱区稀疏植被，具有较高的提取精度（古丽等，2009）；崔天翔采用 Landsat TM 影像和 LSMM 方法，对北京市野鸭湖湿地自然保护区植被覆盖度进行了估算（崔天翔等，2013）；戴尔阜采用 LSMM 方法对西藏乃东县土地覆盖植被进行监测，结果表明对于山峦重叠、沟谷纵横、地表破碎、混合像元比例高的区域，LSMM 可以很好地处理复杂地物的土地覆盖植被变化（戴尔阜等，2015）。上述这些研究表明，LSMM 能够针对特定应用，灵活选择光谱端元，具有较大的应用潜力。离子稀土矿点地物类型复杂，特别是裸露的稀土矿点，主要为稀土尾砂，相对于土壤具有更高的反射率，LSMM 能够通过端元的选择兼顾这一特点，具有更好的灵活性，可能比 DPM 及 FCD 模型在稀土矿区具有更好的提取精度。

本节将通过高分遥感影像数据，对这三种模型提取的植被覆盖度提取精度进行比较，从而挑选适合稀土矿区的植被覆盖度提取方法，为矿区长期的植被覆盖变化及植被景观格局演化分析提供技术基础。

2.3.2　DPM 模型

像元二分模型假设存在纯像元，则纯植被所覆盖的反射率为 R_{veg}，无植被覆盖即纯裸土的反射率为 R_{soil}，R 为含有植被和土壤的地表的反射率。假定混合像元只由植被和土壤 2 种组分组成，其中像元中植被覆盖的面积比例为 V_f，即为该像元的植被覆盖度，那么裸土覆盖的面积比例则为 $1-V_f$。将混合像元的反射率看作是植被和土壤反射率的线性组合，其比重与它们各自所占面积有关，由此，构建植被覆盖度计算公式如式（2-1）所示。

$$V_f = (R - R_{soil}) / (R_{veg} - R_{soil}) \tag{2-1}$$

将植被指数看作是纯植被和纯土壤的线性组合，式（2-1）可表示为式（2-2）。

$$V_f = (N_{NDVI} - N_{NDVIsoil}) / (N_{NDVIveg} - N_{NDVIsoil}) \tag{2-2}$$

式中，$N_{NDVIsoil}$ 为完全裸土区域的 *NDVI* 值；$N_{NDVIveg}$ 代表完全植被覆盖区域的 *NDVI* 值。理论上 $N_{NDVIsoil}$ 不应该接近零，然而由于大气影响地表湿度条件的改变，不同时间 $N_{NDVIsoil}$ 会发生变化。此外，由于地表土壤湿度、类型、粗糙度等情况的不同，也会导致 $N_{NDVIsoil}$ 随着空间变化（刘丽等，2009）。$N_{NDVIveg}$ 代表影像上全植被覆盖时纯植被像元值，由于植被类型的差异，不同季节植被生长状况的变化，传感器成像角度，$N_{NDVIveg}$ 值也会随着时间和空间而改变。对于此问题，大多采用经验方法或统计方法。本研究为克服空间和时间不确定性，首先根据土地利用图，对遥感影像植被和裸土进行提取，然后均匀地在空间上分别对植被和裸土进行采样，然后对每一采样区域分别提取出纯净像元，进而提取纯净像元对应的 *NDVI* 的值，然后分别统计裸土和植被平均纯净像元 *NDVI* 值，对应为 $N_{NDVIsoil}$ 及 $N_{NDVIveg}$ 值，代入式（2-2），计算植被覆盖度，得到植被覆盖度分布图。

2.3.3 FCD 模型

FCD 模型由国际热带木材组织提出，以 Landsat 影像为主要数据源，构建 4 个指数，即植被指数（*VI*）、裸土指数（*BI*）、阴影指数（*SI*）和热量指数（*TI*）。由于 Landsat 影像的热红外波段空间分辨率较低，且热量指数较少使用，本书借鉴他人方法，对热量指数不考虑（Joshi 等，2006），各指数的公式如式(2-3)~式(2-5) 所示。

$$VI = (b_5 - b_4) / (b_5 + b_4) \tag{2-3}$$

$$BI = \frac{b_6 + b_4 - b_5 - b_2}{b_6 + b_4 + b_5 + b_2} \tag{2-4}$$

$$SI = [(256 - b_2)(256 - b_3)(256 - b_4)]^{1/3} \tag{2-5}$$

式中，$b_2 \sim b_6$ 分别表示 OLI 影像的蓝波段、绿波段、红波段、近红波段、短波红外波段亮度值。依据各指数的相关性特征，构建复合植被指数 *VBSI*（Joshi 等，2006），如式（2-6）所示。

$$VBSI = (VI + sBI)SI \tag{2-6}$$

式中，s 为修正系数，根据本研究区实际情况，经试验选取 $s=-0.1$。本书将 FCD

模型中得到的 *VBSI* 值代替 *NDVI* 值代入像元二分法提取植被覆盖度。

2.3.4 LSMM 模型

LSMM 模型通过构成该像元的各物质端元反射率与它们在像元中所占比例的加权和来描述传感器所获得的像元的光谱反射率，其表达式及约束条件如式(2-7)~式(2-9) 所示。

$$R_{ia} = \sum_{k=1}^{n} f_{ki} C_{ka} + \varepsilon_{ia} \tag{2-7}$$

$$\sum_{k=1}^{n} f_{ki} = 1 \tag{2-8}$$

$$0 \leqslant f_{ki} \leqslant 1 \tag{2-9}$$

式中，R_{ia}为第 a 波段上第 i 像元的光谱反射率；C_{ka}为第 a 波段上第 k 端元的光谱反射率；f_{ki}为第 i 个像元的第 k 种端元组分的丰度值；n 为像元包含的基本组分数目；ε_{ia}为第 a 波段上第 i 像元的剩余残差，反映了模型计算结果与真实覆盖值的差异。

式（2-7）为 LSMM 模型的基本形式，式（2-8）及式（2-9）为约束方程。仅满足式（2-7）为无约束 LSMM，满足式（2-7）、式（2-8）两个条件为半约束 LSMM；三个条件均满足为全约束 LSMM。

LSMM 模型通过误差 ε_i 来对模型优劣进行评价，评价公式如式（2-10）所示。

$$\varepsilon_i = \sqrt{\left(\sum_{a=1}^{m} \varepsilon_{ia}^2\right)/m} \tag{2-10}$$

通过最小二乘法计算各影像像元中基本组分的比例，基本思想是求误差 ε_{ia}，使 ε_i 最小。通过有无限定条件式（2-8）、式（2-9）可以获得不同的组分比例。一些学者实际应用表明，全约束 LSMM 模型相对无约束和半约束模型，具有更高的反演精度（李晓松等，2010；王聪等，2015），所以本书选择全约束模型进行矿区植被覆盖度的提取。

端元的准确选择是该模型精度保证的关键，对于 TM 或 OLI 遥感影像，单个像元对应地表覆盖为 30m×30m 的空间范围，光谱混合现象非常普遍，完全理想，普遍适用的“纯粹端元”很难获得，只能是真实光谱的最大程度近似。端元提取通常有两种方式：第一种是利用光谱仪在地面或实验室测量得到的“参考端元”；第二种为直接从遥感影像提取得到的“影像端元”。虽然前者可以精确测量，但由于大气状况、辐射条件，水汽含量、物候等因素以及传感器不同造成的影响，导致“参考端元”的光谱信息与影像上的光谱信息不同，从而造成较大误差，因此，本书采用直接从遥感影像提取端元的方法。端元的选择在研究区应该具有代表性，为图像内大部分像元成分集合。本研究区为丘陵山区，主体地物为植被，其次为稀土开采导致的裸露地表，地表覆盖为稀土尾砂。这两种地物类型在矿区均集中连片，非常容易通过 n 维可视化分析工具对原始影像进行端元提取，其他地物如土壤，由于地表植被茂密，通过 MNF 和 PPI 计算，提取出来的疑似纯像元较少，在可视化分析工具中较难发现和提取端元，而土壤是矿区像元的主要构成端元，准确提取尤为重要。

本模型采用裸土指数的方法选择可能是裸土的区域，然后将其设为感兴趣区，在此兴趣区里进行端元提取。裸土指数计算公式如式（2-11）所示（徐涵秋，2013）：

$$NDSI = (\rho_{SWIR1} - \rho_{NIR})/(\rho_{SWIR1} + \rho_{NIR}) \quad (2\text{-}11)$$

式中，ρ_{NIR}、ρ_{SWIR1} 分别表示影像的近红外和红外波段的反射率。但由于该方法增强的是影像上具有高亮度、低植被覆盖的特征，其信息中不仅包含裸土信息，可能还包括部分其他高反射地物信息，如建筑用地，可以结合研究区时相接近的高分影像进行判别。通过上述步骤，可以顺利提取研究区各类地物端元，然后通过全约束 LSMM 分解每个像元各端元百分比，其中植被端元百分比即为该像元植被覆盖度。

2.3.5　实验与分析

为比较上述两种方法在稀土矿区的适用性，本次实验以岭北稀土矿区作为研究区域，以 2013 年 10 月过境的 Landsat-8 OLI 影像作为数据源，利用上述三种模型分别计算该区域植被覆盖度，通过 Pleiades 高分辨率影像作为检验数据，对三种模型的结果进行精度检验，比较三种模型的精度高低，从而挑选出适合本区域植被覆盖度的估算方法。采用该方法，对寻乌河岭稀土矿区植被覆盖提取进行方法检验，以证明方法的适用性及准确性。

2.3.5.1　岭北稀土矿区实验分析

在使用 LSMM 模型中，通过对岭北稀土矿区的实际情况进行分析，最终确定了植被、裸露土壤、高反射率地物三种地物端元，其端元光谱信息通过 n 维可视化分析工具中选取的数据点平均值表示，如图 2-3 所示。

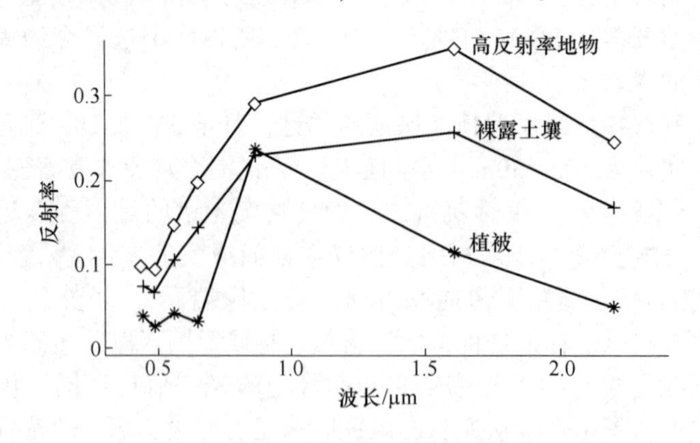

图 2-3　三种端元光谱曲线

图 2-3 中，高反射地物通过遥感影像对照，主要位于稀土矿区的裸露地表及周边区域，主要为稀土矿区尾砂，该尾砂随着雨水冲击作用，流失到矿区周边，破坏了大量土地，为稀土矿区的特色地物。三种端元均具有较为明显的光谱特征，可以一定程度上反映矿区不同类型地物的光谱差异。

此外，由于稀土开采过程伴随大量浸矿液体，一些学者研究表明在水域比重较大的区域加入水体端元能够提高分解精度（李桢等，2013），但对于稀土矿区的适应性有待检验。本研究采用植被、裸露土壤、高反射地物的三端元 LSMM 及加入水体的四端元 LSMM 分别进行试验。将有云区域进行裁剪剔除，得到岭北矿区三类模型下四种植被覆盖度计算结果，如图 2-4 所示。

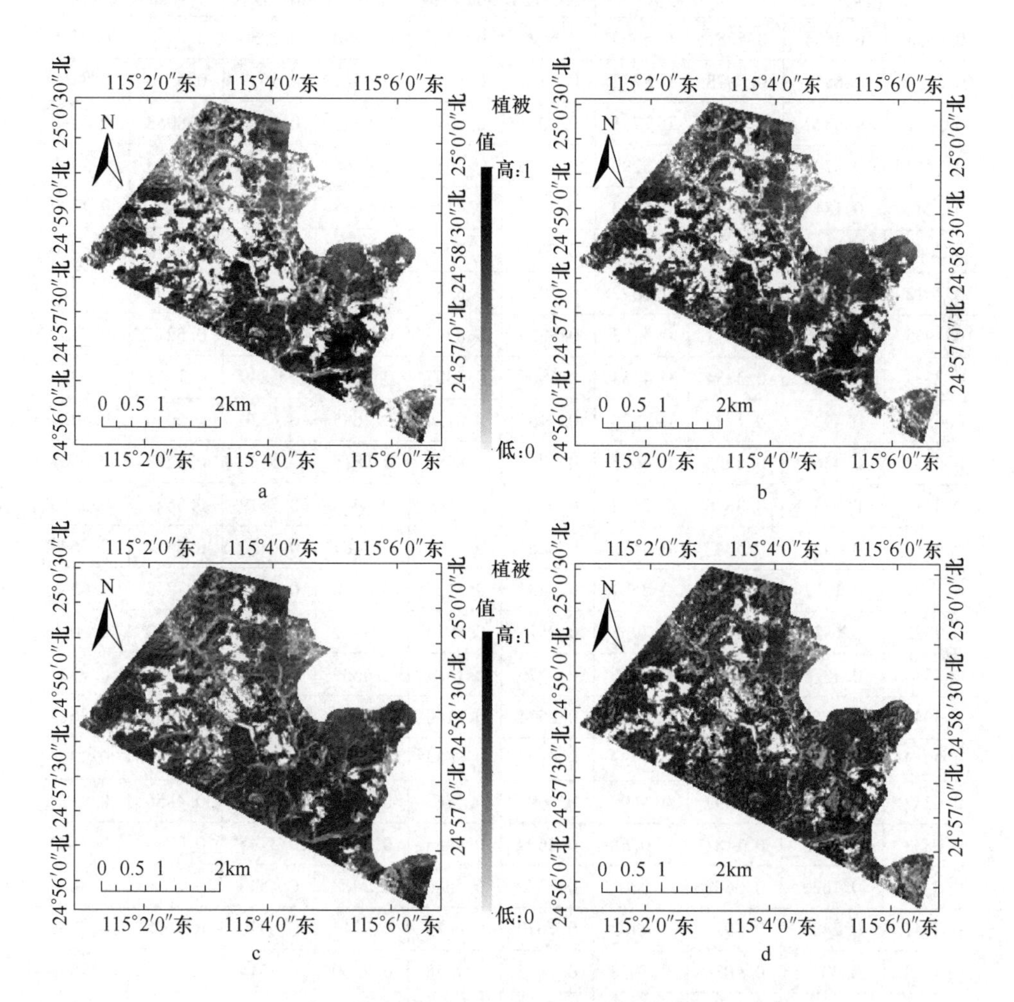

图 2-4 岭北矿区 4 种植被覆盖度提取结果

a—FCD 提取植被覆盖度；b—DPM 提取植被覆盖度；c—三端元 LSMM 提取植被覆盖度；d—四端元 LSMM 提取植被覆盖度

在提取的植被覆盖图上随机采样，由于 Landsat 影像与 Pleiades 高分辨率影像空间分辨率之间的巨大差异，很难做到绝对配准，为降低影像配准误差，分别对图 2-4 中两幅影像设置 3×3 的窗口，将窗口内的像元平均值作为窗口中心点对应的样本植被覆盖度值。同时，在高分影像上对应位置选取 3×3 网格，即 180×180 像元，通过目视解译方法，计算植被所占比例，即为该点在高分影像上的植被覆盖度，作为检验数据。随机选取 80 个样本，获得 FCD、DPM、三端元 LSMM、四端元 LSMM 及高分影像解译植被覆盖度，如表 2-2 所示。

表 2-2　各采样点植被覆盖度模型计算值与 Pleiades 检验值

FCD 估值		DPM 估值		三端元 LSMM 估值		四端元 LSMM 估值		Pleiades 检验数据	
0. 4396	0. 4658	0. 5281	0. 6609	0. 6629	0. 7757	0. 6590	0. 7730	0. 6978	0. 7475
0. 2324	0. 6858	0. 3978	0. 8272	0. 6473	0. 8648	0. 6411	0. 8637	0. 6586	0. 8869
0. 5441	0. 6320	0. 6981	0. 7775	0. 9015	0. 8946	0. 8345	0. 8715	0. 8953	0. 9296
0. 2947	0. 3709	0. 4265	0. 5299	0. 6940	0. 7959	0. 6188	0. 7429	0. 6995	0. 8008
0. 5242	0. 1845	0. 7182	0. 2613	0. 7703	0. 4526	0. 7698	0. 3982	0. 7141	0. 4709
0. 5042	0. 4949	0. 6166	0. 5792	0. 7639	0. 7910	0. 7463	0. 6628	0. 6975	0. 8310
0. 4612	0. 5158	0. 5985	0. 6472	0. 6894	0. 8250	0. 6881	0. 7802	0. 7098	0. 8077
0. 1966	0. 4926	0. 3011	0. 5783	0. 4854	0. 8346	0. 4540	0. 6825	0. 5211	0. 7976
0. 2239	0. 3763	0. 3334	0. 4754	0. 6300	0. 6307	0. 5756	0. 5849	0. 7013	0. 6376
0. 0858	0. 4927	0. 1745	0. 5838	0. 4162	0. 8134	0. 4085	0. 6830	0. 5050	0. 8014
0. 6377	0. 4560	0. 8225	0. 4623	0. 8843	0. 8097	0. 8816	0. 5139	0. 9278	0. 8301
0. 3497	0. 3257	0. 4878	0. 5118	0. 6448	0. 7599	0. 6448	0. 7319	0. 5671	0. 8085
0. 4837	0. 3423	0. 5347	0. 4176	0. 6061	0. 7765	0. 5486	0. 6350	0. 6447	0. 7699
0. 1987	0. 1507	0. 3601	0. 2584	0. 7484	0. 5927	0. 6868	0. 5347	0. 7253	0. 6341
0. 7882	0. 6839	0. 9265	0. 7938	0. 9470	0. 8925	0. 9467	0. 8685	0. 9710	0. 9083
0. 2544	0. 4378	0. 4129	0. 5916	0. 6779	0. 7487	0. 6639	0. 7431	0. 7241	0. 7797
0. 4945	0. 3964	0. 6548	0. 6045	0. 8574	0. 8163	0. 8045	0. 8011	0. 7895	0. 8619
0. 2919	0. 5702	0. 3789	0. 7732	0. 6185	0. 8634	0. 6106	0. 8632	0. 6047	0. 9025
0. 0357	0. 2831	0. 0597	0. 4690	0. 4696	0. 7763	0. 3594	0. 7479	0. 4856	0. 8127
0. 0833	0. 0225	0. 1181	0. 0768	0. 3609	0. 4454	0. 2851	0. 3745	0. 3714	0. 4193
0. 3985	0. 1620	0. 5602	0. 2061	0. 7570	0. 5506	0. 7488	0. 4548	0. 7716	0. 5880
0. 4941	0. 2487	0. 5929	0. 4493	0. 7650	0. 6939	0. 7514	0. 6910	0. 8030	0. 7765
0. 4489	0. 4045	0. 6038	0. 5638	0. 7615	0. 7378	0. 7560	0. 7314	0. 8314	0. 7687
0. 5615	0. 0055	0. 6802	0. 0224	0. 8592	0. 2634	0. 7996	0. 2419	0. 8322	0. 2322
0. 3567	0. 2572	0. 4646	0. 2972	0. 7451	0. 5457	0. 6562	0. 4995	0. 7445	0. 5435
0. 3553	0. 2269	0. 4600	0. 2857	0. 6899	0. 5661	0. 6481	0. 4952	0. 6718	0. 5593

续表 2-2

FCD 估值		DPM 估值		三端元 LSMM 估值		四端元 LSMM 估值		Pleiades 检验数据	
0.0052	0.0051	0.0282	0.0140	0.2670	0.3634	0.1943	0.2974	0.1884	0.3645
0.6322	0.6349	0.8372	0.6989	0.8587	0.8984	0.8582	0.7582	0.9052	0.8531
0.1857	0.3158	0.2568	0.4284	0.5866	0.6868	0.5205	0.6702	0.5844	0.7151
0.4757	0.1719	0.5564	0.2130	0.7723	0.4933	0.6253	0.4726	0.7785	0.5609
0.5115	0.5221	0.6292	0.5971	0.8444	0.8266	0.7780	0.7661	0.8526	0.8553
0.7693	0.0913	0.8682	0.1203	0.9596	0.3936	0.8722	0.3394	0.9898	0.4373
0.6276	0.7194	0.7246	0.8269	0.8895	0.9148	0.8208	0.8524	0.8727	0.9633
0.4596	0.4984	0.6534	0.5532	0.7539	0.7868	0.7539	0.6612	0.7413	0.7750
0.5256	0.0861	0.7033	0.0965	0.8128	0.3518	0.8015	0.2900	0.7966	0.3703
0.1234	0.2430	0.1892	0.3475	0.5845	0.5841	0.4625	0.5576	0.6077	0.6275
0.1852	0.7064	0.2296	0.7992	0.5201	0.9273	0.3851	0.8912	0.4692	0.9445
0.6713	0.4560	0.7356	0.5600	0.9555	0.7589	0.7274	0.7408	0.9753	0.7544
0.0674	0.4129	0.0838	0.5207	0.3610	0.7033	0.2237	0.6879	0.4297	0.7288
0.0397	0.0533	0.0755	0.1085	0.2733	0.4165	0.2093	0.3524	0.2194	0.4241

为了更直观反映表 2-2 中数据特点，对表 2-2 中获取的 FCD、DPM、三端元 LSMM、四端元 LSMM 及高分影像解译植被覆盖度，五种方法计算出的样点作定性与定量分析，定性分析采用图示法，以横坐标为样本点，纵坐标为植被覆盖度，做出五种方法计算出的植被覆盖度折线图，如图 2-5 所示。

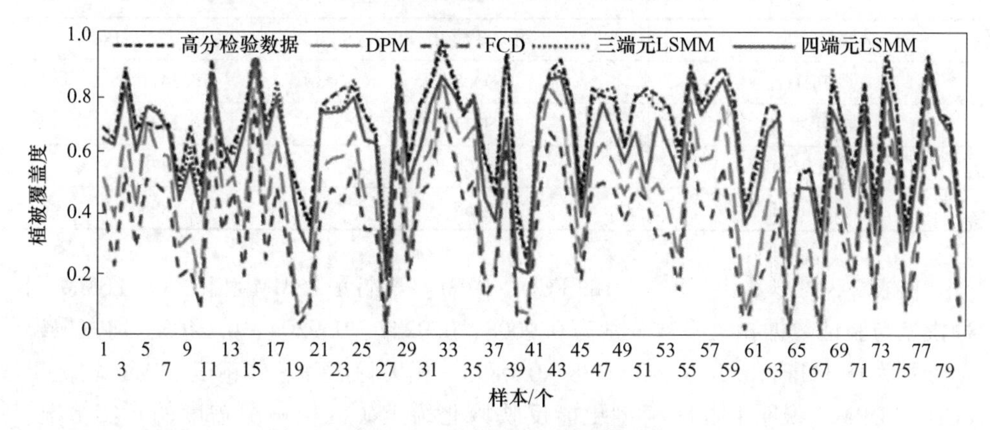

图 2-5　岭北矿区样点五种植被覆盖度对比图

结合图 2-5 和表 2-2 可以看出，三端元和四端元 LSMM 模型相对于 FCD 和 DPM，与验证数据具有更高的一致性。DPM 和 FCD 植被覆盖模计算值偏低，尤其在低植被覆盖区域，偏差较大。在植被覆盖大于 0.8 的样点，DPM 模型具有较高准确性；LSMM 模型在植被覆盖大于0.6 和低于0.25 的样点，表现较佳的准确性，尤其三端元 LSMM 模型，相比其他模型，有明显优势。FCD 模型在稀土矿区计算植被覆盖度结果偏低，无明显优势，可能对于南方高植被覆盖区域，其 VBSI 的取值参数还需要进一步讨论，照搬经验不仅不能获得比 DPM 更优的结果，反而精度更低。

采用相关系数（*R*）和均方根误差（*RMSE*）两种参数来定量反映模型的优劣情况。相关系数 *R* 反映了估算值与检验值之间的相关程度，其绝对值越大相关程度越高，如式（2-12）所示；*RMSE* 反映了采样样本的总体精度，如式（2-13）所示，其值越小精度越高。

$$R = \frac{\sum_{i=1}^{n}(X_i - \overline{X})(Y_i - \overline{Y})}{\sqrt{\sum_{i=1}^{n}(X_i - \overline{X})^2}\sqrt{\sum_{i=1}^{n}(Y_i - \overline{Y})^2}} \tag{2-12}$$

$$RMSE = \sqrt{\sum_{i=1}^{n}(X_i - Y_i)^2/n} \tag{2-13}$$

式中，X_i 通过两种方法计算的植被覆盖度估算值；$\overline{X}$ 为估算值的均值；Y_i 表示植被覆盖度检验样本值；$\overline{Y}$ 为检验值的均值；n 为采样样本总数。

通过式（2-12）、式（2-13）对两种方法的估算结果进行精度检验，结果如表 2-3 所示。

表 2-3　四种估算方法在岭北矿区的相关性分析和均方根误差比较

模　　型	相关系数 *R*	均方根误差 *RMSE*
FCD	0.9008	0.3411
DPM	0.9247	0.2434
三端元 LSMM	0.9804	0.0378
四端元 LSMM	0.9465	0.0893

由表 2-3 可以看出，计算出的 FCD、DPM、三端元 LSMM 和四端元 LSMM 四种模型与验证数据相关系数分别为 0.9008、0.9247、0.9804、0.9465，均方根误差分别为 0.3411、0.2434、0.0378、0.0893。相关程度和总体精度 LSMM 均优于 FCD 和 DPM，说明 LSMM 模型更能反映岭北稀土矿区植被覆盖度的真实情况，可以作为稀土矿区植被覆盖提取方法。其中，三端元 LSMM 相对于四端元 LSMM，与验证数据具有更高的一致性，四端元 LSMM 只有在某些区域（例如水域），其精度略高于三端元 LSMM 模型，但在其他区域，精度较低，而稀土矿区主要为丘陵山区，水体比例较小，并非矿区主体端元，加入水体端元，反而会影

响整体精度。因此，最终选取三端元 LSMM 作为稀土矿区植被覆盖提取方法。

2.3.5.2 河岭稀土矿区实验验证

采用同上方法，对 2013 年 10 月获取的 Landsat 遥感影像及寻乌河岭稀土矿区航拍遥感影像进行处理，并随机选取 30 个样点，获得河岭矿区 FCD、DPM、三端元 LSMM 模型及高分航拍影像解译植被覆盖度，如表 2-4 所示。

表 2-4 各采样点植被覆盖度模型计算值与航拍影像检验值

FCD 估值			DPM 估值			三端元 LSMM 估值			航拍数据检验值		
0.4279	0.2221	0.2541	0.6796	0.4085	0.5284	0.8172	0.5358	0.6734	0.7827	0.5762	0.7098
0.2071	0.2244	0.4855	0.3995	0.4396	0.7578	0.5268	0.5864	0.8220	0.5947	0.5683	0.8168
0.0582	0.0984	0.2917	0.2206	0.2469	0.5235	0.3468	0.3616	0.6640	0.4337	0.4167	0.6795
0.0800	0.0348	0.3812	0.2381	0.1844	0.6234	0.4040	0.3243	0.7524	0.3844	0.3591	0.7747
0.1580	0.0275	0.0199	0.3492	0.1821	0.1555	0.5562	0.3236	0.2426	0.6006	0.3888	0.3184
0.1104	0.2963	0.2460	0.2862	0.6504	0.5025	0.4797	0.8193	0.6583	0.4952	0.7834	0.7134
0.3507	0.3061	0.0507	0.6557	0.6243	0.2285	0.7999	0.7578	0.4121	0.7540	0.7596	0.4542
0.2943	0.3077	0.5129	0.6044	0.5766	0.8155	0.7609	0.7227	0.9201	0.7242	0.7754	0.9438
0.0053	0.3592	0.1196	0.0707	0.6074	0.4743	0.2842	0.7119	0.6768	0.3420	0.7215	0.6399
0.3347	0.6436	0.4984	0.6426	0.8135	0.7006	0.7691	0.8803	0.7840	0.7681	0.8935	0.7698

为更直观表示，对表 2-4 作柱状图，如图 2-6 所示。

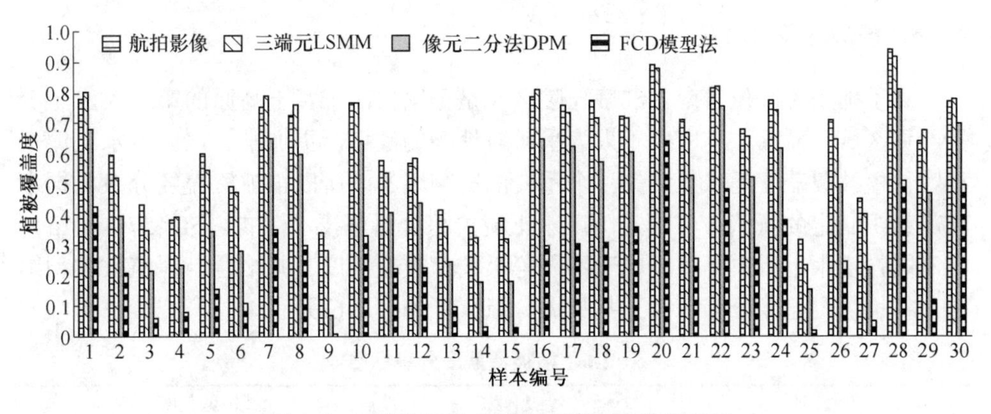

图 2-6 河岭矿区样点四种植被覆盖度对比图

结合图 2-6 和表 2-4 可以看出，检验样本与 LSMM 模型植被覆盖度无论在低植被覆盖区域，还是在高植被覆盖区域，均与高分航拍影像解译植被覆盖度高度吻合。与岭北矿区结果类似，FCD 及 DPM 模型计算的植被覆盖度，总体结果偏低，尤其在低植被覆盖区域，偏差较大。而稀土矿点所在区域主要以低植被覆盖为主，实验结果从定性角度进一步验证了 LSMM 模型在稀土矿区具有更佳性能。

采用同上方法，对三种模型的计算结果进行定量评估，三种估算模型相关性分析和均方根误差比较结果如表 2-5 所示。

表 2-5　两种估算模型在河岭矿区的相关性分析和均方根误差比较

模　型	相关系数 *R*	均方根误差 *RMSE*
FCD	0. 9284	0. 3899
DPM	0. 9815	0. 1665
三端元 LSMM	0. 9862	0. 0418

由表 2-5 可以看出，三端元 LSMM 模型与检验值的相关系数为 0. 9862，优于 DPM 模型的 0. 9815 及 FCD 模型的 0. 9284，说明尽管总体上三种模型均能反映植被覆盖总体状况，但 LSMM 模型具有更好的效果；另外线性光谱分解模型的均方根误差 *RMSE* 为 0. 0418，明显优于 DPM 模型的 0. 1665 及 FCD 模型的 0. 3899，具有更高的总体估算精度。

总之，两个矿区的实验对比分析均表明，三端元 LSMM 在稀土矿区的植被覆盖提取精度要优于 FCD、DPM 模型，说明三端元的全约束 LSMM 模型能够反映稀土矿区植被覆盖的实际状况，具有较高精度和适应性，可以作为稀土矿区植被覆盖度提取技术。此外，岭北稀土矿区四端元的 LSMM 模型计算结果相比于三端元，并没有提高计算精度，说明对于采用 LSMM 模型计算植被覆盖度，选择合适的端元至关重要，端元数的增加并不一定能够提高计算精度，而是要结合矿区具体情况进行分析。

2.3.6　植被覆盖度分级

离子稀土矿区位于南方红壤丘陵区，是全国仅次于黄土高原的第二大水土流失严重区域。而稀土矿区由于人为采矿对地表的破坏，更加剧了该区域水土流失程度，植被覆盖度是水土流失一个重要的影响因子。所以植被覆盖度分级根据水利部组织制定的《南方红壤丘陵区水土流失综合治理技术标准》(SL 657—2014)，将不同强度水土流失等级对应于不同等级的植被覆盖度，并结合当地植被类型结构，将植被覆盖度分为 5 级，其具体分级标准如表 2-6 所示。

表 2-6　植被覆盖度分级标准

等级编号	等级名称	植被覆盖度/%
Ⅰ	低植被覆盖	0~30
Ⅱ	较低植被覆盖	30~45
Ⅲ	中度植被覆盖	45~60
Ⅳ	较高植被覆盖	60~75
Ⅴ	高植被覆盖	75~100

2.4 矿区植被覆盖时空分布特征

2.4.1 植被覆盖分级及面积变化分析

采用三端元的全约束 LSMM 模型作为植被覆盖度提取方法，以 1990 年、1999 年、2008 年、2013 年共计四年的 Landsat 影像作为数据来源，对其进行植被覆盖度提取，并按照上述植被覆盖度分级方法进行分级，得到岭北矿区植被四个年份共 23 年间的植被覆盖分级图，如图 2-7 所示。在计算出各年份植被覆盖度和植被覆盖度分级图后，对各年度计算数据进行相关的统计分析。其中，研究区各年份植被覆盖等级面积如表 2-7 所示。

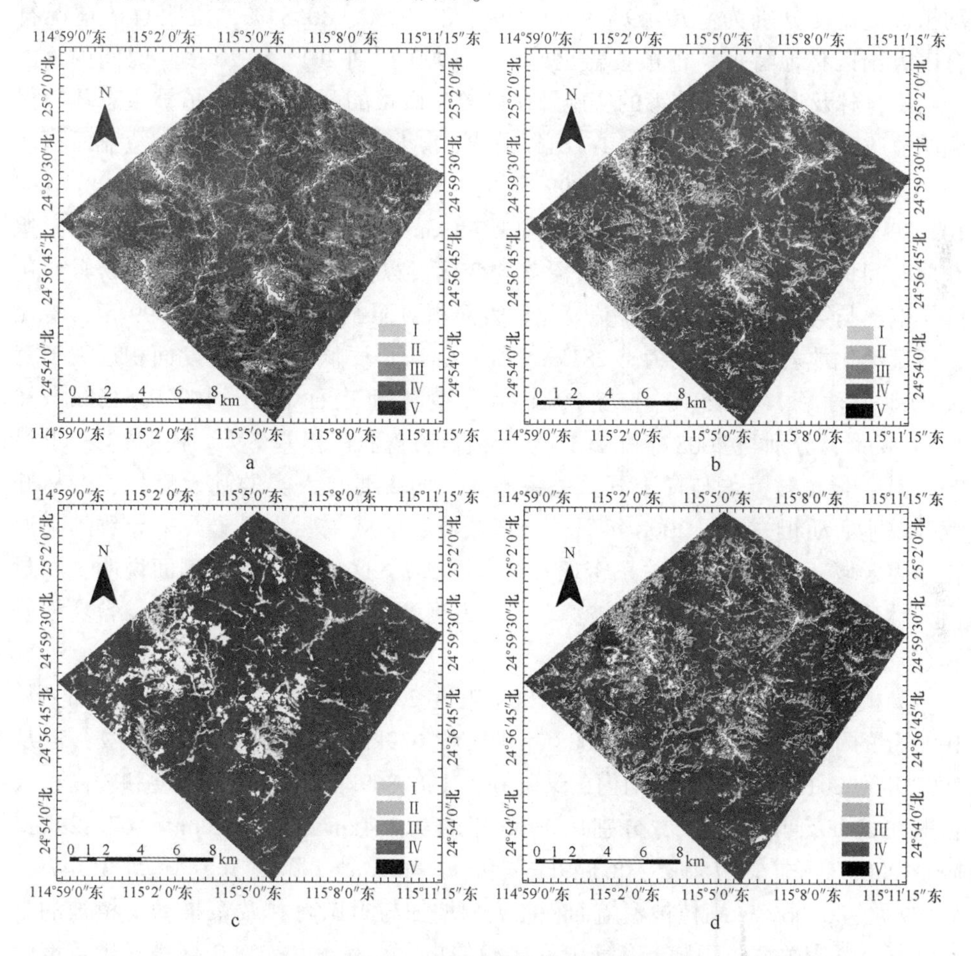

图 2-7 矿区 1990~2013 年植被覆盖分级图

a—1990 年植被覆盖分级；b—1999 年植被覆盖分级；c—2008 年植被覆盖分级；d—2013 年植被覆盖分级

表 2-7 研究区各年份植被覆盖面积 (km^2)

等级编号	1990 年		1999 年		2008 年		2013 年	
	面积	比例/%	面积	比例/%	面积	比例/%	面积	比例/%
Ⅰ	10.746	5.03	15.635	7.31	10.079	4.72	13.720	6.42
Ⅱ	9.234	4.32	7.933	3.71	5.774	2.70	7.655	3.58
Ⅲ	16.943	7.93	11.032	5.16	8.849	4.14	10.722	5.02
Ⅳ	67.229	31.45	18.777	8.78	13.408	6.27	22.784	10.66
Ⅴ	109.596	51.27	160.372	75.03	175.639	82.17	158.869	74.32

统计4个年份平均植被覆盖度，得到1990年、1999年、2008年、2013年平均植被覆盖度分别为：70.49%、81.04%、87.02%、80.84%，说明总体情况符合南方山区林地特征，植被覆盖良好，在1990年到2013年20多年时间内，由于封山育林及退耕还林政策的实施及矿区复垦政策的开展，矿区植被生态环境得到明显改善。结合图2-7和表2-7可以看出，矿区在23年间，低植被覆盖面积从1990年的10.746km^2增加到1999年的15.635km^2，然后减少到2008年的10.079km^2，最后又增加到2013年的13.720km^2，呈波动不稳定变化。四期影像获取时间均为当年12月份，植被覆盖的变化可以排除时相不同而导致物候变化的影响，与第2章计算的矿区荒漠化地表面积对照，在1990年与1999年，岭北矿区荒漠化地表面积分别为1.281km^2和1.687km^2，低植被覆盖度面积远大于荒漠化地表面积，而2010年与2014年荒漠化地表面积分别为8.516km^2和11.813km^2，分别与2008年和2013年低植被覆盖面积相差不大。说明在20世纪90年代，低植被覆盖与稀土开采关系不大，而主要与人类的乱砍滥伐、毁林开荒等农业活动相关，而2008年后，低植被覆盖区域主要为稀土开采导致的荒漠化地表区域，与稀土开采关系密切。结合图2-7，这也从另一个侧面说明，在封山育林政策推动下，大片低植被覆盖区域得到自然恢复，而矿点区域，自然恢复存在较大问题。

高植被覆盖面积从1990年到2008年近20年时间内一直在稳步增加，从1990年的109.596km^2增加到2008年的175.639km^2，增幅达到60.26%，但从2008年到2013年近5年时间内，又降到了158.869km^2；较低、中度和较高植被覆盖在2008年降到最少，分别从1990年的9.234km^2、16.943km^2、67.229km^2降到2008年的5.774km^2、8.849km^2和13.408km^2，降幅分别达到37.47%、47.77%、80.06%，高植被覆盖面积的大幅增加与封山育林政策推动下植被的自然恢复有紧密关系，但随着稀土开采规模的扩大，稀土开采对矿区植被覆盖度的影响日益显著，在人类活动对矿区环境的强干预下，矿区植被覆盖相互之间转换频繁，存在较大的生态风险。

总体来看，植被覆盖度大于60%的较高和高植被覆盖所占面积比例最大，在1990年、1999年、2008年、2013四个年份分别达到82.72%、83.81%、88.44%、84.98%，而植被覆盖低于30%的低植被覆盖区域在4个年份比例分别为：5.03%、7.30%、4.72%、6.42%，尽管所占比例不高，但从图2-7可以看出，低植被覆盖度集中连片趋势非常明显。从1990年到1999年，低植被覆盖区域主要是由于当时的林业政策和林业管理体制所导致，受传统林业经营理念影响，林业生产主要以木材生产为中心，没有可持续发展的理念，加上偷伐盗伐等因素的影响，树木被大量砍伐（章忠珍，2009）；1999年低植被覆盖区域在1990年的基础上进一步扩大；1999年后，退耕还林政策得到真正落实，而由于稀土价格的增加，稀土开采面积急剧扩大，低植被覆盖区域主要为稀土开采遗留的裸地，呈集中连片趋势；到2013年，由于矿区复垦，部分低植被覆盖区域植被覆盖增加，但由于稀土开采规模的扩张，低植被覆盖区域呈急剧扩张趋势，且低植被覆盖周围分布大量较低植被覆盖区域，植被退化有进一步扩大趋势，需要引起相关部门重视。

为了更详细了解矿区各年份植被覆盖的定量变化，对四个时相的不同植被覆盖分级图进行两两对比，计算矿区1990~1999年、1999~2008年、2008~2013年三个时间阶段矿区植被覆盖等级变化转移矩阵，如表2-8~表2-10所示。

表2-8 1990~1999年不同等级植被覆盖面积转移矩阵 (km^2)

等级编号	Ⅰ	Ⅱ	Ⅲ	Ⅳ	Ⅴ	合计	变化率/%
Ⅰ	8.329	2.866	1.449	1.281	1.711	15.635	45.49
Ⅱ	1.080	2.466	2.084	1.245	1.058	7.933	-14.09
Ⅲ	0.389	1.960	3.832	3.121	1.730	11.032	-34.89
Ⅳ	0.221	0.916	5.000	8.326	4.314	18.777	-72.07
Ⅴ	0.728	1.026	4.577	53.257	100.784	160.372	46.33
合计	10.746	9.234	16.943	67.229	109.596		

表2-9 1999~2008年不同等级植被覆盖面积转移矩阵 (km^2)

等级编号	Ⅰ	Ⅱ	Ⅲ	Ⅳ	Ⅴ	合计	变化率/%
Ⅰ	2.716	0.712	0.782	1.071	4.798	10.079	-35.53
Ⅱ	3.236	0.356	0.322	0.418	1.441	5.774	-27.22
Ⅲ	4.248	0.997	0.717	0.653	2.233	8.849	-19.79
Ⅳ	3.542	2.314	1.842	1.608	4.101	13.408	-28.59
Ⅴ	1.892	3.553	7.368	15.026	147.799	175.639	9.52
合计	15.635	7.933	11.032	18.777	160.372		

表 2-10　2008~2013 年不同等级植被覆盖面积转移矩阵　　(km^2)

等级编号	Ⅰ	Ⅱ	Ⅲ	Ⅳ	Ⅴ	合计	变化率/%
Ⅰ	6.642	2.363	1.893	0.737	2.085	13.720	36.12
Ⅱ	1.661	1.197	1.882	1.391	1.524	7.655	32.58
Ⅲ	1.081	0.995	1.840	2.821	3.985	10.722	21.17
Ⅳ	0.487	0.909	1.962	4.199	15.226	22.784	69.92
Ⅴ	0.208	0.310	1.273	4.261	152.818	158.869	-9.55
合计	10.079	5.774	8.849	13.408	175.639		

从表 2-8~表 2-10 可以看出，从 1990 年到 1999 年，较高植被覆盖面积下降最快，下降了 72.07%，其中 79.22%转化为高植被覆盖，从图 2-7 也可以看出，大量集中连片的较高植被覆盖区域转化为高植被覆盖，少量转化为中度及以下植被覆盖；增长最快的为低植被覆盖和高植被覆盖，面积增长率分别为 45.49%、46.33%，原来的高植被覆盖区域有 8.04%的面积转化为较高及以下植被覆盖区域，低植被覆盖增长的主要来源为较低植被覆盖，占总来源的 39.22%，说明较低植被覆盖退化明显。

从 1999 年到 2008 年，植被覆盖等级变化较为平缓。变化相对剧烈的是低植被覆盖，面积减少了 35.53%，说明植被得到一定程度恢复，但从中也可以看到，有 4.798km^2的高植被覆盖区域转化为低植被覆盖，占整个低植被覆盖面积的 47.60%，主要是由于稀土开采导致山林破坏，使得植被覆盖度急剧降低；高植被覆盖面积得到进一步增加，增加了 15.267km^2，主要由较高植被覆盖转化，说明在封山育林政策下，植被得到进一步恢复。

从 2008 年到 2013 年，变化最大的是较高植被覆盖度，面积增加率为 69.92%，主要为高植被覆盖转化而来，说明高植被覆盖林地有一定程度的退化，可能原因为原地浸矿工艺的普及，尽管不直接剖开地表，对植被造成毁灭性破坏，但会破坏部分植被，使得植被覆盖度降低，而且原地浸矿的浸矿液硫铵液注入山体，会造成植被根系萎缩，生长停滞，植被存在退化风险（刘毅，2002）；低植被覆盖面积继续增加，总面积增加了 36.12%，主要为较低植被覆盖和高植被覆盖转化而来，从图 2-7c 可以看出，较低植被覆盖主要集中在低植被覆盖周边，在图 2-7d 中，有一部分转化为了低植被覆盖，结合前述分析，2008 年和 2013 年低植被覆盖主要分布于矿点区，说明稀土开采导致矿点周边部分植被退化。而高植被覆盖转化为低植被覆盖，发生植被覆盖的急剧变化，在矿区主要体现为稀土开采对地表植被的破坏。低植被覆盖中，有 6.642km^2仍然属于低植被覆盖区域，占原有面积的 65.90%，主要为池浸/堆浸稀土开采工艺遗留下来的裸露地表，生态问题依然严重。

2.4.2 植被覆盖变化的时空分布

为了研究矿区在不同时间植被覆盖变化的空间分布情况，尤其是矿区植被退化的时空规律，分别对1990～1999年、1999～2008年、2008～2013年三个时间段遥感影像做差值分析，并对差值采用表2-11进行植被覆盖度分级和不同级别植被面积统计，制作如图2-8所示的植被覆盖变化分级专题图。考虑到南方植被覆盖较为茂密，另外为了突出稀土开采对植被的影响，将植被覆盖变化稳定区定在植被覆盖度增加或者减少15%的范围，将植被严重退化级别定义在植被覆盖度减少40%，其他级别定义见表2-11。

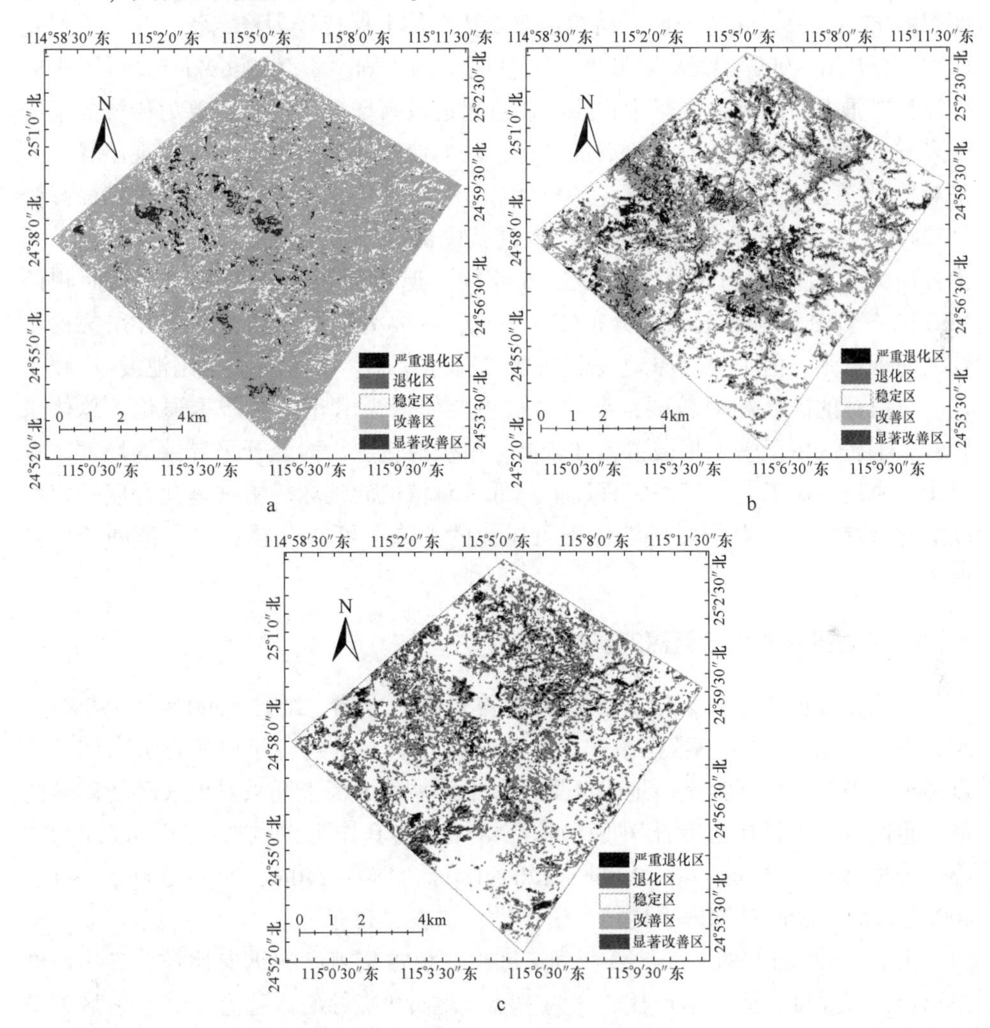

图2-8 植被覆盖变化分级专题图

a—1990～1999年植被覆盖变化；b—1999～2008年植被覆盖变化；c—2008～2013年植被覆盖变化

表 2-11　植被覆盖度变化分级及面积统计

时间段	植被覆盖度变化分级区间面积百分比/%				
	严重退化<-40	退化-40～-15	稳定-15～15	改善 15～40	显著改善>40
1990～1999 年	1.97	5.06	46.78	44.91	1.28
1999～2008 年	4.08	3.82	67.33	18.93	5.84
2008～2013 年	2.97	15.11	77.10	4.14	0.68

结合表 2-11 与图 2-8 可以看出，植被覆盖总体上稳定区间面积百分比持续上升，从 1990～1999 年的 99.64km^2 增加到 2008～2013 年的 164.22km^2，占当年总面积的 77.1%，说明整个矿区植被覆盖变化总体上保持较为稳定状态；严重退化面积百分比在 1999～2008 年最大，占总面积的 4.08%，为 8.69km^2，由图 2-8b 可知，严重退化区域主要集中在原有矿点附近及新增矿点区，主要为传统的堆浸开采方式对地表植被造成了毁灭性破坏，从而使得植被严重退化，体现出稀土开采对植被覆盖的影响；2008～2013 年，严重退化面积占总面积 2.97%，为 6.32km^2，结合当年的矿点分布图，发现其中部分原因为新的稀土矿点开采，另一方面为人为作用的干扰，而在这 5 年间，退化面积急剧增加，占总面积的 15.11%，其分布与稀土矿点分布较为一致，主要为在这期间，稀土开采规模尽管大面积扩张，但主要以原地浸矿的模式进行开采，原地浸矿相比池浸/堆浸工艺，对植被的破坏相对较弱，导致植被主要体现为退化而非严重退化。总体来看，整个矿区由于平均植被覆盖度较高，植被退化主为稀土开采导致的局部区域退化，原地浸矿工艺尽管一定程度上降低了对植被的破坏，植被退化程度一定程度上有所减少，但由于浸矿液体不可避免的泄漏，可能会导致更大范围的植被退化。

2.4.3　稀土开采对植被覆盖的影响

为量化分析稀土开采对矿区植被覆盖变化的影响，结合 1990 年、1999 年、2008 年、2013 年的遥感数据及矿区历史统计资料，得到各年份矿点分布图。矿点稀土开采产生的裸露尾砂地表区域及稀土开采面为稀土开采对地表环境破坏的最严重区域，也是矿点稀土开采的核心区域，将其作为矿点核心区，以此为中心，分析其周围 60m、60～120m、120～180m、180～240m、240～300m、300～400m、400～700m 范围内平均植被覆盖度，如表 2-12 所示。

由表 2-12 可以看出，从 23 年间矿区平均植被覆盖度的纵向比较，各年份的平均植被覆盖度，皆以矿点核心区为中心，距离矿点核心区位置越远，区域的平均植被覆盖度越大，说明稀土开采对周边植被生长有显著的影响；矿点核心区平均植被覆盖度较小，均低于 30%，矿点核心区平均植被覆盖度经历了先减少后增大，在2008年平均植被覆盖度最小，由1990年的0.297降低到2008年的0.140，主要原因为20世纪90年代矿区规模较小，以池浸和堆浸为主，该工艺不仅会造成地表植被破坏，还严重改变了土壤的pH值，植被在10多年时间均难自然恢复（杨期和等，2012），其中土壤pH值是直接限制当地生物多样性发展的主导环境因子（陈熙等，2015）。随着后续开采规模的不断扩大，完全裸露的稀土开采地表随之增加，矿区裸露面积也越来越大；2002年以后，原地浸矿工艺逐渐推广，另外矿区复垦工作逐渐推行，使得到了2013年，矿点核心区植被覆盖度又逐渐增加。

表2-12 1990~2013年矿点缓冲区域平均植被覆盖度

年份	矿点核心区	0~60m	60~120m	120~180m	180~240m	240~300m	300~400m	400~700m
1990	0.297	0.471	0.572	0.601	0.622	0.624	0.637	0.683
1999	0.203	0.573	0.683	0.741	0.750	0.758	0.769	0.781
2008	0.140	0.748	0.857	0.879	0.886	0.891	0.897	0.899
2013	0.242	0.671	0.757	0.784	0.801	0.823	0.834	0.846

从采矿区域对植被的影响范围来看，四个年份稀土矿区裸露区周边300~400m范围内，稀土开采仍然对植被生长造成影响。但是1990年和1999年，矿点核心区对植被影响更为强烈，植被覆盖度是一个随矿点核心区距离增大逐渐升高的过程，而2008年和2013年，植被覆盖在矿点核心区之外，急剧升高，这也说明新的原地浸矿工艺能够较大范围保护周边植被，对周边植被覆盖影响相对池浸/堆浸工艺要小。

2.4.4 典型矿点植被覆盖变化分析

对照岭北矿区2009年的矿区矿权图，选择龙船坑、细坑、长坑尾三个稀土矿点，并采用2005年、2009年、2013年三期对应矿点QuickBird高空间分辨率影像与其对照，分析其多年间的稀土矿点植被覆盖在不同稀土开采模式及复垦措施下的变化规律。

龙船坑稀土矿点始设于2000年，并于2013年左右与细坑、暗山、张天堂稀土矿点整合为细坑稀土矿，为统计分析方便，我们采用2009年矿区矿权图，也就是整合前的矿点范围，该矿点总面积约0.618km^2，矿点开采方式早期采用池浸/堆浸的露天开采方式，后期逐步采用原地浸矿方式。1990年、1999年、2008年、2013年四个年份龙船坑矿点植被覆盖分级图如图2-9所示，该矿点2005年、2009年、2013年三个年份QuickBird高分影像如图2-10所示。

图 2-9　龙船坑稀土矿点植被覆盖分级图

a—1990 年植被覆盖图；b—1999 年植被覆盖图；c—2008 年植被覆盖图；d—2013 年植被覆盖图

图 2-10　龙船坑稀土矿点高分影像图

a—2005 年矿点影像图；b—2009 年矿点影像图；c—2013 年矿点影像图

通过对比龙船坑稀土矿点的高分遥感影像和植被覆盖度分级图（图 2-9）可以看出，龙船坑的稀土开采活动开始于 20 世纪 90 年代，在 1990 年，龙船坑矿点未有明显的稀土开采痕迹，矿点平均植被覆盖度达到 0. 833，生态环境较好；在 1999 年，该矿点开采已经初具规模，整个矿区平均植被覆盖度降为 0. 672；在 2008 年，矿点平均植被覆盖度已降为 0. 543，相比 1990 年降低了 0. 290，低植被覆盖度占据矿点将近一半面积；2008~2013 年，随着矿区复垦的实施，龙船坑稀土矿点的植被覆盖逐渐得到恢复，2013 年龙船坑稀土矿点的平均植被覆盖度为 0. 741，说明矿区复垦已初见成效，低植被覆盖度面积显著减少。

对照图 2-10，将其开采区域划分为 A、B 两个区域。从图 2-10 可以看出，在 2005 年该矿点为池浸/堆浸的露天开采方式，产生大片裸露尾砂地；到 2009 年，A、B 两个区域开采规模进一步扩大，并连成一片，遗留大片堆浸开采尾砂地，在B区域出现原地浸矿开采痕迹，对照图2-9c，原地浸矿周边出现零星植被退化现象；从图2-10c可以看出，到2013年，池浸/堆浸工艺已经完全被原地浸矿工艺取代，在复垦措施下，裸露尾砂地得到恢复，整个矿区生态环境得到显著改善，但原地浸矿周边，仍出现较大规模的低植被覆盖区域。

细坑稀土矿点与龙船坑矿点一样，也始设于2000年，2013年被整合，整合前其矿点矿权总面积为2.804km^2。1990年、1999年、2008年、2013年四个年份细坑矿点植被覆盖分级图如图2-11所示，该矿点2005年、2009年、2013年三个年份QuickBird高分影像如图2-12所示。

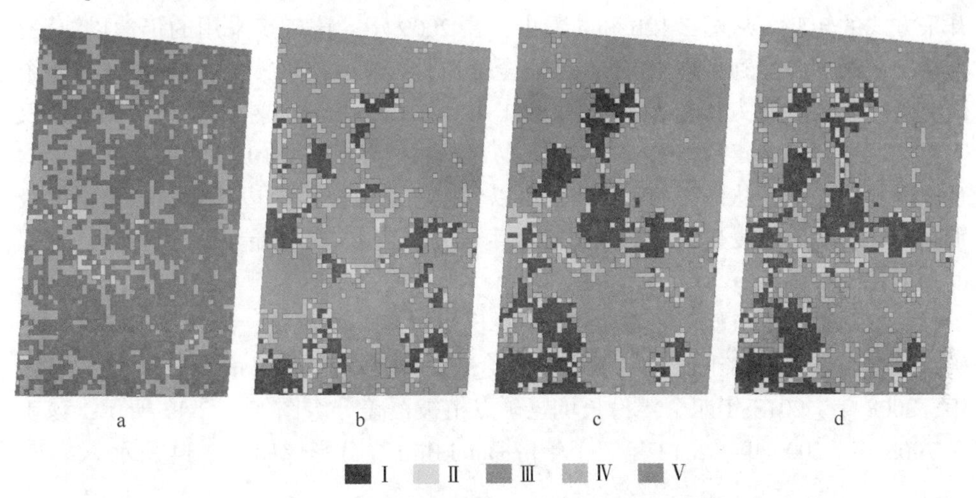

图2-11 细坑稀土矿点植被覆盖分级图

a—1990年植被覆盖图；b—1999年植被覆盖图；c—2008年植被覆盖图；d—2013年植被覆盖图

图2-12 细坑稀土矿点高分影像图

a—2005年矿点影像图；b—2009年矿点影像图；c—2013年矿点影像图

通过对比图 2-11 和图 2-12 可以看出，细坑稀土矿点的稀土开采从 1990 年就已经开始，当时的规模比较小，对矿区植被覆盖影响不是太大；1990~1999 年期间，稀土开采点不断增加，主要开采方式为池浸/堆浸的露天开采方式，出现大片裸露低植被覆盖区域，稀土开采较为分散，不仅造成稀土资源的浪费，还增加了矿区生态治理的难度；1999~2008 年期间，开采规模进一步扩大，在图 2-12 中，将矿点开采区划分为 A、B、C、D 区，B 区随着开采规模扩大，和周边连成一片，形成一定规模，从图 2-12a 看出，该矿点在 2005 年主要采用池浸/堆浸的露天开采方式；2008~2013 年期间，矿点低植被覆盖面积增幅不大，主要原因为开采方式的转变，从图 2-12b 和 c 看出，在 2009 年，该矿点采用的仍然以池浸/堆浸工艺为主，但到了 2013 年，已完全被原地浸矿工艺取代，由于矿区在整个研究时间段内没有人工复垦，从图 2-11 可以看出，植被自然恢复非常困难，仅零星区域在开采多年后植被有一定恢复，许多区域在开采 10 多年后，植被仍然难以恢复。此外，从图 2-11c 和 d 也可以看出，原地浸矿周边部分植被覆盖度级别降低，表明原地浸矿工艺对周边植被生长有一定影响，会造成周边植被一定程度的退化。

长坑尾稀土矿点始设于 2000 年，并于 2013 年与猪妈坑、坳背塘、迳背稀土矿点整合为长坑尾稀土矿点，该矿点整合前面积约为 1.928km^2。1990 年、1999 年、2008 年、2013 年四个年份长坑尾矿点植被覆盖分级图如图 2-13 所示，该矿点 2005 年、2009 年、2013 年三个年份 QuickBird 高分影像如图 2-14 所示。

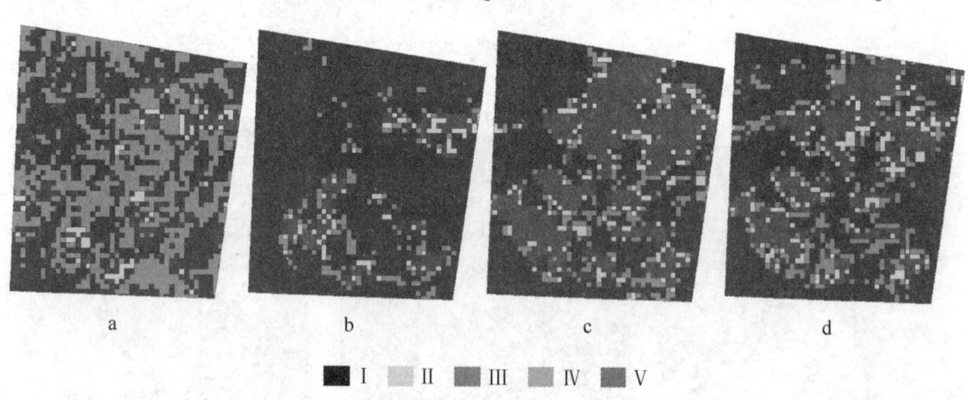

图 2-13　长坑尾稀土矿点植被覆盖分级图

a—1990 年植被覆盖图；b—1999 年植被覆盖图；c—2008 年植被覆盖图；d—2013 年植被覆盖图

通过对比图 2-13 和图 2-14 可以看出，从 1990~1999 年，长坑尾稀土矿点已有零星的稀土开采活动，但规模不大；1999~2008 年期间，是该矿点开采规模急剧扩张时期，从图 2-14a 可以看出，该矿点在 2005 年为原地浸矿与池浸/堆浸工艺并存，将开采区划分为 A、B 两个区域，到 2008 年，随着开采规模扩大，两个

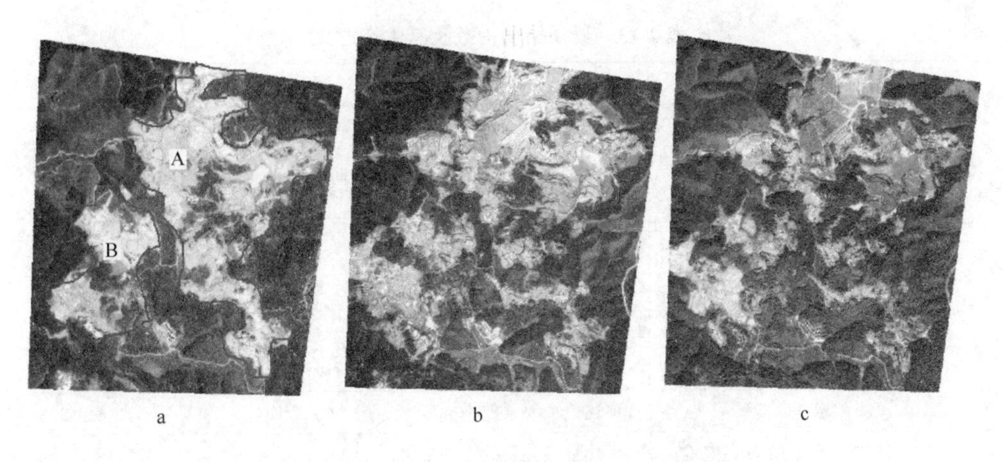

图 2-14 长坑尾稀土矿点高分影像图
a—2005 年矿点影像图；b—2009 年矿点影像图；c—2013 年矿点影像图

区域基本连为一体；2008 年到 2013 年，植被得到一定程度恢复，从 2-14b 可以看出，在 B 区域，已经开始人工复垦，在图 2-14c 中，区域 B 复垦已经初见成效，而区域 A 也开始逐步复垦，开采工艺也主要为原地浸矿工艺，在原地浸矿周边，出现较为明显植被退化现象。对比图 2-13c 和 d，尽管采取了一定的复垦措施，使得稀土开采区的植被覆盖得到一定的恢复，但仍有较大面积的裸露地表存在，急需治理，也从另一个角度说明稀土矿点的环境治理与改善是一个长期过程。

2.5 植被覆盖景观格局变化分析

2.5.1 景观指数选取与计算

许多学者应用景观生态学的方法探讨植被与景观格局的变化过程，从而揭示人为活动的生态环境效应及其作用规律（李红，2009；胡金龙，2012）。稀土开采造成原有自然地表植被的破坏，带来严重的生态环境问题，研究矿区植被景观格局，可有助于对矿区宏观区域生态环境状况的分析与评价，也有利于探索人类活动对矿区植被景观格局变化的影响，从而为矿区生态环境变化分析提供有效手段，具有重要实用价值。

景观指数反映了景观信息的结构组成和空间配置，是高度浓缩的景观信息定量指标，可以用来揭示研究区域的景观格局变化的内部规律和机制。尽管目前有大量的景观格局指数用来描述各类景观特征，但景观格局指数之间的相关性和冗余性已经引起学者关注。参考前人研究的经验及结合稀土矿区实际情况，选取景观指数及生态意义如表 2-13 所示。

表 2-13　景观格局指数及其生态意义

景观指数		生态意义
斑块水平	斑块密度 *PD*	反映的单位面积内某一景观类型的斑块数，是破碎度的一个度量
	最大斑块数 *LPI*	斑块类型中最大斑块面积占总面积的百分比，是斑块水平上优势度的度量
	面积周长分维数 *PAFRAC*	描述斑块形状的复杂程度
	斑块面积变异系数 *AREA_CV*	描述斑块在面积上的差异程度,值越大，表示斑块面积的差异越大
景观水平	斑块聚合度 *AI*	描述景观中不同斑块类型的非随机性或聚集程度
	斑块数量 *NP*	描述单个要素的指标
	斑块凝结度 *COHESION*	反映景观类型的空间凝结度
	香农多样性指数 *SHDI*	反映景观要素的多少和各景观要素所占比例的变化，可同时表达景观中多样性和异质性
	破碎化指数 *FN*	描述整个景观系统破碎化程度的度量，值越大，表示破碎化程度越高

将计算出的四个年份植被覆盖度分级图转成 shp 格式，导入 ArcGIS 转成 GRID 栅格，利用 Fragstats3. 4 景观格局分析软件对四年的植被覆盖度进行景观格局指数计算。

2.5.2　斑块水平的景观格局变化分析

采用上述方法，计算出斑块水平下的 5 个景观格局指数如表 2-14 所示。为更直观反映表 2-14 各景观指数变化，对其中的斑块密度、斑块面积变异系数、斑块周长分维数、斑块聚合度作四年份的对比直方图，如图 2-15 所示。

表 2-14　斑块水平下不同植被覆盖度景观格局指数

年份	等级	PD	LPI	AREA_ CV	PAFRAC	AI
1990	Ⅰ	3. 2375	0. 4834	415. 2777	1. 4142	70. 5803
	Ⅱ	11. 6539	0. 0434	163. 6407	1. 6186	33. 7304
	Ⅲ	17. 2259	0. 1263	223. 6291	1. 6191	37. 7692
	Ⅳ	20. 6832	6. 3019	1402. 7202	1. 6083	57. 0470
	Ⅴ	6. 9053	18. 6027	1783. 3080	1. 5213	79. 4719
1999	Ⅰ	4. 8936	1. 1781	624. 3438	1. 4186	69. 6694
	Ⅱ	16. 7113	0. 0189	119. 1058	1. 6230	22. 9587
	Ⅲ	22. 5125	0. 0324	130. 9702	1. 6285	23. 3556
	Ⅳ	28. 8517	0. 0383	150. 9055	1. 6211	29. 5050
	Ⅴ	1. 7918	60. 5719	1612. 2256	1. 4729	92. 2233

续表 2-14

年份	等级	PD	LPI	AREA_ CV	PAFRAC	AI
2008	Ⅰ	2.4608	0.2589	320.0932	1.3690	74.9301
	Ⅱ	9.1931	0.0644	224.0584	1.5602	34.0753
	Ⅲ	13.1182	0.0796	208.9043	1.5994	32.3555
	Ⅳ	18.9896	0.0459	172.1937	1.6162	31.6842
	Ⅴ	1.0105	80.5190	1436.7163	1.4202	95.2052
2013	Ⅰ	5.0106	0.5436	390.1244	1.4255	66.8430
	Ⅱ	14.6387	0.0278	138.2446	1.6278	25.0163
	Ⅲ	20.7206	0.0324	131.0766	1.6151	24.9206
	Ⅳ	28.0611	0.0733	192.0190	1.5863	36.1372
	Ⅴ	1.5673	72.5379	1783.5083	1.4390	91.5137

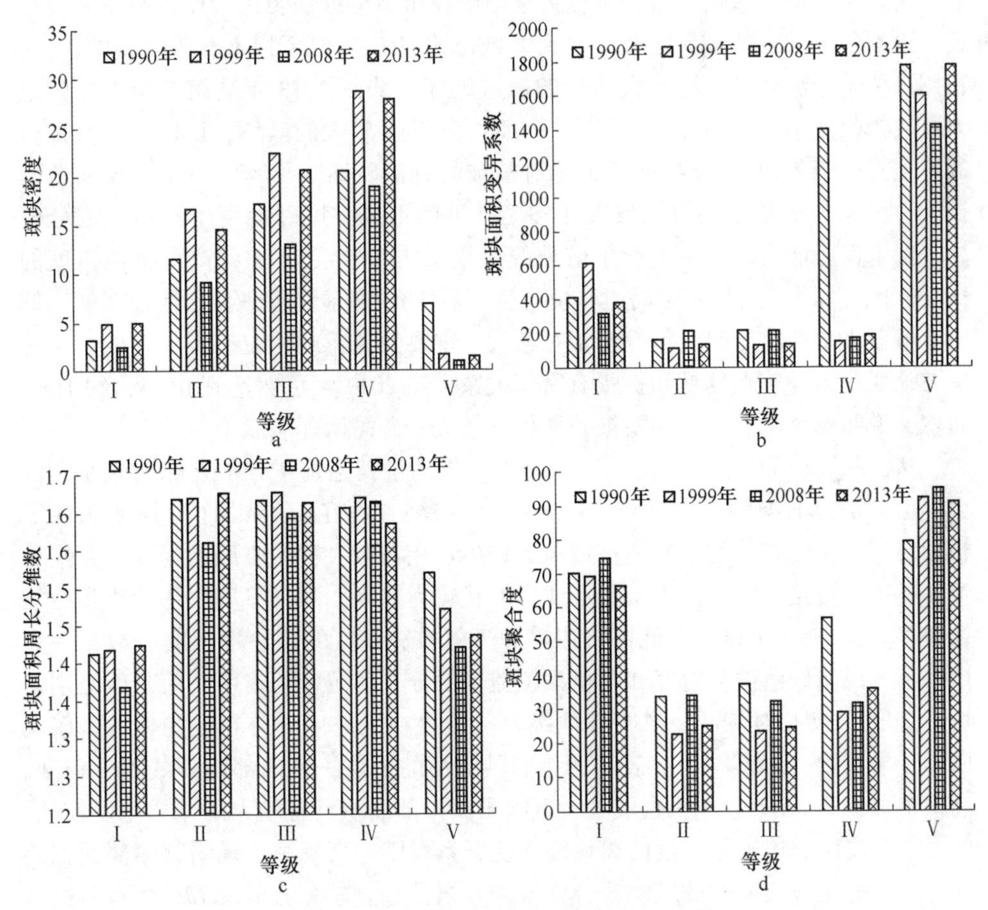

图 2-15　四年份斑块水平景观指数对比图

a—斑块密度；b—斑块面积变异系数；c—斑块面积周长分维数；d—斑块聚合度

由表2-14及图2-15可知，1990年到2013年间，低植被覆盖度和高植被覆盖度斑块密度（*PD*）相对较低，其他三个级别植被覆盖度斑块密度相对较高，说明总体上低植被覆盖度和高植被覆盖度破碎化程度较低，集中连片趋势明显，而其他三个级别植被覆盖较为破碎，且破碎化程度有进一步加剧趋势，存在一定的生态风险。低植被覆盖度斑块密度经历了先增加后减少、又增加的过程，最后在2013年达到最大为5.0106个/km^2，矿区低植被覆盖度主要是人类作用的结果，矿区低植被覆盖度斑块的变化体现了稀土开采对矿区环境的影响，2008年到2013年，斑块数由2.4608增加到5.0106，增加了近一倍，表明矿区开采规模进一步扩大。

最大斑块指数（*LPI*）最大的是高植被覆盖，其变化趋势是先增加后减小，在2008年达到最大，达到80.51，但在2013年减少到了72.54。反映了自1990年以来，由于人们加强了对稀土矿区的生态治理，导致高植被覆盖面积成片增加，周边小斑块区域低等级植被覆盖逐渐向高植被覆级别转化，使得高植被覆盖斑块成为整个矿区的基质斑块。但到了2008年以后，由于稀土开采规模的扩张，特别是稀土非法开采，造成大面积的植被破坏，从而2013年高植被覆盖度的最大斑块指数变小，说明稀土开采对周边环境产生了较大的破坏；矿区此阶段推行的原地浸矿工艺相比池浸/堆浸工艺对植被的直接破坏减少，但由于规模的急剧扩大，仍会造成大面积的植被破坏和尾砂地的形成，尾砂地由于其沙砾成分较高，保水保肥能力较差，不利于植被的恢复，从而导致2013年高植被覆盖度的*LPI*变小，说明稀土开采对周边环境产生了较大的破坏且这种影响是长期的；低植被覆盖*LPI*指数在四个年份也相对较大，主要为裸露的稀土矿点，在四个年份呈波动变化，与矿点复垦和扩张有密切关系，在2013年仍然达到0.54，约1km^2面积，说明单个矿点造成的植被破坏仍然较大，急需治理。

从面积周长分维数（*PAFRAC*）来看，低植被覆盖的*PAFRAC*相对较小，四个年份分别为1.4142、1.4186、1.3690、1.4255，均在1.45以下，说明斑块形状相对简单，而其他类型的植被覆盖*PAFRAC*相对较大，主要原因为稀土开采导致的低植被覆盖区域为人工干预形成，形状较为规则，而自然斑块形状要相对复杂得多。自1990年以来，低植被覆盖和高植被覆盖度的斑块聚合度（*AI*）一直比较高，说明低植被覆盖度和高植被覆盖度的分布区域较为集中，而其他级别植被覆盖度的*AI*相对较低，说明其他级植被覆盖在研究区的分布较为分散。斑块面积变异系数（*AREA_CA*）表示的是同种类型的斑块，其内部面积的差异程度。高植被覆盖的*AREA_CA*一直较大，反映出其内部面积具有较大的差异。而较低、中度、较高级别植被覆盖度的斑块面积变异系数则一直较小，说明其内部面积差异不大。低植被覆盖度的斑块聚合度（*AI*）虽然一直较高，但其*LPI*相对高植被覆盖一直较小。低植被覆盖度的分布区域主要为稀土开采区，由其*LPI*较小和*AI*

较高，结合相关资料，其原因为离子稀土的开采活动主要以小面积开采为主，矿点多而分散，这从另一个方面也导致对环境破坏更难治理。

2.5.3 景观水平的景观格局变化分析

采用上述方法，计算出景观水平下的 4 个景观格局指数如表 2-15 所示。

表 2-15 景观水平下不同植被覆盖度景观格局指数

年份	*NP*	*COHESION*	*SHDI*	*FN*
1990	12762	98.2943	1.1933	0.0537
1999	15980	99.0370	0.8957	0.0673
2008	9570	99.3398	0.7085	0.0403
2013	14962	99.324	0.9048	0.0630

从表 2-15 可以看出，从 1990 年到 2013 年，斑块数量（*NP*）呈增加-减少-增加的波动状态，说明总体上矿区植被覆盖景观不稳定，特别是从 2008 年到 2013 年，*NP* 从 9750 增加到 14962，*NP* 急剧增加，结合图 2-16d 可看出，主要原因为稀土开采导致低植被覆盖区域呈点状扩散，破坏了原有景观结构，使得斑块数目激增；斑块连通度（*COHESION*）指数均较大，说明总体上整个矿区景观空间连通性高，生态功能较好；从香农多样性指数（*SHDI*）的变化情况，矿区 *SHDI* 先减少后增大，与矿区高植被覆盖面积变化趋势一致，说明从 1990 年到 2008 年间，由于土地复垦和封山育林，使得高植被覆盖面积持续增加，类型间面积比重高植被覆盖度占据绝对优势，使得异质性降低，而 2008 年后，由于稀土的大规模开采，使得破碎化指数（*FN*）急剧升高，导致 *SHDI* 值的增大。

2.5.4 稀土矿点与景观空间布局变化

提取矿点池浸和堆浸及原地浸矿工作区开采形成的裸露荒漠化地表，即稀土矿点开采的核心区域，然后将其添加到四个年份的植被覆盖分级图中，并对其进行局部放大，分析矿点与景观空间布局的关系，提取矿点景观分布模式，图 2-16 为各年份局部放大后的矿点-植被覆盖图。

分析图 2-16，从四个年份矿点-植被覆盖图上提取的矿点景观分布模式图，如图 2-17 所示。

从 1990 年到 2013 年，稀土开采造成了原有生态景观的显著变化，在 1990 年，矿点与植被覆盖景观布局主要以模式 1 为主，当时，由于受传统林业经营理念的影响，林业经营主要以木材生产为中心，没有可持续发展的理念。其主要是为了国家工业化提供积累，尽量满足国家要求。当时的林业管理体制较为混乱，林业产权不够清晰，偷伐盗伐情况严重，从而导致森林被过度砍伐，在交通较为

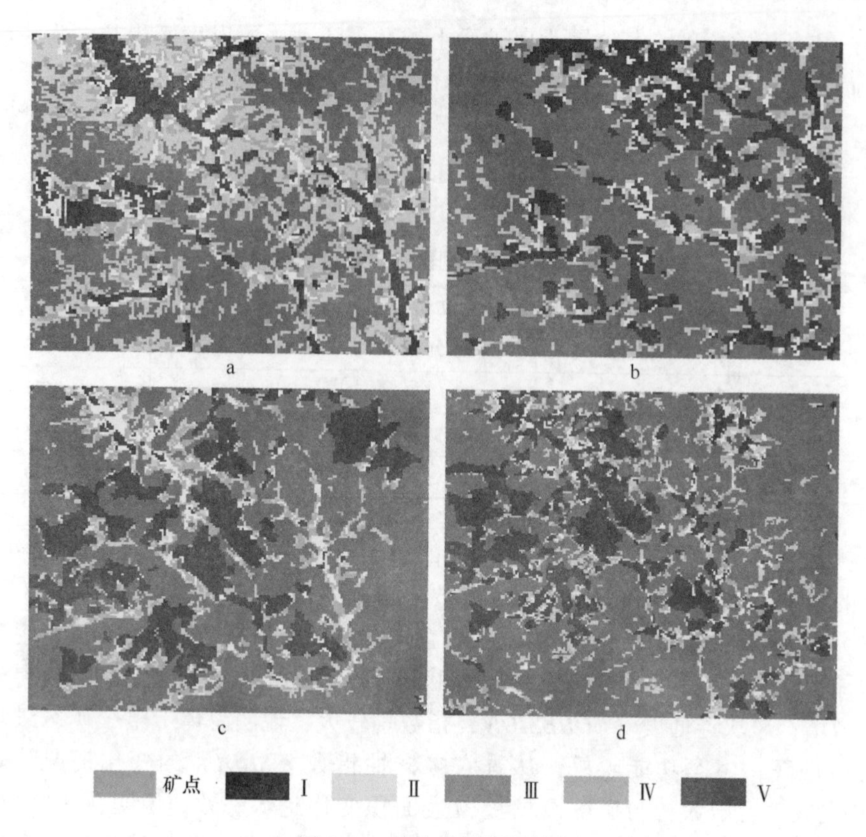

图 2-16　矿点-植被覆盖图

a—1990 年矿点-植被覆盖；b—1999 年矿点-植被覆盖；c—2008 年矿点-植被覆盖；d—2013 年矿点-植被覆盖

便捷山区，出现了大面积低植被覆盖区域，由于大规模毁林开荒及以木材作燃料，造成居民点周围植被覆盖度较低，出现大片裸露的荒山（章忠珍，2009），如图 2-16a 所示。另外，当时稀土开采方式为池浸/堆浸，不仅大面积破坏地表植被，造成了水土流失，还间接影响到周边植被，矿点被低植被覆盖包围，植被以自然恢复为主，离矿点越远，植被受影响越小，植被覆盖等级越高；到 1999 年，主要以模式 2 为主，封山育林政策使植被得到较大恢复，矿点周围仍然被低植被覆盖包围，但由于环境保护，低植被覆盖外围的植被得到较大恢复，转化为高覆盖植被。

2008 年及 2013 年，以模式 3 和模式 4 为主，封山育林、矿区复垦及稀土开采工艺改进等多项措施均取得积极效果，稀土矿点与地表低植被覆盖区域边界高度吻合，出现了模式 3，此时稀土开采成为低植被覆盖度的主要原因，矿区复垦使得矿点周边裸地植被得到一定程度恢复，出现模式 4。总体来看，在 20 世纪 90 年代，矿区景观变化的主要原因为人类的林业活动，而 1999 年后，随着稀土开采的规模化，稀土开采成为矿区景观变化的最主要原因。在矿区总体生态环境

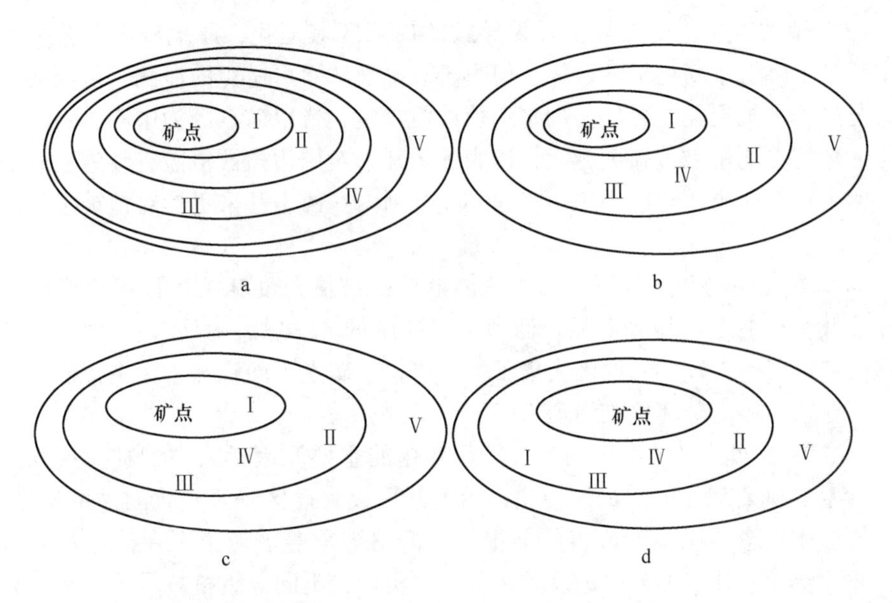

图 2-17 矿点景观分布模式图

a—模式 1；b—模式 2；c—模式 3；d—模式 4

不断改善的前提下，低植被覆盖区域集中在矿点及矿点周边，并随着稀土开采工艺改进及矿区复垦的实行，不同等级植被覆盖在空间分布上发生改变，成为具有稀土开采特色的矿点景观分布模式，一定程度上体现了稀土开采工艺对矿点周边植被覆盖空间分布格局的影响。

2.6 本章小节

本研究以定南县岭北稀土矿区为例，研究矿区植被覆盖度提取方法，并以此方法为基础，研究矿区植被覆盖时空分布特征及植被覆盖的景观格局演变规律。得到如下结论：

（1）构建了加入裸露尾砂地光谱特征的三端元稀土矿区植被覆盖提取的LSMM模型，该模型相对于像元二分法及FCD模型，在岭北和河岭两个矿区与检验值的相关系数和均方根误差均更优。说明该模型能够反映稀土矿区植被覆盖的实际状况，具有较高精度，为南方稀土矿区植被覆盖及景观格局变化监测提供了关键技术。

（2）从1990年到2013年20多年时间内，由于封山育林及退耕还林政策的实施及矿区复垦政策的开展，矿区植被生态环境得到明显改善。植被覆盖度大于60%的较高和高植被覆盖所占比例最大，而植被覆盖低于30%的低植被覆盖区域尽管所占比例不高，但集中连片趋势非常明显，主要为池浸/堆浸稀土开采工艺遗留下来的裸露地表，生态问题依然严重。

（3）植被退化主要为稀土开采导致的局部区域退化，原地浸矿工艺尽管在一定程度上降低了对植被的破坏，但由于浸矿液体不可避免的泄漏，可能会导致更大范围的植被退化。各年份的平均植被覆盖度，皆以矿点区为中心，距矿点越远，区域的平均植被覆盖度越大，说明稀土开采对周边植被覆盖有较为显著的影响。四个年份稀土矿点区周边 300~400m 范围内，稀土开采仍然对植被生长造成影响。

（4）景观格局动态分析表明，总体上低植被覆盖度和高植被覆盖度破碎化程度较低，集中连片趋势明显。低植被覆盖度的 *AI* 虽然一直较高，但其 *LPI* 相对高植被覆盖一直较小，原因为离子稀土以单个矿点小面积开采为主，矿点多而分散，导致对环境破坏更难治理。

（5）在 20 世纪 90 年代，矿区景观变化的主要原因是人类的林业活动，而 1999 年后，随着稀土开采的规模化，稀土开采成为矿区景观变化的最主要原因。在矿区总体生态环境不断改善的前提下，低植被覆盖区域集中在矿点及矿点周边，并随着稀土开采工艺改进及矿区复垦的实行，不同等级植被覆盖在空间分布上发生改变，成为具有稀土开采特色的矿点景观分布模式，一定程度上体现了稀土开采工艺对植被覆盖空间分布格局的影响。

3 矿区土地毁损与恢复遥感监测

为分析稀土开采的时空分布及矿区土地毁损与恢复过程，本章以定南县和寻乌县的稀土矿区为例，以 1990~2016 年的 HJ-1B CCD、Landsat-5 和 Landsat-8 遥感数据为数据源，结合回归分析法、遥感时序 *NDVI* 分析方法，对岭北稀土矿区的稀土开采状况及土地毁损与恢复情况进行分析。为减少不同数据由于传感器自身原因而带来的 *NDVI* 误差，采用回归分析法构建 HJ-1B CCD、Landsat-5/8 数据的 *NDVI* 转换方程，并利用均方根误差对转换方程的精度进行检验。

3.1 研究区概况及数据来源

3.1.1 研究区概况

定南县位于江西省赣州市的最南端，地理坐标为：东经 114°47′49″~115°22′48″，北纬 24°33′37″~25°03′21″，行政面积为 1318.72km^2。20 世纪 80~90 年代，定南县境内开始有稀土开采活动，主要分布在定南县北部的岭北稀土矿区和定南县城周边，以 2002 年为界，之前定南县的稀土开采工艺主要为池浸和堆浸；之后原地浸矿开采工艺逐渐被推广。为得到 1t 稀土氧化物，使用池浸开采工艺会导致 0.017~0.020ha 的土地遭受破坏，产生 1500~2400t 的稀土尾砂，因此采用该开采工艺会压占大量土地。稀土尾砂作为潜在的、巨大的稀土资源库，由于随意堆放，一方面造成资源的浪费，另一方面尾砂随雨水流向四周，导致土壤沙化；堆浸开采工艺并未改变稀土开采过程中对矿区土地和植被的破坏，本质上与池浸开采工艺无异，只是由于机械作业的加入，稀土开采效率大大提高，导致开采规模大幅扩大，形成的固体废弃物也急剧增加，进而导致更多的土地被压占；原地浸矿相比池浸/堆浸两种开采工艺，由于不需要剥离表土植被，对土地破坏更小，但由于开采过程中需大量开挖注液孔，仍会破坏地表三分之一的土地和地表植被；另一方面，原地浸矿开采过程中需要使用大量酸性浸矿液体（硫酸铵、碳酸氢铵溶液）长时间浸泡山体，导致山体含水量增加，山体滑坡风险增加。此外，酸性溶液长时间浸泡山体，通过侧渗和毛细血管作用导致植被受损，土壤酸化等问题产生。

寻乌县位于江西省赣州市东南端，地理坐标为：东经 115°21′22″~115°54′25″，北纬 24°30′40″~25°12′10″，行政面积为 2311.38km²。寻乌县作为赣南地区稀土开采较早的县城之一，早在 1978 年，寻乌县境内就有稀土开采活动，稀土资源主要分布在河岭、南桥和三标等矿区。作为赣南地区唯一一个以轻稀土为主的离子吸附型稀土矿区，寻乌县的稀土配比中钇的含量只有 8%~10%，重稀土的含量远低于赣南地区其他稀土矿区，而轻稀土元素铈的含量则高达 60%，属于典型的低钇富铈矿。寻乌县稀土矿区矿体埋藏深度较浅，主要以露天开采方式为主，开采工艺以池浸、堆浸为主，稀土开发过程中也导致大量土地挖损和压占情况。研究区地理位置见图 3-1。

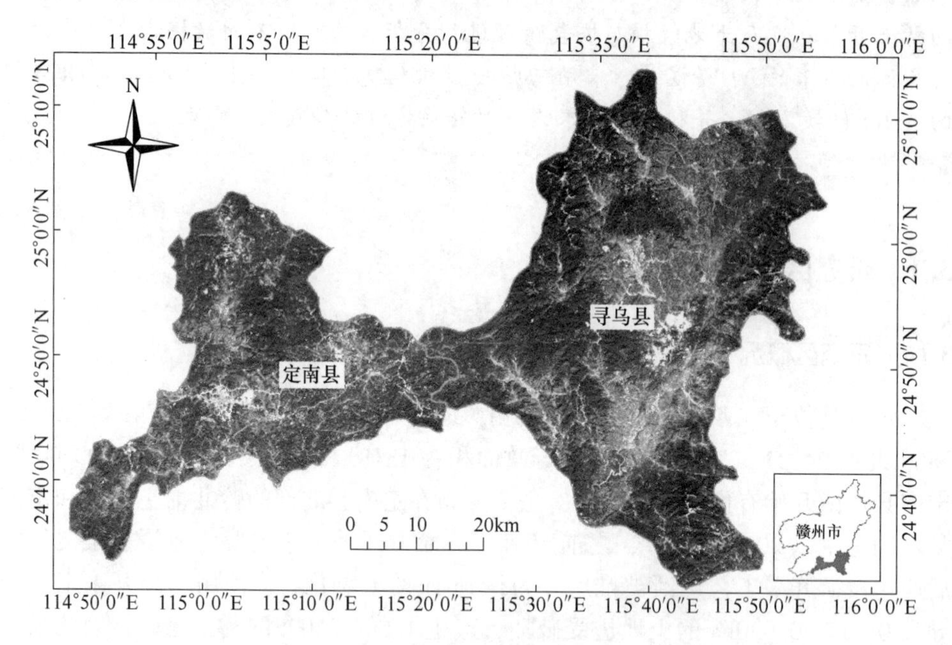

图 3-1　研究区地理位置图

3.1.2　数据来源及数据预处理

本章所包含的数据类型主要包括遥感数据、DEM 数据、矢量数据，其中遥感数据包括 Landsat TM、Landsat OLI 和 HJ-1B CCD 数据等中分辨遥感影像和 Google Earth 高分影像，Landsat TM 和 Landsat OLI 数据来源于地理空间数据云（http：//www.gscloud.cn），HJ-1B CCD 数据来源于中国资源卫星中心（http：//www.cresda.com）；DEM 数据选择 ASTER GDEM V2 数据，由日本 METI 和美国 NASA 两个机构在 ASTER GDEM V1 数据进行修正而来，来源于地理空间数据云平台（http：//www.gscloud.cn），其空间分辨率为 30m。表 3-1 为本章所采用数据的详细信息。DEM 数据、矢量数据、Google Earth 高分影像的坐标系为 WGS_ 84，Landsat TM/OLI 与 HJ-1B CCD 的投影坐标系为 UTM_ Zone50 N。

表 3-1 数据类型及用途

数据类型	分辨率类型	传感器	来 源	用 途
遥感数据	中分	Landsat TM Landsat OLI HJ-1B CCD	http：//www. gscloud. cn http：//www. cresda. com	实验数据
DEM 数据 矢量边界数据	高分		Google Earth http：//www. gscloud. cn	精度检验 获取研究区域的平均海拔 获取研究区域

数据预处理流程如下：

（1）矢量边界数据预处理。由于矢量边界数据本身未定义坐标系，因此需给矢量边界数据添加坐标系信息，此外下载的矢量边界数据不仅包含研究区域的矢量边界，还包含其他地方的矢量边界数据，将研究区域从下载的整个区域中选择出来，最终得到坐标系为 WGS_ 84 的研究区域矢量边界数据。

（2）DEM 数据预处理。由于从地理空间数据云平台的 DEM 数据是以分幅的形式存在的，因此需对原始的 DEM 数据进行图像镶嵌、图像裁剪等过程。

（3）遥感数据预处理。本书的遥感数据预处理工作主要包括辐射定标、大气校正、几何校正和图像裁剪等过程。

1）辐射定标。辐射定标是将传感器记录无量纲值转化为辐射亮度值或转换成与地物光谱反射率、地表温度等物理量相关的相对值的过程。

2）大气校正。大气校正的目的是获取地物的真实反射率信息，并消除大气及光照等因素对地表反射率的影响。

3）几何校正及裁剪。原始遥感影像经过辐射定标、大气校正后，以 Landsat TM/OLI 影像为基准影像，HJ-1B CCD 影像为待校正影像，选择二次多项式校正方法对 HJ-1B CCD 影像进行几何校正，几何校正误差控制在 1 个像元内。所有影像几何校正完成后，利用定南县和寻乌县的矢量边界对所有遥感影像进行图像裁剪，得到定南县和寻乌县的 HJ-1B CCD、Landsat TM 和 Landsat OLI 影像。

3.2 多源时序 *NDVI* 交互校正

3.2.1 数据选择

Landsat 系列影像由于发射时间早，积累的历史数据较多、可免费获取等优点，已成为中分辨率遥感影像的主要数据源之一。与 Landsat 系列卫星相比，HJ-1A/1B 卫星发射时间较晚，积累的历史数据较少，但其具有回访周期短、覆盖范围大等优点，同样可以免费获取，已在地物提取（姚成，2015）、农作物估产（谭昌伟，2017）、生物量估算（刘真真，2017）等领域应用。在多云多雨的南方地区，由于回访周期、天气等因素的限制，Landsat 系列影像可用的数据较少，相关研究的开展受到数据源的限制。HJ-1A/1B CCD 影像与 Landsat 系列影像的空间分辨率相同，且其回访周期较短，可以作为 Landsat 系列数据的补充，但由于传感器、光谱响应函数等因素的影响，导致同种地物信息表达时存在差异，若直接混合使用可能会导致不确定性误差，甚至出现错误的结果。因此利用 Landsat 系列影像、HJ-1A/1B CCD 等多源数据进行相关研究时，需采用一定的数学方法将不同传感器之间在表达同种地物信息时的差异减小甚至消除。

为研究 Landsat TM/OLI 与 HJ-1B CCD 影像的 *NDVI* 之间的定量关系，以 4 对同时期的 Landsat TM/OLI、HJ-1B CCD 遥感影像为数据源，其中 Landsat TM 与 HJ-1B CCD、Landsat OLI 与 HJ-1B CCD 影像各有两组影像，从 Landsat TM 与 HJ-1B CCD、Landsat OLI 与 HJ-1B CCD 影像中各选取一组作为实验影像，用于获取 HJ-1B CCD 与 Landsat TM/OLI 影像的 *NDVI* 转换方程，剩下的影像对作为精度检验影像，用于检验获取的转换方程的精度。所选影像的详细信息见表 3-2。

表 3-2　交互比较影像对

地区	传感器	日期	时间	行列号	空间分辨率/m	用途
岭北稀土矿区	HJ-1B CCD	2009 年 10 月 10 日	3：06	456/88	30	试验
	Landsat TM		2：35	121/43		
岭北稀土矿区	HJ-1B CCD	2011 年 1 月 1 日	2：47	452/88	30	验证
	Landsat TM		2：35	121/43		
岭北稀土矿区	HJ-1B CCD	2013 年 12 月 24 日	2：07	454/88	30	试验
	Landsat OLI		2：46	121/43		
岭北稀土矿区	HJ-1B CCD	2014 年 10 月 8 日	1：49	452/88	30	验证
	Landsat OLI		2：45	121/43		

3.2.2　校正方程构建

归一化植被指数（*NDVI*）对植被生物物理变化引起的相关特征十分敏感，在时效、尺度方面也有较为明显的优势，在矿区土地损毁变化监测中有较好的应用效果（毕如田，2007；李晶，2016；黎良财，2012），因此选取 *NDVI* 作为参数，构建 Landsat TM/OLI 与 HJ-1B CCD 之间的转换方程，*NDVI* 的计算公式如下：

$$NDVI = \frac{\sigma_{NIR} - \sigma_{Red}}{\sigma_{NIR} + \sigma_{Red}} \tag{3-1}$$

式中，σ_{NIR} 和 σ_{Red} 分别为遥感影像近红外、红光波段的光谱反射率。

回归分析法作为获取不同要素之间具体数量关系的常见方法，已在遥感参数反演（夏天，2013；焦伟，2017；王清梅，2014）、生物量估算（王新云，2014）、农作物估产（谭昌伟，2014）等领域进行了相关研究。常见的回归模型主要以下几种。

$$y = a + bx \tag{3-2}$$

$$y = a + b\ln x \tag{3-3}$$

$$y = de^{bx} \tag{3-4}$$

$$y = dx^{b} \tag{3-5}$$

式中，x，y 分别表示 HJ-1B CCD、Landsat TM/OLI 遥感影像的 *NDVI* 值；a，b，d 为回归模型系数，可以通过最小二乘法获得。

为使得回归模型更具有代表性，样本点采样时需遵循如下原则：

（1）在 HJ-1B CCD 和 Landsat TM/OLI 数据的 *NDVI* 上随机采样，样本点应均匀分布在 *NDVI* 影像上，不要集中在同一个区域。

（2）样本点中应包含所选区域的全部地物类型，而不仅仅是其中某一类型。

（3）样本点应包含 *NDVI* 从低到高的整个区间，而不仅仅集中在一个小区间当中。

（4）样本点的数量应尽可能多，这样建立起的回归模型更具有代表性。

按照上述的样本点采样原则分别在 Landsat TM/OLI 和 HJ-1B CCD 数据的 *NDVI* 影像上随机采样，采集的样本点在 *NDVI* 影像的分布如图 3-2 所示。

基于采样点数据，以 HJ-1B CCD 遥感影像的 *NDVI* 值为横坐标，Landsat TM/OLI 影像的 *NDVI* 为纵坐标，得到 HJ-1B CCD 与 Landsat TM、HJ-1B CCD 与 Landsat OLI 影像的 *NDVI* 散点图，根据散点图选取合适的回归模型构建 HJ-1B CCD 与 Landsat TM/OLI 影像的 *NDVI* 转换方程，如图 3-3 所示。

通过图 3-3 可以发现，Landsat TM 与 HJ-1B CCD、Landsat 影像的 *NDVI* 散点图及相关系数 R^2 均大于 0.9，说明 Landsat TM/OLI 与 HJ-1B CCD 影像的 *NDVI* 之间存在较为明显的线性正相关；利用线性回归模型得到 Landsat TM 与 HJ-1B CCD、Landsat OLI 与 HJ-1B CCD 数据的 *NDVI* 之间的转换方程分别为 $y = 1.12x - 0.1067$、$y = 1.4301x - 0.121$，式中 y 表示 Landsat TM/OLI 影像的 *NDVI* 值，x 表示 HJ-1B CCD 影像的 *NDVI* 值。

3.2.3 精度检验

回归模型建立后，需对其进行显著性检验，只有通过显著性检验的回归模型

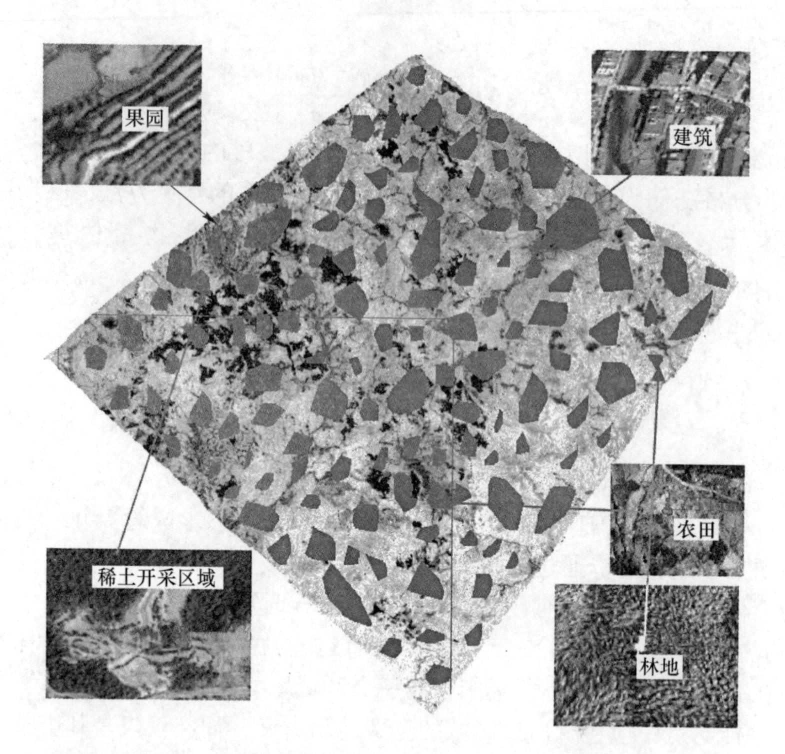

图 3-2　采样点分布情况（2009 年 Landsat TM）

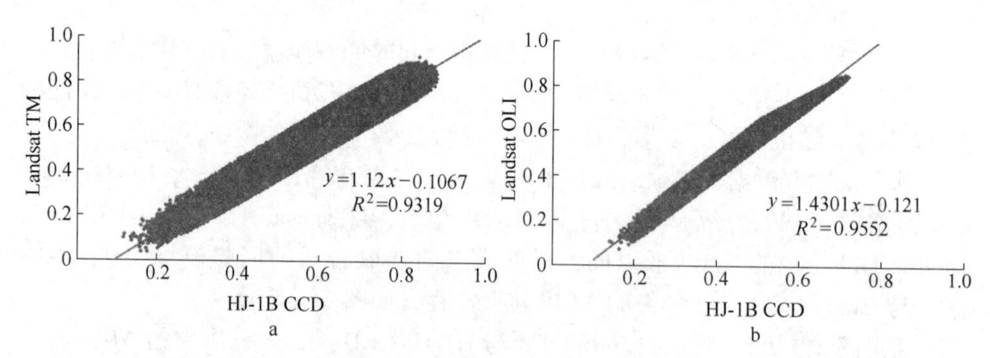

图 3-3　HJ-1B CCD 与 Landsat TM/OLI 的 *NDVI* 散点图及转换方程

a—Landsat TM 和 HJ-1B CCD 的 *NDVI* 散点图；b—Landsat OLI 和 HJ-1B CCD 的 *NDVI* 散点图

才是可靠的。一元线性回归模型显著性检验采用的方法为 F 检验法。计算公式如下：

$$F = \frac{U}{Q/n - 2} \tag{3-6}$$

$$U = b^2 \sum_{i=1}^{n} (x_i - \bar{x})^2,\ Q = S - U,\ S = \sum_{i=1}^{n} (y_i - \bar{y})^2 \tag{3-7}$$

$$\bar{x} = \frac{1}{n}\sum_{i=1}^{n} x_i,\ \bar{y} = \frac{1}{n}\sum_{i=1}^{n} y_i \tag{3-8}$$

式中，x_i，y_i，$\bar{x}$，$\bar{y}$ 分别为所选样本点中 HJ-1B CCD、Landsat TM/OLI 任意像元的 *NDVI*、所选样本点 HJ-1B CCD 像元、Landsat TM/OLI 像元的 *NDVI* 均值；n 为所选样本点的数量。

按照上述公式，计算转换方程的 F 值，Landsat TM 和 HJ-1B CCD、Landsat OLI 和 HJ-1B CCD 数据的 *NDVI* 转换方程的 F 值分别为 3069891，2302210。从 F 分布临界值表可以看出，随着 n 的增加，F 值逐渐减小，在置信水平 $\alpha = 0.005$，$F \gg F(1,\ 120) = 8.18$，而两个回归模型所选取的采样点远远超过 120 个，因此所建立的回归模型都是可靠的。

为对获取的 Landsat TM 与 HJ-1B CCD 影像、Landsat OLI 与 HJ-1B CCD 影像的 *NDVI* 转换方程的精度进行检验。以剩余的两组影像为数据源，基于获取的转换方程将 HJ-1B CCD 影像的 *NDVI* 转换为与之时间相对应的 Landsat TM/OLI 影像的 *NDVI*（简称为模拟影像），并与真实 Landsat TM/OLI 影像的 *NDVI* 进行比较，通过计算模拟影像与真实 Landsat TM/OLI 影像的 *NDVI* 之间的均方根误差（root mean square error，RMSE）对转换方程的精度进行检验，均方根误差的计算公式如下：

$$RMSE = \sqrt{\sum_{i=1}^{N} (X_i - Y_i)^2 / N} \tag{3-9}$$

式中，X_i 为模拟影像的 *NDVI* 值；Y_i 为实际 Landsat TM/OLI 影像的 *NDVI* 值；N 为验证样本个数。

由图 3-4 可知，利用获取的转换方程将 HJ-1B CCD 影像的 *NDVI* 转化为对应时期的 Landsat TM/OLI 影像得到的模拟影像与真实 Landsat TM/OLI 影像的散点图存在明显的线性相关，两者之间的 *NDVI* 散点基本沿着 1：1 分布，Landsat

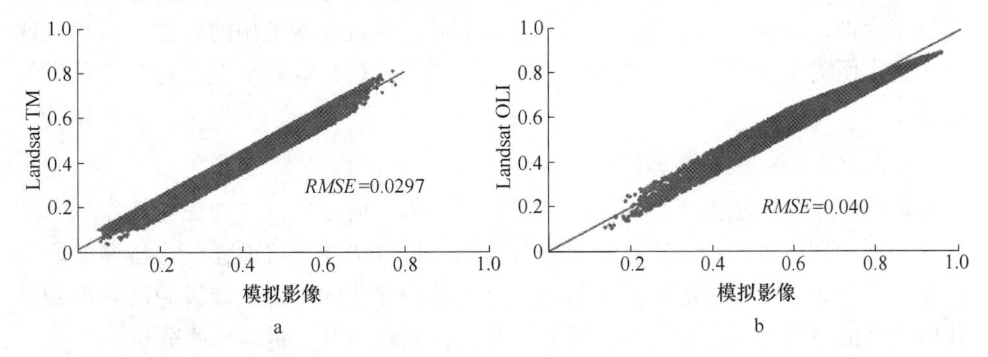

图 3-4 模拟影像与 Landsat TM/OLI 影像 *NDVI* 散点图与均方根误差

a—Landsat TM 和模拟影像的 *NDVI* 散点图；b—Landsat OLI 和模拟影像的 *NDVI* 散点图

TM/OLI 与模拟影像的均方根误差均小于 0.05，说明获取的转换方程的精度较高，可以满足 Landsat TM/OLI 遥感影像与 HJ-1B CCD 影像的 *NDVI* 相互转化的要求，为利用 HJ-1B CCD、Landsat TM 和 Landsat OLI 等多源数据构建时间序列影像提供基础。

3.3　矿区开采信息提取与分析

3.3.1　背景与方法

不同的开采工艺，开采过程也不尽相同，开采过程中形成的特征也不尽相同。因此需根据开采过程中的相关特征选取对应的研究方法。研究区域的开采工艺主要有池浸、堆浸和原地浸矿三种，主要的矿区开采信息提取与分析方法主要有以下三种。

3.3.1.1　CART 决策树分类方法

CART（classification and regression trees）决策树分类方法最早由 Breiman 提出，其基本原理：基于样本点数据，建立样本点与目标类型之间的联系，以此构建二叉树形式的决策树结构，二叉树分类结点的确定通过计算最小基尼系数进行确定。

基尼系数的定义如下：

$$GN = 1 - \sum_{i=1}^{e} P_i^2 \tag{3-10}$$

$$P_i = C_i / S \tag{3-11}$$

式中，GN 表示基尼系数；e 表示需要分类的类别；P_i 表示样本集 S 中属于类别 i 的概率；C_i 为样本集 S 中属于类别 i 的样本数；S 为所选样本的总数。

与监督分类类似，CART 决策树分类方法在进行分类前，需要采集一定的样本点作为训练样本，以这些训练样本点为基础，通过数据挖掘的方法，自动获取各个类别所需要的分类特征及阈值，所选样本的质量一定程度上决定最终分类的效果。

3.3.1.2　遥感时序分析法

遥感时序分析法基于地物特征构建量化参数，通过分析地物在时间序列上的变化趋势和规律对地物的变化情况进行监测。该方法在保留地物变化特征的同时也减少了原始多光谱遥感影像中信息冗余对地物变化的干扰，能较为高效准确地获取地物的变化情况因此使用遥感时序分析法对稀土开采进行监测分析。

3.3.1.3　空间分析法

池浸/堆浸开采工艺在剥离表土的过程中，地表的植被也被一并清除，此外浸矿过程完成后，浸矿池中会遗留大量尾砂，尾砂就近堆放剥离表土产生的裸露地表上，形成尾砂地。综合以上两个原因，池浸/堆浸开采工艺开采过后，往往会形成大面积的，因此稀土开采形成的水体周围一般会有尾砂地存在，而尾砂地作为稀土开采的产物，天然形成的水体周围一般没有，因此可以利用尾砂地与水体之间的空间位置关系，将天然形成的水体与稀土开采形成的水体进行区分。

3.3.2 稀土开采与 *NDVI* 变化

3.3.2.1 光谱特征参数

短波红外（SWIR1）由于可以反映土壤表面湿度的变化情况，对裸土监测较为有效，而稀土开采过程中形成的裸露地表其主要成分就是裸土，因此将短波红外的光谱反射率作为稀土矿区提取的光谱参数之一。

3.3.2.2 稀土开采特征分析

为进一步提取稀土开采过程中的相关特征，基于 3.1.2 小节中的预处理操作对所选取的时间序列影像进行图像预处理工作，从而得到仅包含研究区域的时间序列影像，并基于归一化植被指数的定义获取时间序列影像的 *NDVI*，利用 3.2 小节得到的转换方程将 Landsat OLI 和 HJ-1B CCD 遥感影像的 *NDVI* 转换为 Landsat TM，转换完成后，利用 Layer Stacking 工具将时序 *NDVI* 影像按照时间顺序进行组合，构建一个统一标准的时序 *NDVI* 影像。

结合 Google Earth 上已有年份的历史高分影像和真彩色遥感影像，分别在每期 *NDVI* 影像上随机选取一定量的训练样本，训练样本的类型包括：

（1）有植被覆盖与基本无植被覆盖；

（2）已开采（1990～2016 年经过稀土开采或 1990 以前开采但未复垦的区域）和未开采。利用 CART（classification and regression tree）决策树分类方法，将采集的训练样点输入 RuleGen v1.02 软件中，得到每期影像中植被与裸土、稀土开采与非开采的阈值，结果如图 3-5 所示。

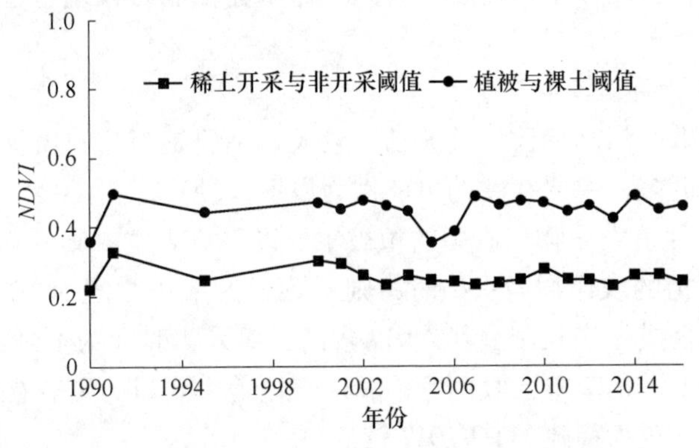

图 3-5 植被与裸土、稀土开采与非开采阈值

通过图 3-5 可知，稀土开采与非开采的阈值均比植被与裸土的阈值更低，且存在一定波动，主要原因为所选遥感影像的采集时间不完全一致导致其阈值存在波动；此外由于所选遥感影像的空间分辨率为 30m，地表存在较为稀疏的草本类植物时，仍被当作为裸土，而稀土开采形成的裸露地表，由于生长环境更为恶劣，不利于植被生长，一般地表无植被覆盖或植被覆盖更为稀疏，从而导致其阈值更低。

结合 Google Earth 历史高分影像对利用稀土开采与非开采的阈值所获取的区域进行检验发现，该区域不仅包含稀土开采区域，还包含其他人为活动产生的土地毁损如森林砍伐、农业生产（农田）、退耕还林、城市建设（房屋和道路）、水利建设（修建水库）、果园开发。

由于不同的生产活动其土地毁损与恢复类型的变化特征不同，因此可以通过分析不同类型的变化特征对不同生产活动加以区分。以 Google Earth 上已有年份的高分影像为参照，针对不同的土地毁损与恢复类型在时序 *NDVI* 影像上随机采样，从而获取各种土地毁损与恢复类型在时间 *NDVI* 影像上的 *NDVI* 变化轨迹，结果如图 3-6 所示。

通过图 3-6 a 可知，建筑建成后，其 *NDVI* 值较低，且后期变化幅度较小。与稀土开采未复垦的 *NDVI* 变化轨迹相似度较高，仅通过 *NDVI* 变化轨迹对两者进行区分容易混淆。

稀土开采与其他生产活动相比，开采后的 *NDVI* 值较低，且较长时间内 *NDVI* 维持在较低水平，其主要原因为：

（1）早期的稀土开采工艺主要为池浸/堆浸，开采前需要将地表植被清除，从而导致 *NDVI* 急剧降低。

（2）开采过程中，需要使用大量的浸矿溶液（硫酸铵）长时间浸泡矿体，严重改变土壤酸碱平衡，导致植被恢复较为困难。

（3）稀土开采过程中，会形成大量尾砂。由于长时间浸泡，原土壤中的营养元素大量流失，且尾砂中沙石含量较高，保水保肥能力较差，进一步导致植被恢复困难。

（4）人为复垦活动较少。

农田与其他生产活动相比，其波动性较大。主要是因为农田受人为活动干扰较大，其可能性更多，主要存在的可能性为以下 3 种：

（1）当年未种植农作物，农田的植被主要以野草为主，则其 *NDVI* 较低。

（2）当年种植的农作物为水稻时，则遥感影像采集时间为 10 月份时，由于水稻大多还未完全成熟或收割，其 *NDVI* 较高，而采集时间为 1 月，11 月，12 月的遥感影像，由于水稻基本已收割完毕，地表覆盖主要以野草或裸露土壤，且该时期为冬季，植被较为稀疏，其 *NDVI* 较低。

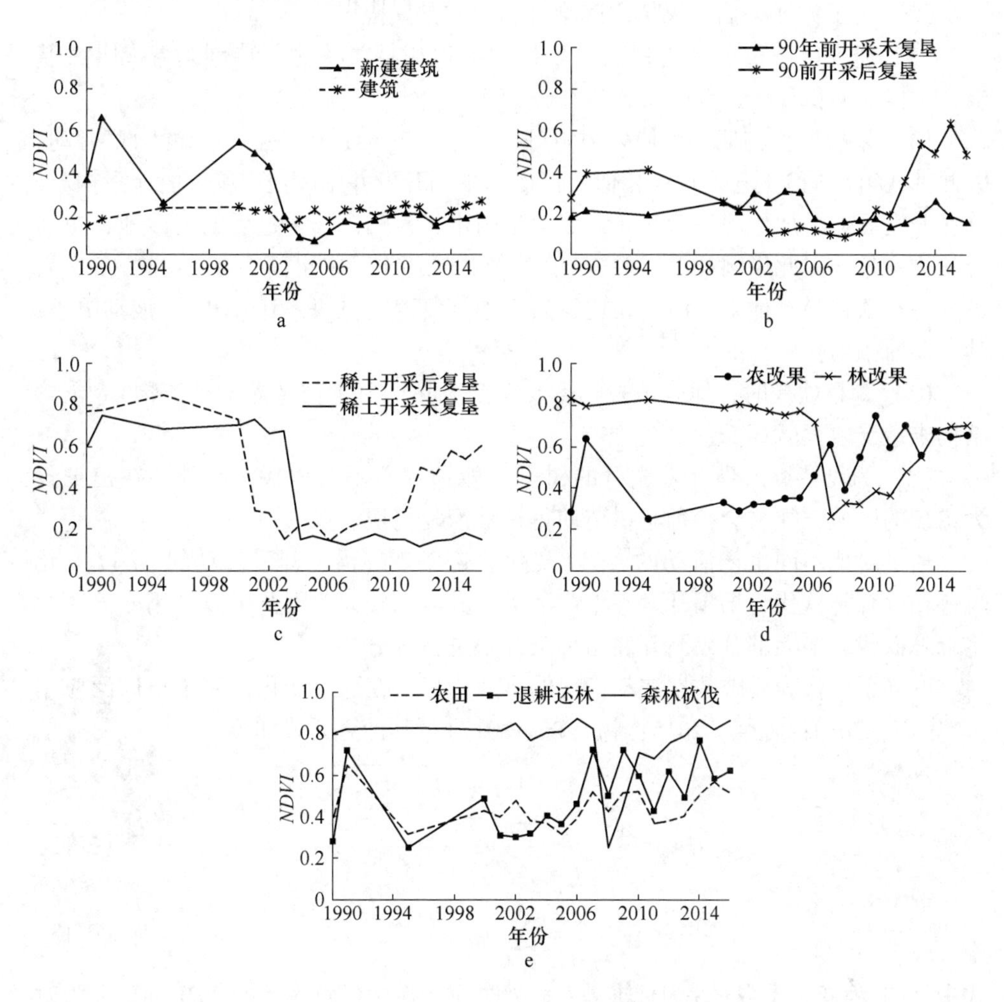

图 3-6 不同生产活动的 *NDVI* 轨迹

a—新建建筑和原有建筑；b—90 年以前开采未复垦及复垦；

c—90 年以后稀土开采未复垦及复垦；d—农田变更为果园及林地变更为果园；

e—农田、退耕还林和森林

（3）当年种植的为其他作物时，如蔬菜，果树等，则无论遥感影像的采集时间为何时，其 *NDVI* 均较高。农田与稀土开采过后的裸露地表相比，更适合植被生长，其 *NDVI* 均值相比稀土开采后的土壤更高。

果园开发与稀土开采后复垦的 *NDVI* 变化轨迹有一定相似性，但其恢复相比稀土开采后的土地，其恢复速度更快，其主要原因：

（1）果树种植时，不仅要将土地整平，还需要提前将地表植被清除（包括绝大部分草本植物）。

（2）为了方便采摘，果树之间会存在一定的间隔。

（3）研究区域位于赣南地区，果树主要以柑橘类为主，特别是寻乌县，脐橙、柑橘大面积种植，该类果树生在较为缓慢。

（4）果树生长初期，为使果树更好生长，一年会进行一到多次的除草行动，因此其 *NDVI* 与稀土开采较为相似，但由于果园开发并未改变土壤中的元素构成，且在开发后会添加化肥等营养元素促进果树生长，相比开采过后的尾砂地，更适合植物生长，因此果园开发后的 *NDVI* 均值相比稀土开采更高。

森林砍伐与其他生产活动相比，其土地恢复速度更快，其 *NDVI* 的波动更小，其主要原因为：

（1）森林砍伐时，地表植被不需要完全清除（草本类及灌木类植物），土壤结构未遭受较大破坏。

（2）为可持续发展，未成材的树木一般情况下不会砍伐，此外，在植被较为稀疏的区域，往往会补种小树苗使得植被恢复更快。

通过对比不同生产活动的 *NDVI* 变化轨迹发现，稀土开采活动的 *NDVI* 变化轨迹相比森林砍伐、果园开发等生产活动，其波动较大，因此可以利用变异系数将森林砍伐、绝大部分果园开发与稀土开采进行区分。

变异系数作为反映数据波动情况的有效指标，在遥感变化监测中被广泛应用（李宗南，2014；陈强，2015；韩文霆，2017）。其计算公式如下：

$$CV = \frac{S}{\bar{x}} = \frac{\sqrt{\frac{1}{n-1}\sum_{i=1}^{n}(x_i - \bar{x})^2}}{\bar{x}} \tag{3-12}$$

$$\bar{x} = \sum_{i=1}^{n} x_i / n \tag{3-13}$$

式中，CV 为变异系数；S 为标准差；x_i 为时序影像中任意像元的 *NDVI* 值；$\bar{x}$ 为时序影像中对应点像元 *NDVI* 的平均值；n 为选取的时序影像景数，这里 $n=20$。

根据变异系数计算公式得到定南县和寻乌县的变异系数影像，结合 Google Earth 并随机采集稀土扰动与非稀土扰动的训练样点，输入 RuleGen v1.02 软件中，得到稀土扰动与非稀土扰动的变异系数阈值 $CV_1 = 0.4009$。

稀土开采后 *NDVI* 急剧降低，且短期内 *NDVI* 不会升高，而果园开发、农田生产、退耕还林等生产活动，由于对土壤结构和营养成分相比稀土开采破坏更小，因此其植被恢复更快，干扰后的 *NDVI* 均值相比稀土开采更高，因此可以利用 *NDVI* 均值将稀土开采与果园开发、农田生产、退耕还林等生产活动区分。

李恒凯等人的研究发现（李恒凯，2018），稀土开采其土地恢复时间为 5~23 年，因此可以比较稀土开采后 5 年内的 *NDVI* 均值，将稀土开采与农田，果园开发、退耕还林等生产活动进行区分。其计算公式如下：

$$X = \sum_{i=1}^{m} x_i / m \tag{3-14}$$

式中，x_i为时序影像中某点像元的 *NDVI* 值；X 为对应像元 5 年的 *NDVI* 均值；i 表示稀土开采的年份；m 为采用的影像年份，从稀土开采的年份起算，一般为 5，若由于数据缺失或研究时序影像时间等因素的限制，导致采用的影像不足 5 景，m 值以实际采用的影像数量为准。

通过对比建筑和稀土开采后的 *NDVI* 变化轨迹，两者非常类似，因此利用 *NDVI* 变化轨迹难以将稀土开采与建筑物进行区分。短波红外（SWIR1）对裸土监测较为有效，归一化裸土指数（*NDSI*）中就利用了红外波段、近红外波段的光谱信息从而实现了裸土信息的提取。结合 Google Earth 高分影像，分别在短波红外（SWIR1）波段反射率、*NDVI* 组成的时序影像上随机选取建筑、稀土开采区的样本点，获取建筑、稀土开采区域的 SWIR1 波段反射率变化轨迹、*NDVI* 变化轨迹，如图 3-7 所示。由于 2012 年采用的是 HJ-1B CCD 遥感影像，没有 SWIR1 波段，因此得到的变化轨迹中没有 2012 年的相关数据。

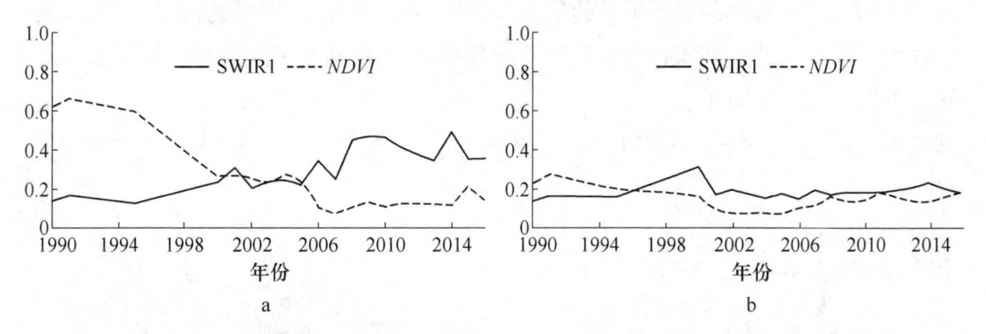

图 3-7 建筑与稀土开采未复垦的 SWIR1 波段的反射率、*NDVI* 轨迹

a—稀土开采未复垦；b—建筑

通过图 3-7 可以发现，在 *NDVI* 较低的情况下，稀土开采未复垦区域 SWIR1 波段的反射率值相比建筑更高。因此可以结合 *NDVI* 和 SWIR1 波段的反射率将建筑与稀土开采未复垦区域进行区分。

$$Y_{\mathrm{SWIR1\text{-}NDVI}} = \sigma_{\mathrm{SWIR1}} - NDVI \tag{3-15}$$

$$Y = \sum_{i}^{M} Y_{\mathrm{SWIR1\text{-}NDVI}} / M \tag{3-16}$$

式中，$Y_{\mathrm{SWIR1\text{-}NDVI}}$、$\sigma_{\mathrm{SWRI1}}$ 、*NDVI*、Y、i、M 分别表示时序影像中 SWIR1 波段的反射率与 *NDVI* 的差值、SWIR1 波段的反射率、*NDVI*、SWIR1 波段的反射率与 *NDVI* 的差值的均值、稀土开采发生的年份，通过 $Y_{\mathrm{SWIR1\text{-}NDVI}}$进行确定选取的遥感影像景数。由于 2012 采用的 HJ-1B CCD 遥感影像，因此计算 SWIR1 波段的反射率与 *NDVI* 的差值、SWIR 波段的反射率与 *NDVI* 的差值的均值的时候需要将 2012 年份剔除。

3.3.3　多源时序影像的稀土矿区提取

以预处理后的时间序列影像为基础，计算时间序列影像的 *NDVI*，并利用构建的转换方程将时序影像中的 Landsat OLI、HJ-1B CCD 数据的 *NDIV* 值转化为 Landsat TM，从而构建一个统一多标准的时序 *NDVI* 影像。

由于稀土开采会导致地表植被受损，从而导致开采区域的 *NDVI* 降低，因此其不可能发生在 *NDVI* 始终较高的区域。由图 3-5 可知，稀土开采与非开采的阈值随着年份的变化上下波动，其最高值为 1991 年的 0. 328，为提高实验的可操作性以及减少因阈值导致的漏分等情况，因此将时序 *NDVI* 影像中最小值大于 0. 4 区域设定为未发生稀土开采区域。

1990 年开采及以前开采未复垦的区域其 *NDIV* 较低，因此可以结合稀土开采与非开采的 *NDVI* 阈值、*NDVI* 均值的方法将这一部分区域进行选择；而 2016 年开采的区域，由于可以利用的时序信息有限，因此首先根据稀土开采与非开采的 *NDVI* 阈值，将可能是稀土开采的区域识别出来，并结合当年的高分遥感影像对是否为稀土开采进行判断。基于上述的规则可以将对研究区的遥感影像进行提取，效果如图 3-8 所示。

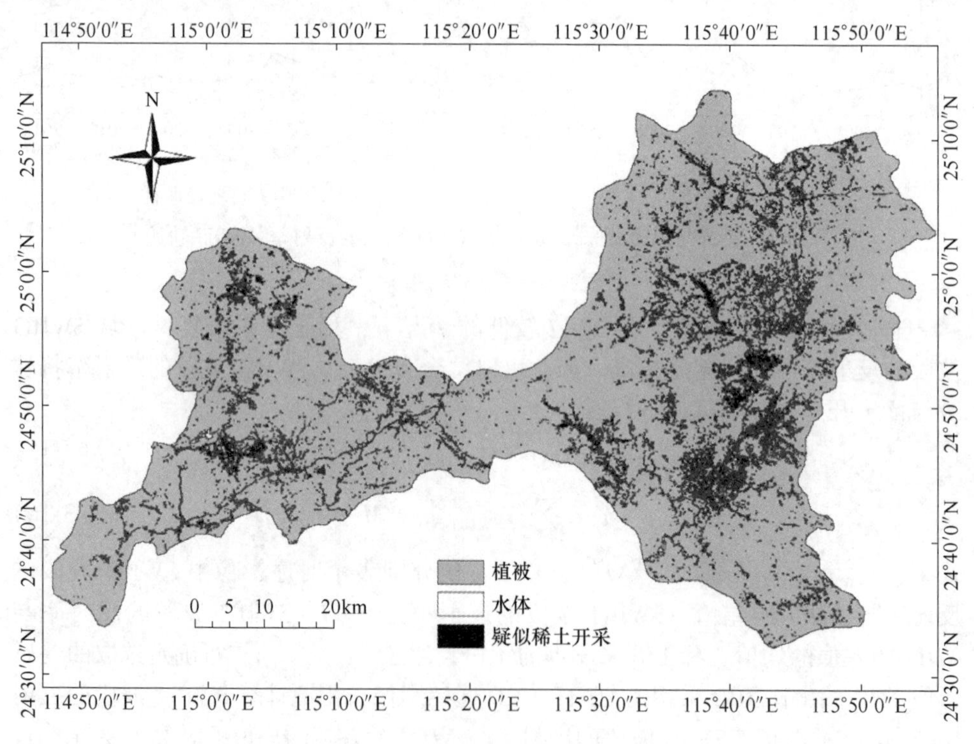

图 3-8　分类结果

通过图 3-8 可以发现，基于上述规则虽然可以将大多数未稀土开采的区域剔除，但仍有部分非稀土开采区域被误认为稀土开采，结合 Google Earth 可知，被误分为稀土开采区域的地物类型主要有农田、果园、建筑、道路等地物。

利用 *NDVI* 均值将剩余的果园、农田从疑似稀土开采区域中剔除，由于剩余农田、果园在空间分布上较为破碎，因此以寻乌县某地区的为例对实验结果进行显示，效果如图 3-9 所示。

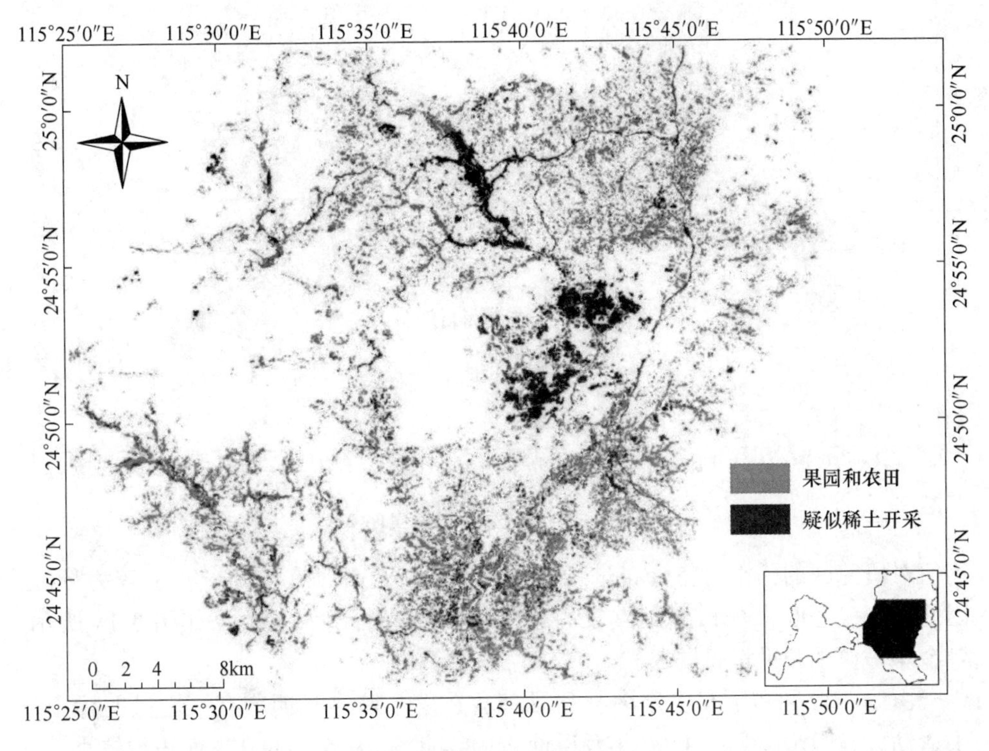

图 3-9 稀土开采、果园与农田

由图可见，在 *NDVI* 较低的情况下，建筑、道路等生产活动在 SWIR1 波段的反射率相比稀土开采区域更低，因此可以结合 *NDVI*、SWIR1 与 *NDVI* 差值的均值将建筑、道路与稀土开采进行区分。

通过上述过程，可以得到因稀土产生的裸露地表，与研究区域曾经被水体覆盖的区域进行 GIS 空间分析，对天然水体与稀土开采形成的水体进行区分，并将稀土开采形成的水体与稀土开采的裸露地表合并为稀土开采区域，最终得到的效果如图 3-10 所示。

3.3.4 稀土开采时空分布监测

以得到的稀土开采区域为基础，结合稀土开采与非开采的 *NDVI* 阈值、*NDVI*

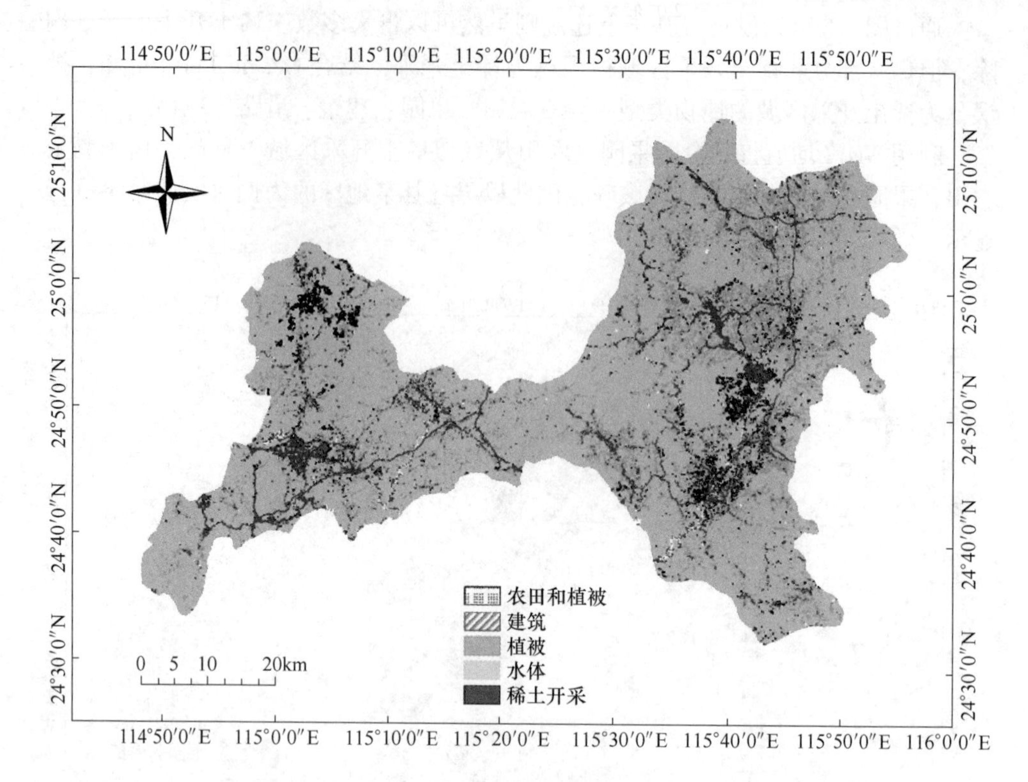

图 3-10　最终分类效果图

均值对研究区的稀土时空分布进行分析。由于稀土开采在空间分布上较为分散，因此图中仅选取几个稀土矿点较为集中的区域进行显示，效果如图 3-11 所示，各个年份稀土开采量见图 3-12。

由图 3-12 可以看出，定南县和寻乌县在整个监测时期均有一定量的稀土开采活动。其中定南县在 1990 年及以前、1991 年和 1995 年的开采面积均较小，均小于 $1km^2$；2000~2004 年、2006~2008 年的开采面积较大，2006 年的开采面积最大，达到 $3.9825km^2$；2008 年以后稀土开采规模开始减小，开采面积均小于 $0.5km^2$。寻乌县 1990 年及以前开采的稀土面积较大，达到 $1.99km^2$，1991 年开采面积规模，而后稀土开采面积逐年增加，在 2001 年达到一个峰值，开采面积达到 $1.65km^2$，2002~2004 年稀土开采面积逐年增加，2006~2008 年开采面积较大，2007 年开采面积达到最大，为 $2.83km^2$；2008 年以后稀土开采规模开始减小，开采面积均小于 $1km^2$。

造成稀土开采面积急剧增加的主要原因为：

（1）稀土开采工艺较为简单，开采成本和所需人工较少，仅需几个人就可以开采。

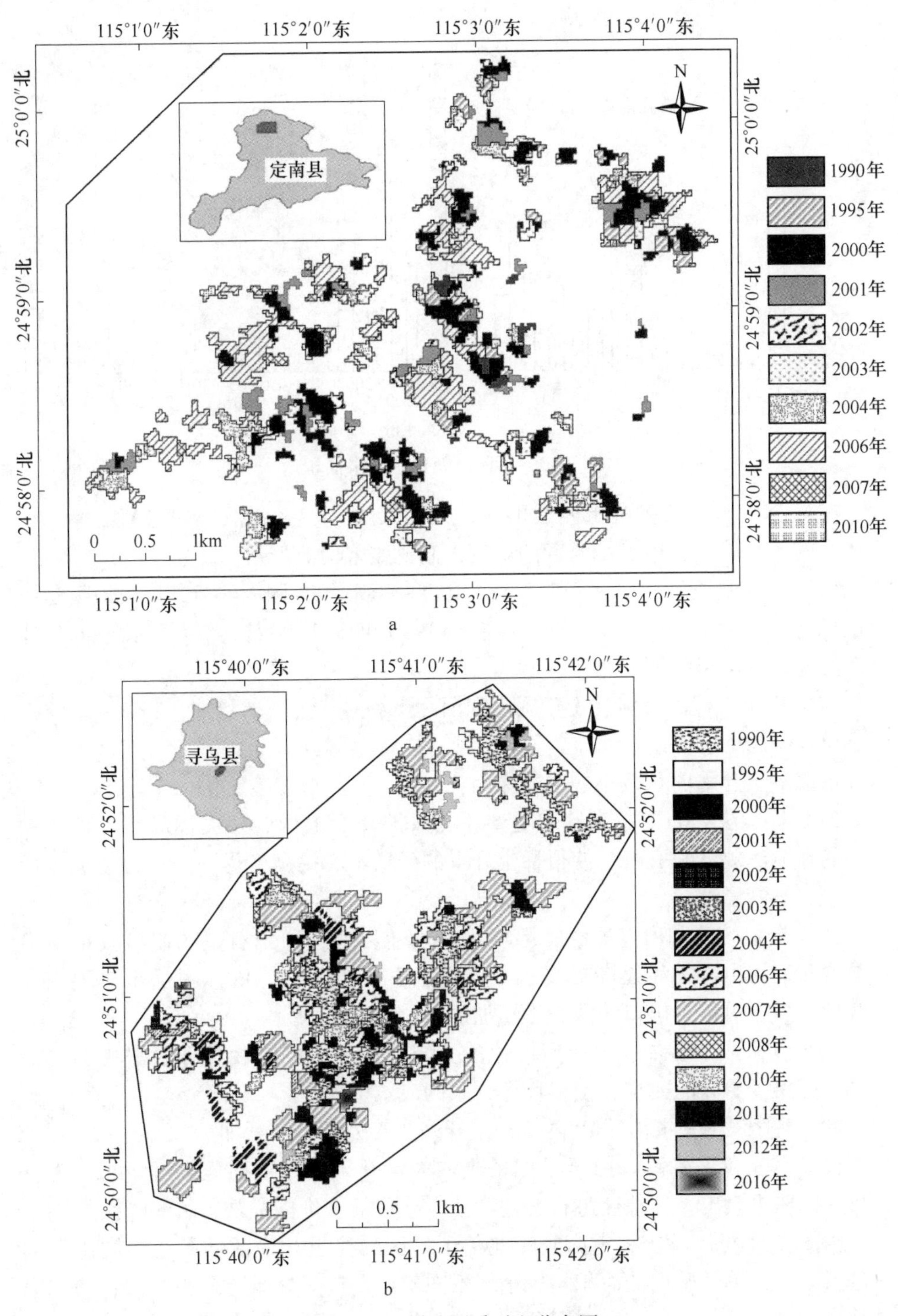

图 3-11 稀土开采时空分布图

a—定南县；b—寻乌县

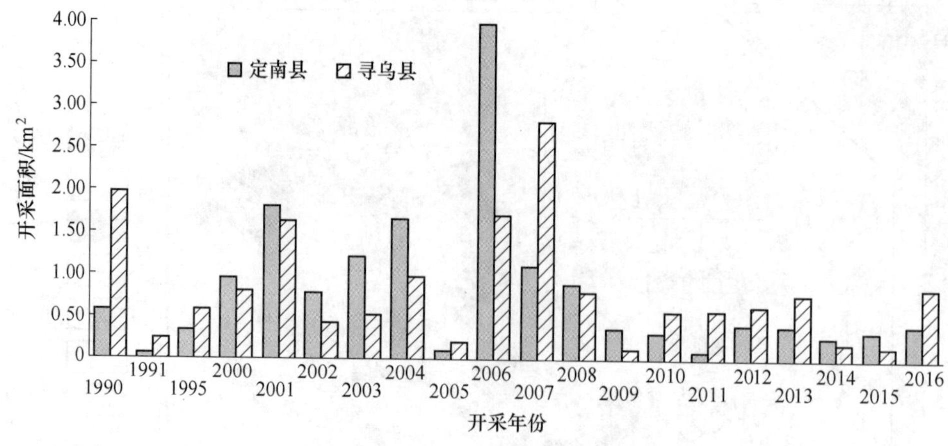

图 3-12　不同时间稀土开采面积

（2）稀土矿点大多位于偏远山区，人烟稀少，矿点分散，如定南县岭北稀土矿区的各个矿点，增加了监管的难度，偷挖盗采情况严重。

（3）出口政策和出口配额的影响。1985~2006 年，国家实行的出口政策是出口退税，鼓励稀土出口；出口配额虽然从 1990 年就开始实行，但直到 2006 年才开始逐渐减少出口配额。

（4）稀土价格的上涨。由于国内和国际市场对稀土需求增加，2001~2006 年稀土价格一路上涨。

造成稀土开采面积减小的主要原因：

（1）环境法规的不断完善。随着环境保护及稀土行业相关标准等各种有关稀土的环境法规不断完善，使得稀土开采的门槛不断提高，另一方面也造成了稀土开采成本的增加。

（2）出口政策和出口配额的影响。2006 年以后，稀土有关的出口政策由出口退税转变为出口关税逐渐提高且其范围也不再扩大。2006 年以后出口配额开始逐年减少，对稀土出口的限制逐年加强。

（3）开采成本增加。由于资源税的大幅度提高，以及相关环境法规的对稀土开采提出了更高的要求，使得稀土开采的成本增加。

（4）监管力度不断加强。随着稀土开采监管力度不断增加。

（5）稀土价格暴跌。由于早期稀土的大量开采，导致稀土供过于求，为早日将手中稀土卖出，往往会进行恶性竞争，导致稀土价格暴跌，利润降低。

由图 3-11 可以看出，定南县岭北稀土矿区的稀土开采活动是在不同矿点同时进行的，且单个矿点的面积均较小，不同矿点在空间分布上较为分散；与定南县相比，寻乌县的稀土矿点空间分布上较为集中，主要分布在河岭稀土矿区。定南县岭北稀土矿区单个矿点面积较小，不同矿点在空间分布上较为分散的主要原因为早期岭北稀土矿区的开采管理模式为委托开采，由于稀土元素在土壤中的富集程度不同，该模式下采富弃贫、采易弃难、越界开采等现象时有发生，从而形成不同矿点在空间分布上较为分散的现象。稀土矿点在空间上的分散分布，一方面造成了资源的浪费，另一方面增加了矿区环境的治理难度。

3.4 土地毁损与恢复过程分析

3.4.1 稀土矿区的土地毁损类型

稀土开采过程中不可避免的会对地表植被、土壤造成破坏，尤其是池浸、堆浸开采工艺，对地表植被造成了毁灭性伤害，被称为“搬山运动”，及时了解稀土开采过程中的土地毁损及恢复状况，有利于稀土矿区生态治理工作的开展。

按照土地毁损的程度进行分类，稀土开采过程中的土地毁损大致可分为永久性毁损和暂时性毁损两类，其中永久性毁损为利用水泥、岩石等建筑材料修建的各类稀土开采及相关辅助设施，这类土地毁损地表组成物质多为岩质或岩土混合物，土地利用类型较难复原为林地或草地，其复垦方向多为建设用地；暂时性毁损包括临时弃土场、表土堆存场、池浸/堆浸开采工艺留下的采矿遗迹及尾砂废弃地、原地浸矿采场的注液孔（见图 3-13），该类土地毁损的地表组成物质多为壤土或砂壤土，土地利用类型存在复原为草地或林地的可能，是土地复垦需重点关注的对象（鞠丽萍，2015）。

a　　b　　c　　d

图 3-13　现场图

a—废弃堆浸场；b—正在开采中的稀土矿；c—池浸/堆浸开采留下的裸露地表；d—稀土处理车间

3.4.2 土地毁损与恢复类型定义

结合 Google Earth 上已有年份的高分影像和第 3. 3 章节获得的稀土开采区域，对比分析稀土矿区所包含的土地毁损与恢复类型主要为（见表 3-3）：

（1）1990 年及以前池浸、堆浸开采，未进行任何复垦活动，植被未恢复；

（2）1990 年及以前池浸、堆浸开采，已进行复垦，植被得到一定恢复，但地表植被覆盖水平仍然较低；

（3）1990 年及以前池浸、堆浸开采，已进行复垦，植被已恢复到较高水平；

（4）1990 年以后稀土开采，采前有植被覆盖，采后无植被覆盖，未进行复垦活动，植被基本无恢复；

（5）1990 年以后稀土开采，采前有植被覆盖，采后无植被覆盖，已进行复垦活动，植被得到一定恢复，但地表植被覆盖水平仍然较低；

（6）1990 年以后稀土开采，采前有植被覆盖，采后无植被覆盖，已进行复垦活动，植被已恢复到较高水平。各种类型的 *NDVI* 变化轨迹如图 3-14 所示。

表 3-3 稀土矿区土地毁损与恢复类型定义

类型	类 型 描 述	判 断 方 法
1	1990 年及以前稀土开采，未复垦	$NDVI_{1990}<0.2214$ and $MAX_i<0.3$
2	1990 年及以前稀土开采，已复垦，植被有一定恢复	$NDVI_{1990}<0.2214$ and $MAX_i>0.3$ and $MAX_i<NDVI_{i\_veg}$
3	1990 年及以前稀土开采，已复垦，植被已恢复	$NDVI_{1990}<0.2214$ and $MAX_i>NDVI_{i\_veg}$
4	1990 年以后稀土开采，未复垦	$MAX_{i\_pre}\geqslant NDVI_{i\_veg}$ and $MIN_i<NDVI_{i\_rare}$ and $MAX_{i\_post}<0.3$
5	1990 年以后稀土开采，已复垦，植被有一定恢复	$MAX_{i\_pre}\geqslant NDVI_{i\_veg}$ and $MIN_i<NDVI_{i\_rare}$ and $MAX_{i\_post}<NDVIi\_veg$ and $MAX_{i\_post}>0.3$
6	1990 年以后稀土开采，已复垦，植被已恢复	$MAX_{i\_pre}\geqslant NDVI_{i\_veg}$ and $MIN_i<NDVI_{i\_rare}$ and $MAX_{i\_post}>NDVI_{i\_veg}$

根据稀土矿区不同土地毁损与恢复类型的 *NDVI* 变化轨迹，选取 5 个特征参数，通过阈值的方法，对稀土矿区中的每个像元的归属进行判别，m，n 分别表示开采前，开采后的观测时长。

（1）MAX_i 表示整个观测期内时序 *NDVI* 的最大值，反映 i 像元所在位置植被覆盖的峰值。$MAX_i=\max(NDVI_{1i},\ NDVI_{2i},\ \cdots,\ NDVI_{20i})$。

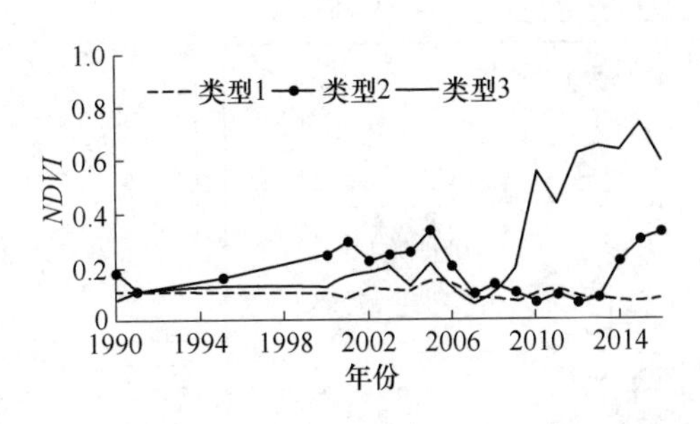

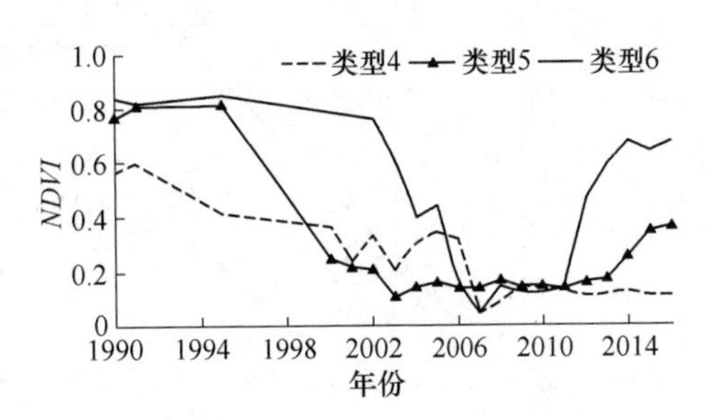

图 3-14 稀土矿区土地毁损与恢复 *NDVI* 变化轨迹

(2) MIN_i表示整个观测期内时序 *NDVI* 的最小值，反映 i 像元所在位置是否受到稀土开采扰动，$MIN_i = \min(NDVI_{1i}, NDVI_{2i}, \cdots, NDVI_{20i})$。

(3) MAX_{i_pre}表示稀土开采扰动前时序 *NDVI* 的最大值，反映 i 像元所在位置扰动前植被覆盖的峰值。$MAX_{i\_pre} = \max(NDVI_{1i}, NDVI_{2i}, \cdots, NDVI_{mi})$，$0 \leqslant m < 20$。

(4) MAX_{i_post}表示扰动后时序 *NDVI* 的最大值，反映 i 像元所在位置扰动后植被覆盖的峰值，$MAX_{i\_post} = \max(NDVI_{m+1\_i}, NDVI_{m+2\_i}, \cdots, NDVI_{m+n\_i})$，$0 \leqslant m < 19$，$m + n = 20$。

(5) $NDVI_{i\_veg}$、$NDVI_{i_rare}$分别表示时序影像中每期影像植被与裸土、开采与非开采的 *NDVI* 阈值、具体数据中从 3.3.2 小节获取。

3.4.3 稀土矿区土地毁损与恢复分析

3.4.3.1 稀土矿区土地毁损与恢复类型分析

以 3.4.2 小节的方法对稀土矿区的土地毁损与恢复情况进行分析，得到研究区域内稀土开采所导致的土地毁损与恢复类型空间分布图，但由于稀土开采区域在空间上分布较为分散，这里仅选取其中几个稀土矿点分布较为集中的区域进行显示，其空间分布如图 3-15 所示。对各种土地毁损与恢复类型进行统计分析，结果如表 3-4 所示。

由图 3-15 可知，定南县稀土开采虽然在空间分布上比较分散，但植被恢复的区域在空间上分布却较为集中，存在一个矿点植被恢复较好，另一个矿点的植被恢复状况却较差的现象，这可能与人为复垦活动有关；寻乌县的稀土开采在空间分布上较为集中，植被恢复区域在空间也比较集中。

由表 3-4 可知，定南县境内，1990 年以及以前开采的稀土矿中，0.35km^{2}的开采区域植被已有不同程度的恢复，其中 0.27km^{2}的开采区域植被已恢复到较高水平，0.08km^{2}的开采区域植被仅得到一定程度上的恢复，地表植被覆盖水平仍然较低，仍有 0.24km^{2}植被未恢复；1990 年以后开采的稀土矿点中，8.27km^{2}的

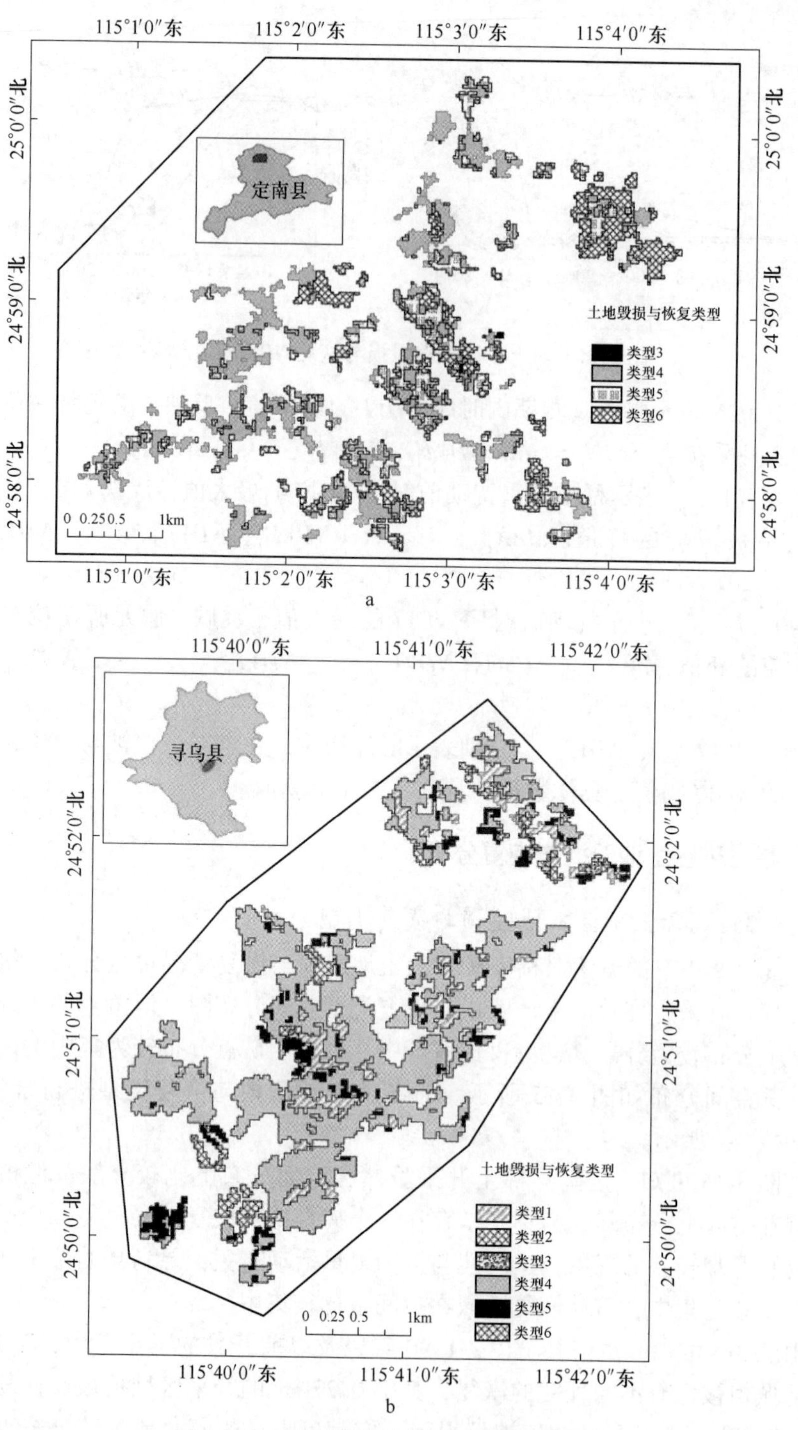

图 3-15　土地毁损与恢复类型空间分布图

a—定南县；b—寻乌县

表 3-4　稀土矿区土地毁损与恢复类型面积统计

类型	定南县		寻乌县	
	面积/km^2	百分比/%	面积/km^2	百分比/%
1	0.24	1.48	1.26	7.53
2	0.08	0.49	0.34	2.03
3	0.27	1.66	0.39	2.34
4	7.39	45.48	9.66	57.74
5	4.21	25.91	1.87	11.17
6	4.06	24.98	3.21	19.19
总计	16.25	100.00	16.73	100.00

开采区域植被已得到一定程度恢复，其中4.06km^{2}的开采区域植被已经恢复到较高水平，4.21km^{2}的开采区域植被仅得到一定程度的恢复，但地表植被覆盖水平仍然较低，仍有7.39km^{2}的开采区域的植被仍未恢复。

寻乌县境内，1990年以及以前开采的稀土矿点中，0.73km^{2}的开采区域植被已得到一定程度的恢复，其中0.39km^{2}的开采区域植被恢复较好，植被已恢复到较高水平，0.34km^{2}的开采区域植被仅得到一定程度上的恢复，地表植被覆盖水平仍然较低，仍有1.26km^{2}的区域植被未恢复；1990年以后开采的稀土矿点中，5.08km^{2}的开采区域植被已得到一定程度的恢复，其中3.21km^{2}的开采区域植被恢复较好，植被已经恢复到较高水平，1.87km^{2}的开采区域植被仅得到一定程度的恢复，但地表植被覆盖水平仍然较低，仍有9.66km^{2}的开采区域植被仍然未恢复。

整个研究时间范围内，定南县的稀土矿区植被得到一定恢复的土地面积为8.62km^2，植被未得到恢复的土地面积为7.63km^2，植被恢复率达到53.04%；寻乌县的稀土矿区植被得到一定恢复的土地面积为5.81km^2，植被未得到恢复的土地面积为10.92km^2，植被恢复率达到34.73%。

3.4.3.2　稀土矿区土地恢复过程

为进一步分析稀土开采过程中土地恢复过程，定南县以龙船坑稀土矿点为研究对象，寻乌县以双茶亭稀土矿点为研究对象，结合稀土开采时空分布图和Google Earth历史高分影像对稀土矿区土地从发生毁损到植被恢复的整个过程进行研究。首先统计两个稀土矿点1990~2016年稀土开采区域的*NDVI*均值，制作折线图，如图3-16所示。

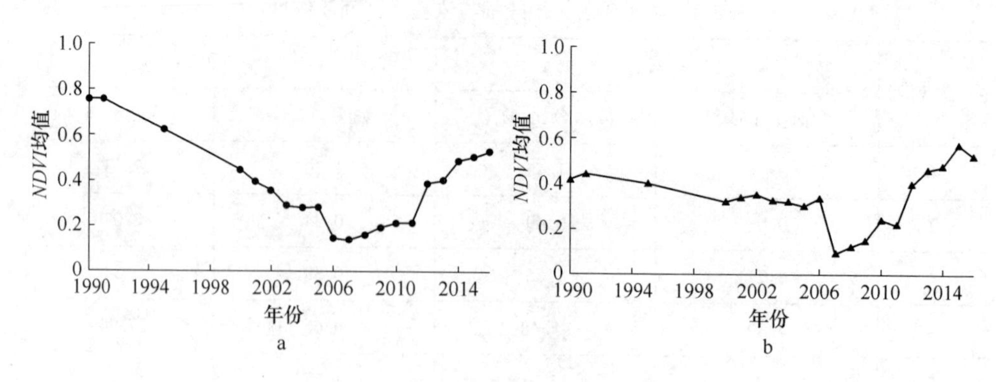

图 3-16　稀土矿点开采区域 *NDVI* 均值

a—龙船坑稀土矿点；b—双茶亭稀土矿点

从图 3-16a 可以看出，龙船坑稀土矿点开采区域的 *NDVI* 均值在 1990~1991 年期间变化不大，基本处于水平状态；1991~2006 年处于下降趋势，其中 1991~1995 年和 1995~2003 年期间 *NDVI* 均值下降的速率差不多，2003~2005 年 *NDVI* 均值变化相对平稳，2005~2006 年 *NDVI* 均值下降幅度最大；2006~2016 年处于上升趋势，其中 2006~2011 年 *NDVI* 均值增幅较小，2011~2012 年 *NDVI* 增幅最大，2012~2016 年间，*NDVI* 均值增幅开始放缓。

根据图 3-17a 可知，1990~1991 年期间，龙船坑稀土矿点未发生稀土开采活动。另外，1990 年以后，封山育林政策逐渐得到实施，森林砍伐减少，因此，1990~1991 年期间，龙船坑稀土矿点的 *NDVI* 均值变化不大，甚至略微上升；1991~1995 年，龙船坑稀土矿点开始有稀土开采活动产生，早期的稀土开采工艺主要以池浸/堆浸为主，稀土开采区域的植被破坏较为严重，因此 *NDVI* 出现一定程度的较低，1995~2000 年，龙船坑稀土矿点的开采面积增加了整个矿点开采面积的三分之一左右，因此 *NDVI* 均值从 0. 62 降低到了 0. 45，减少了 0. 17，2001~2004 年，龙船坑稀土矿点均有一定量的稀土开采活动，裸露地表进一步扩大。

结合 2005 年的高分影像图 3-18 可以看出，此时龙船坑稀土矿点因稀土开采产生的裸露地表上没有明显的植被，2006 年，龙船坑稀土开采的面积较大，通过 2005 年和 2009 年的高分影像比较发现，虽然开采区域在不断扩大，但开采过后的裸露地表植被恢复并不明显，因此 2005~2006 年的 *NDVI* 均值下降率较快，2007 年，龙船坑稀土矿点仍有一定量的稀土开采活动，但开采面积较小，因此 *NDVI* 均值下降速率较小，但由于一直以来矿区没有明显的人为复垦活动，矿区植被恢复效果不明显，因此 2007 年龙船坑稀土矿点的 *NDVI* 均值最小；2007 年以后，龙船坑稀土矿点没有了新增的开采面积，部分废弃稀土开采区域，经过长时间的自然恢复，矿区的植被有了一定的恢复，但效果不明显，从 2005 年与 2009 年的高分影像上可以得到印证。

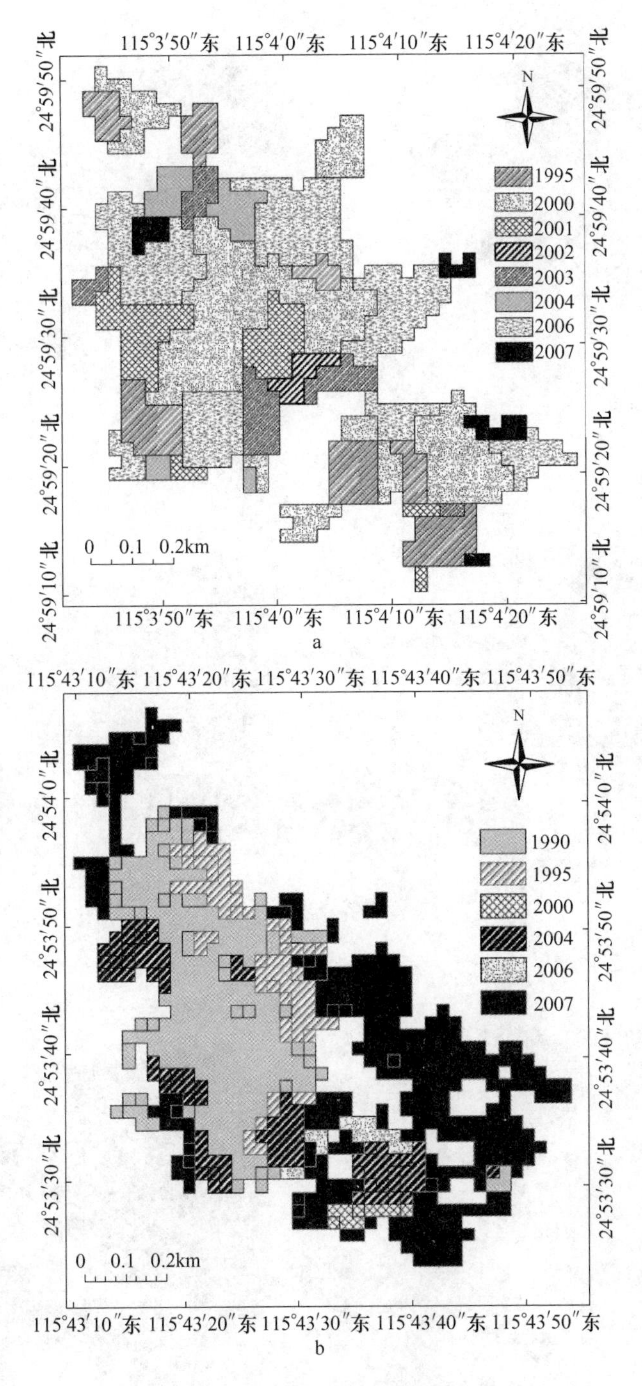

图 3-17 龙船坑稀土矿点稀土开采时空分布图

a—龙船坑稀土矿点；b—双茶亭稀土矿点

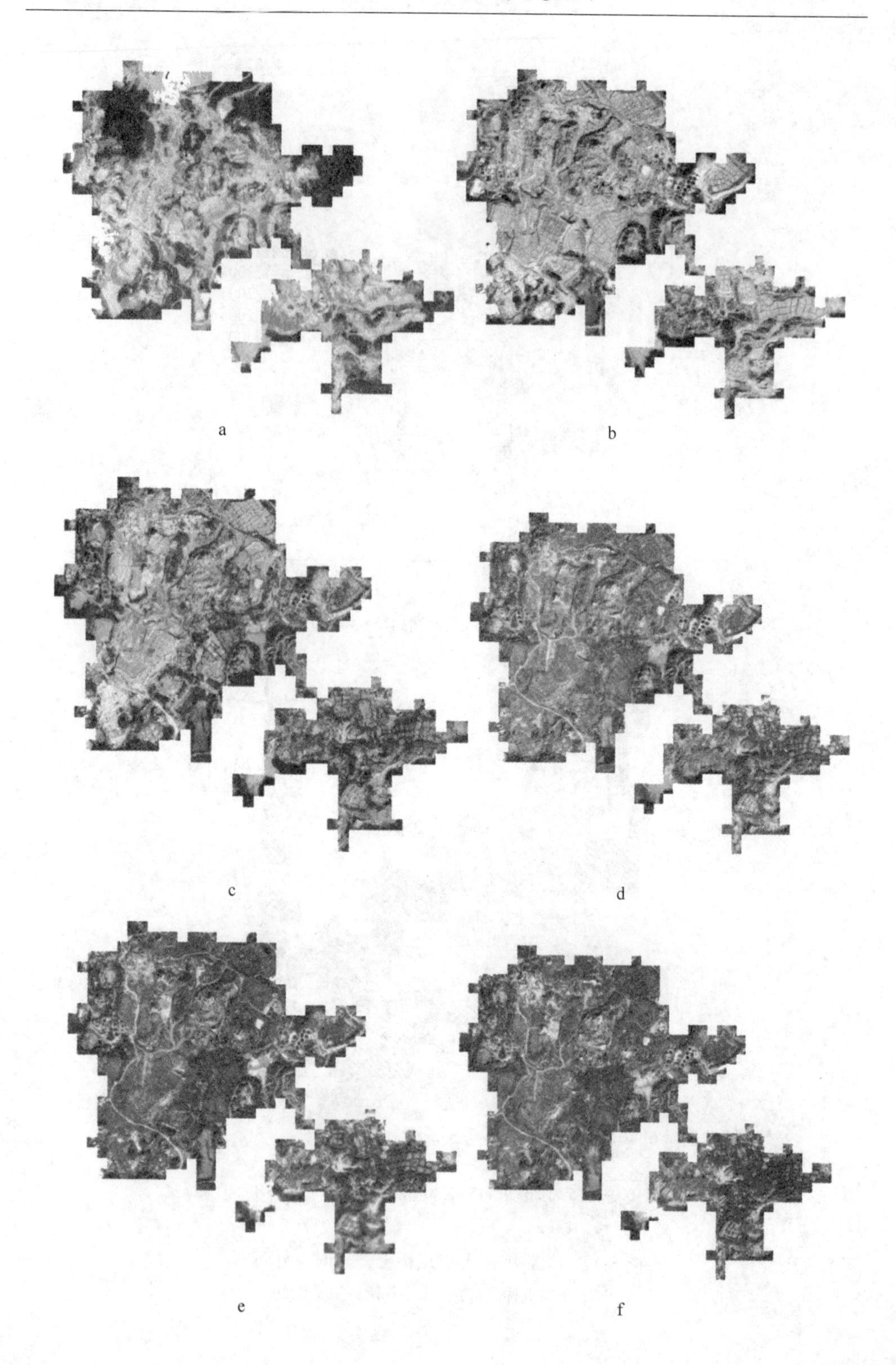
a
b
c
d
e
f

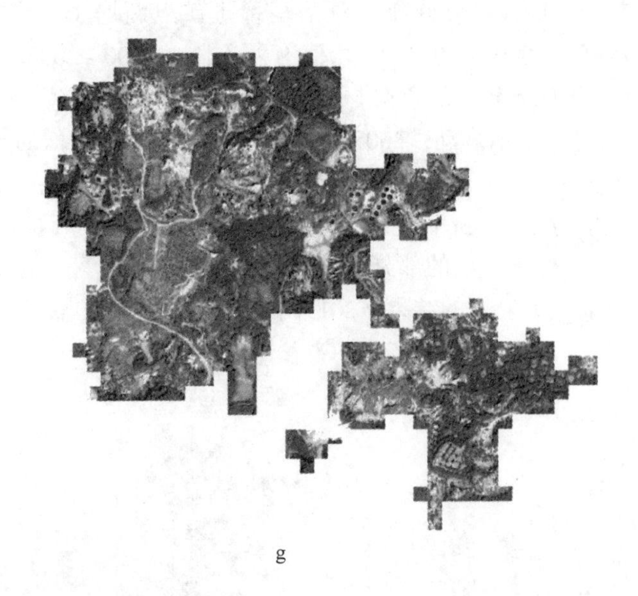

g

图 3-18 龙船坑稀土矿点高分影像图
a—2005；b—2009；c—2011；d—2012；e—2013；f—2014；g—2015

2009 定南县被列为国家水土保持重点建设县，针对稀土矿区的综合治理大规模开展，矿区植被得到一定恢复（廖日富，2014），这通过 2011～2015 年的高分影像上也可以看出，2011 年龙船坑稀土矿点右下部分植被有了较为明显的恢复，2012 年龙船坑稀土的植被恢复区域大范围扩大，且出现了较为明显的人为复垦的痕迹，因此 2001～2012 年龙船坑稀土矿点的 *NDVI* 均值大幅度提升，2013～2015 年的植被在 2012 年的基础上进一步恢复，因此 2013～2016 年的龙船坑稀土矿点的 *NDVI* 均值持续增加。

从图 3-16b 中可以看出，双茶亭稀土矿点开采区域的 *NDVI* 均值在 1990～1991 年期间缓慢上升，1991～2000 年间，*NDVI* 均值处于下降趋势，但下降幅度较小；2000～2006 年 *NDVI* 均值呈现上下波动状态，但变化幅度较小；2006～2007 年，双茶亭稀土矿点的 *NDVI* 均值急剧下降；2007～2011 年，双茶亭稀土矿点的 *NDVI* 均值处于缓慢上升的状态，2011～2012 年，双茶亭稀土矿点的 *NDVI* 均值上升幅度最大，2012～2016 年，双茶亭稀土矿点的 *NDVI* 均值在 2012 年的基础上进一步增加。

结合图 3-17b 可以看出，双茶亭稀土矿点在 1990 年及 1990 年以前稀土开采的面积较大，而那时稀土开采工艺主要为池浸/堆浸为主，开采区域的地表被严重破坏，因此导致 1990 年双茶亭稀土矿点的 *NDVI* 均值处于较低状态，1991 年，双茶亭稀土矿点基本没有新的稀土开采活动，加上 1991 年的影像采集时间早于 1990 年，植被生长更为茂盛，因此导致 1991 年双茶亭稀土矿点的 *NDVI* 均值较

1990 年有所提升；1991～2000 年，双茶亭稀土矿点新增了一定量的开采区域，从而导致 1995 年、2000 年的 *NDVI* 均值有所下降；2000～2006 年双茶亭稀土矿点新增的稀土开采区域较小，部分区域的植被有所恢复，但恢复效果不是太好，因此 *NDVI* 均值呈现上下波动；2007 年，双茶亭稀土矿点新增的开采区域占了整个矿点面积的一半左右，因此 2007 年的 *NDVI* 均值急剧降低；2007 年以后，双茶亭稀土矿点基本没有了新增的稀土开采区域，结合 2011 年的高分影像图 3-19 可以发现，双茶亭稀土矿点的部分区域的植被恢复良好，且具有明显的纹理，可能是 2011 年以前人为复垦的结果，2013 年，双茶亭稀土矿点的其他区域植被也

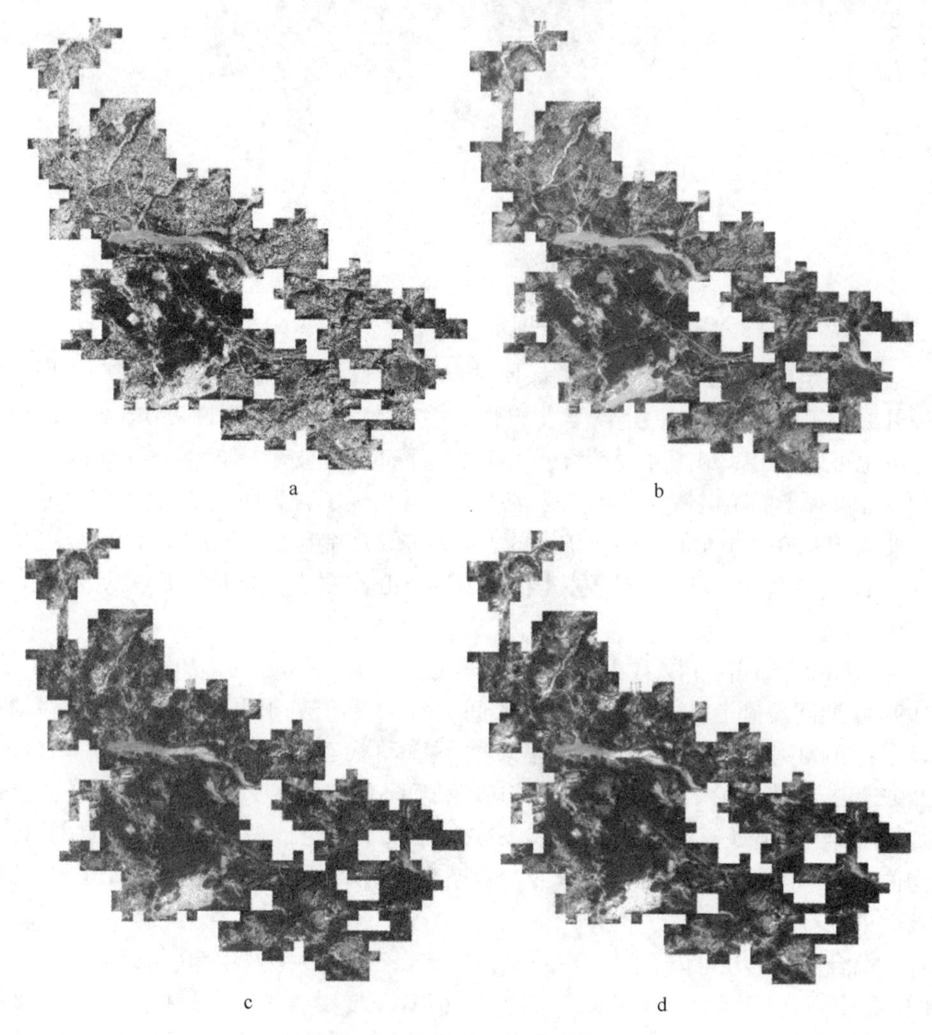

图 3-19 双茶亭高分影像图

a—2011 年；b—2013 年；c—2014 年；d—2015 年

开始恢复，因此 2012 年的 *NDVI* 均值急剧上升，2014~2016 年，双茶亭稀土矿点的 *NDVI* 均值在 2012 年的基础上进一步上升。

通过两个矿点的分析可以发现，早期由于缺少人工治理，两个稀土矿点的植被恢复均较为缓慢，随着矿区土地复垦活动的开展，矿区的植被恢复速度大大加快。因此我们接下讨论人为复垦活动对稀土矿区土地恢复的影响。

3.4.3.3 人为复垦活动的影响

为分析人为复垦活动对稀土矿区土地恢复的影响，结合 Google Earth 高分影像，在定南县选取自然恢复状态下和人为复垦活动影像下的两个矿点，选取的矿点为陈坳下和坳背塘，陈坳下稀土矿点没有明显的人工复垦痕迹，坳背塘稀土矿点具有明显的人为复垦痕迹。结合两个矿点的土地毁损与恢复类型空间分布图和 Google Earth 高分影像，从矿点 *NDVI* 均值的变化、稀土开采时间及植被恢复等角度对比分析自然状态下和人为复垦状态下稀土矿区的土地恢复过程。

由图 3-20 可知，陈坳下稀土矿点的 *NDVI* 均值在 1990~1995 年呈上升趋势，而坳背塘稀土矿点的 *NDVI* 均值在 1990~1991 年呈上升的趋势，1991~1995 年呈下降的趋势；陈坳下稀土矿点和坳背塘稀土矿点的 *NDVI* 均值 1995~2006 年期间均处于下降趋势，两个矿点在 2005~2006 年的时候，*NDVI* 均值下降最快；陈坳下稀土矿点在 2006~2016 年期间 *NDVI* 均值变化幅度较小，呈波动状态，而坳背塘稀土矿点的 *NDVI* 均值仅在 2006~2011 年期间 *NDVI* 均值变化幅度较小，呈波动状态，2011~2016 年期间坳背塘稀土矿点的 *NDVI* 均值呈明显的上升状态。

通过对比陈坳下稀土矿点和坳背塘稀土矿点 *NDVI* 均值的变化轨迹可以发现，两个矿点均在 2006 年下降较快，2007 年 *NDVI* 均值达到最低，2008~2011 年，两个矿点的 *NDVI* 均值差异不大，甚至陈坳下稀土矿点的 *NDVI* 均值比坳背塘还略微高些；2012 年以后，坳背塘稀土矿点 *NDVI* 均值上升趋势较为明显，与陈坳下稀土矿点的 *NDVI* 均值之差也越来越大。

通过表 3-5 可以看出，陈坳下稀土矿点 2000~2010 年开采的区域中仅有极少区域的植被得到一定的恢复，且恢复的这些区域中，植被恢复水平较低的区域占绝大多数，2010 年以后开采的区域植被未恢复。结合图 3-21b 可以看出，植被有所恢复的区域主要位于矿点的边缘地带，而稀土开采的主要区域，经过长达 10 多年的自然恢复，其植被恢复效果较差，总体 *NDVI* 较低。

通过表 3-6 可以看出，坳背塘稀土矿点 1995 年、2000~2007 年开采的区域中，超过三分之二的区域植被得到恢复，其中植被恢复水平较低和植被恢复良好的区域基本上各占一半左右，2008~2010 年开采的区域，植被恢复的比例相对低一些；2010 年以后开采的区域，其植被没有得到恢复。结合图 3-21a 和 Google Earth 高分影像可以发现，坳背塘稀土矿点植被未恢复的区域主要为沉淀池及没有明显人为复垦痕迹的区域。

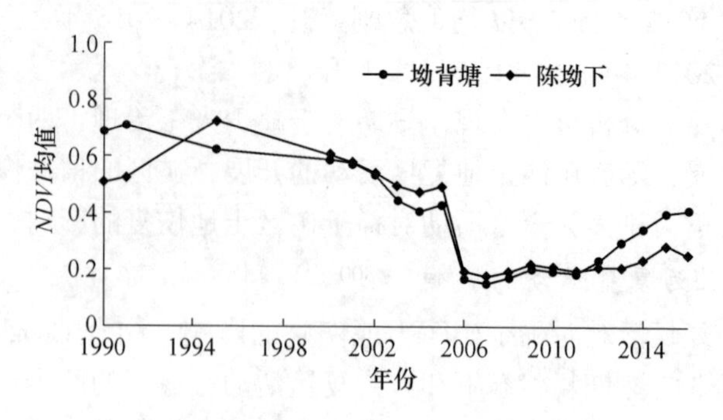

图 3-20　两个矿点 *NDVI* 均值变化趋势

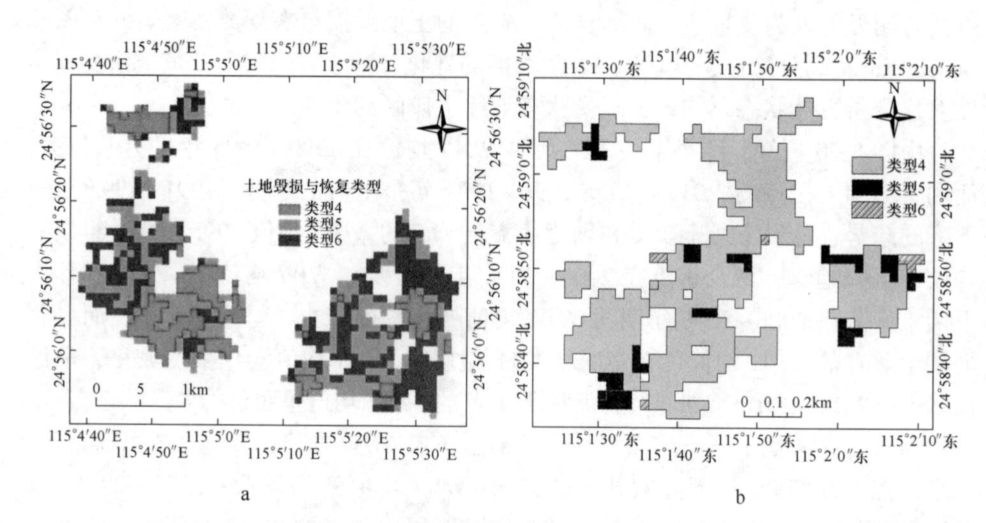

图 3-21　土地毁损与恢复类型空间分布

a—坳背塘稀土矿点；b—陈坳下稀土矿点

表 3-5　陈坳下稀土矿点土地毁损与恢复统计　(m^2)

开采时间/年	开采数量	类型 4	类型 5	类型 6
2000	67500	59400	8100	0
2001	34200	28800	4500	900
2002	17100	15300	1800	0
2003	13500	7200	5400	900
2004	22500	17100	5400	0
2005	1800	900	900	0
2006	254700	184500	54900	15300
2007	3690000	27000	8100	1800
2008	3600	2700	900	0

续表 3-5

开采时间/年	开采数量	类型 4	类型 5	类型 6
2009	900	0	900	0
2010	20700	18000	2700	0
2011	900	900	0	0
2012	1800	1800	0	0
2013	900	900	0	0
2015	10800	10800	0	0
2016	900	900	0	0

表 3-6 坳背塘稀土矿点土地毁损与恢复统计 (m^2)

开采时间/年	开采数量	类型 4	类型 5	类型 6
1995	29700	5400	8100	16200
2000	55800	1800	29700	24300
2001	44100	4500	22500	17100
2002	27000	2700	14400	9900
2003	37800	5400	18900	13500
2004	83700	9000	45000	29700
2005	1800	0	900	900
2006	334800	126000	102600	106200
2007	68400	32400	14400	21600
2008	4500	3600	0	900
2009	1800	1800	0	0
2010	11700	6300	0	5400
2015	29700	1800	0	0
2016	55800	1800	0	0

通过对比表 3-5 和表 3-6 可以发现，在开采时间相同的情况下，陈坳下稀土矿点的植被恢复比例远远低于坳背塘稀土矿点；在开采时间更晚的情况下，坳背塘稀土矿点的植被恢复比例也远远高于陈坳下稀土矿点。

通过上述分析可以发现，自然状态下稀土矿区的植被恢复速度极其缓慢，经过 10 多年的时间，植被仍未得到较好恢复，而经过人工复垦后，稀土矿区的植被恢复速度大大加快，经过 5~6 年的时间，原先裸露的地表就可以转化成植被较为茂密的地方。

3.5　本章小结

由于稀土开采工艺本身的局限性，稀土开采过程中不可避免的导致了土地挖损、土地压占，土壤沙化和酸化等土地破坏，给矿区生态环境带来了巨大破坏。本章以此为背景，以赣州市定南县和寻乌县为研究区域，以1990～2016年的Landsat TM、Landsat OLI和HJ-1B CCD等多源数据为数据源，基于稀土开采的相关特征，构建能表征稀土开采的相关参数，采用CART决策树分类法、遥感时序分析法、空间分析法等研究方法，对研究区域的稀土开采区域进行提取，以此为基础，研究稀土开采时空分布规律及稀土矿区的土地毁损与恢复过程。

本章研究取得的成果如下：

（1）回归分析表明，Landsat TM和HJ-1B CCD、Landsat OLI和HJ-1B CCD影像的*NDVI*之间的散点图及相关系数表明Landsat TM/OLI和HJ-1B CCD影像的*NDVI*之间存在极为显著的线性正相关，利用线性回归分析法获取了Landsat TM/OLI和HJ-1B CCD影像的*NDVI*的转换方程，并利用*F*值检验法对模型的可信度进行了检验；基于获取的转换方程将HJ-1B CCD转化得到模拟影像，发现模拟影像与真实影像之间的均方根误差均小于0.05，说明获取的*NDVI*转换方程精度较高。

（2）基于稀土开采中的相关特征，以CART决策树分类法获取的*NDVI*阈值为参数，将研究区域分为植被和疑似稀土开采区域；以变异系数、*NDVI*均值为参数，结合遥感时序分析法将果园、农田等生产活动从疑似稀土开采区域中剔除；以*NDVI*、SWIR1波段反射率的差值的均值为参数，对稀土开采与建筑进行区分；以稀土开采留下的尾砂地及水体为基础，结合GIS空间分析法，对天然水体与稀土开采形成的水体进行区分。结合Google Earth高分影像，采用目视解译的方式，对稀土开采区域的提取精度进行检验。结果表明用户精度和制图精度均超过80%，提取精度较高。

（3）多源时序影像的稀土开采时空分布分析表明，1990～2016年，定南县和寻乌县境内均有一定量的稀土开采活动。其中定南县境内，1990年、1991年、1995年等年份的稀土开采面积均小于1km^2，2000年以后稀土开采规模扩大，出现了许多新的矿点，但稀土矿点之间在空间分布上较为分散，2006年，稀土的开采规模达到最大，新增的稀土开采面积达到3.98km^2，2006年以后，稀土开采的规模出现衰减的迹象，2007年新增的稀土开采面积降低为1.11km^2，2008年以后，稀土开采规模进一步衰减，新增的稀土开采面积绝大多数在0.5km^{2}以下。寻乌县境内，新增的稀土开采面积呈现上下波动变化，受有水快流思想的影响，1990年及1990年以前、寻乌县的稀土开采规模较大，开采面积达到1.99km^2，1991～2007年期间，稀土开采的规模呈现上下波动变化，但总体趋势为上升，稀土开采规模出现了 2001 年及 2007 年两个峰值，开采面积分别为 1.65km^2、2.83km^2，2007 年以后，稀土开采规模总体呈下降趋势。稀土开采面积的变化与国家政策，稀土价格、监管力度，开采工艺等因素有关。

（4）稀土矿区土地毁损与恢复分析表明，1990~2016 年期间，定南县境内开采的稀土总面积为 16.25km^2，其中植被恢复、植被有所恢复、植被未恢复的土地面积分别为 4.33km^2、4.29km^2、7.63km^2，植被得到恢复的比例为 53.04%；寻乌县境内开采的稀土总面积为 16.73km^2，其中植被恢复、植被有所恢复、植被未恢复的土地面积为 3.60km^2、2.21km^2、10.92km^2，植被恢复比例仅为 34.73%。自然情况下，稀土矿区的土地恢复较为缓慢，稀土矿区土地恢复的主要原因为矿区的人工复垦活动。定南县和寻乌县 1990 年及 1990 年开采的区域中，分别有 0.24km^2、1.26km^{2}经过 10 多年时间植被仍未恢复，急需人工复垦。

4 矿区土壤侵蚀与荒漠化监测

离子稀土矿开采过程中对地表植被的破坏导致矿区土壤侵蚀、大面积水土流失及土地荒漠化。以定南县岭北稀土矿区为研究案例，采用 RS、GIS 及 RULSE 模型，开展矿区土壤侵蚀定量评估；并采用 27 年的多时相 Landsat 遥感影像数据，基于 *Albedo- NDVI* 特征空间理论，对岭北矿区 1990 年、1999 年、2008 年、2010 年、2013 年和 2016 年的荒漠化信息进行提取，定量监测与分析矿区荒漠化动态变化特征和规律。探究不同稀土开采模式和复垦措施对矿区土壤侵蚀与土地荒漠化的影响机制。

4.1 方法选择

“土壤侵蚀”是一种土壤及其母质在水力、风力、冻融或重力等外营力作用下被破坏、剥蚀、搬运和沉积的过程，其意义与“水土流失”基本相同。“土地荒漠化”即由于人类不合理的活动造成干旱、半干旱及其有干旱的湿润地区的土地退化。作为广义的土壤侵蚀在空间上没有地域性，但不同类型的侵蚀空间是有地域差异性的，如水力侵蚀主要发生在湿润、半湿润和半干旱地区，风力侵蚀主要发生在干旱、半干旱地区，冻融侵蚀发生在高纬度和高海拔地区。荒漠化是一个具有区域特点自然景观，它是干旱、半干旱区在外营力作用下破坏原有生态平衡引起环境质量下降且难以恢复的一种自然现象，湿润、半湿润地区尽管也有类似荒漠的景观，但发生的范围很小且恢复相对容易。在干旱、半干旱地区，大于允许侵蚀量的水力侵蚀才具有引起土地荒漠化的可能，其简单过程是土地覆被破坏-风力侵蚀—土地荒漠化。

以遥感（RS）和地理信息科学（GIS）为代表的空间信息技术的发展，为土壤侵蚀监测研究提供了强大的数据支持和分析方法，能实时动态、准确客观地反映土壤侵蚀时空动态（刘会玉，2012）。空间信息技术支持下的土壤侵蚀评价监测，分为定性和定量方法。定性评价主要采用水利部的土壤侵蚀分类分级标准，但该方法存在主观经验性强，绘图精度差和绝对定标难等方面的问题（姬翠翠，2010）；定量评价模型较多，而国际通用土壤侵蚀方程（RUSLE）由于适用于计算机处理和大量数据整合，能一定程度上反映野外真实条件，得到较为广泛的应用（Demirci A，2012；Sun W，2013；Kumar A，2014；Khadse G K，2014）。近年来，该模型也被用到红壤区域的土壤侵蚀监测，齐述华采用该模型，耦合1995年的NOAA-AVHRR归一化植被指数（*NDVI*）和2005年的Terra-MODIS增强型植被指数（*EVI*），定量评价了江西省1995年和2005年的土壤侵蚀空间分布（齐述华，2011）；胡文敏采用野外调查采样、室内分析测定、遥感技术、数学模型等研究方法，以湖南省资兴市东江水库上游光河桥小流域为例，计算土壤流失方程中各单项因子值，对该流域水土流失量进行了估算（胡文敏，2013）；陈思旭基于GIS技术和RUSLE模型对南方丘陵山区4个主要省份—湖南、江西、浙江和福建的土壤侵蚀状况进行了定量研究，分析了土壤侵蚀空间分布特征以及与坡度、海拔间的关系，获得较好效果（陈思旭，2014）。上述RUSLE模型的应用表明，该模型在南方红壤丘陵山区具有较好的适用性，并取得了成功应用，本章将基于该模型对南方稀土矿区进行土壤侵蚀的定量监测及评价。

荒漠化动态监测则同样多采用具有范围广、易获取、周期短、信息量大等优点的遥感技术，且发展出较多的荒漠化监测评价方法（殷贺，2011；范文义，2011；曾永年，2011）。殷贺等人利用时间序列分析方法，评价了内蒙古自治区1990~2009年的荒漠化发展态势，但这种方法所需数据量较大，易受卫星回访周期和传感器影响（殷贺，2011）；范文义等人采用遥感信息模型对科尔沁沙地奈曼旗荒漠化主要评价因子进行了定量反演，这种方法虽然精确度较高，但模型构造较为复杂（范文义，2011）；曾永年等人利用遥感数据和野外调查数据分析了沙漠化与地表定量参数之间的关系，提出了*Albedo-NDVI*特征空间概念（曾永年，2011），他构建的*Albedo-NDVI*特征空间荒漠化遥感监测模型，由于能综合反映荒漠化土地地表覆盖、水热组合及其变化，具有明确的生物物理意义，且指标简单易获取，被广泛应用于荒漠化的定量监测分析（冯淳，2016；毋兆鹏，2014；马雄德，2016；张严峻，2013；官雨薇，2015）。冯淳等人用此模型对秃尾河上游流域土地荒漠化进行了遥感动态研究（冯淳，2016），官雨薇曾用此模型对全球荒漠化指数构建及趋势进行研究和分析（官雨薇，2015）。本章以赣州市定南县北部的岭北稀土矿区为例，基于*Albedo-NDVI*特征空间理论，采用27年的多时相Landsat遥感影像数据，定量监测与分析稀土矿区荒漠化动态变化特征和规律，为矿区环境治理和生态恢复提供依据。

4.2　土壤侵蚀模型构建

4.2.1　数据获取与处理

本书以定南县岭北稀土矿区为研究对象，主要使用了遥感影像数据、土地利用数据、地形数据及降雨量数据。所使用的遥感数据选择具有较长时间历史存档的 Landsat 系列数据，该数据空间分辨率为 30m，采用的数学模型为 WGS-84，地图投影为 UTM，综合考虑数据质量及数据可获取性，选择的遥感数据与第 3 章相同，具体数据获取时间及其他相关信息如表 4-1 所示。研究区域无云覆盖，数据获取时相接近；地形数据为 ASTGTM2 DEM 数据，由日本 METI 和美国 NASA 联合研制并免费面向公众分发，空间分辨率为 30m；土地利用数据来自江西省国土局 2010 年野外调查数据；降雨量数据来源于赣州市气象局定南气象站点及岭北站点的逐月降雨量数据，如表 4-2 所示。其中，1990 年、1999 年、2008 年采用定南气象站点表示矿区降雨量，2013 年由于后面新建了岭北站点，所以采用新站点的数据。

表 4-1　研究区 Landsat 卫星数据参数

数据采集时间	卫星标识	传感器标识	轨道号
1990 年 12 月	Landsat-5	TM	121/43
1999 年 12 月	Landsat-5	TM	121/43
2008 年 12 月	Landsat-5	TM	121/43
2013 年 12 月	Landsat-8	OLI	121/43

表 4-2　研究区月降雨量数据

年份	月降雨量/mm											
	1月	2月	3月	4月	5月	6月	7月	8月	9月	10月	11月	12月
1990	119.7	216.8	336.3	216.6	148.6	81.7	220.5	211.4	41.2	77.3	1	98.1
1999	21.6	32.5	122.4	108.6	203.2	213.2	223.4	129.7	32.1	9.3	6.5	29.3
2008	87.4	67.7	100.4	278.3	150.3	385.2	219.2	77.1	101.2	86	80.1	12.9
2013	9.5	25.2	94	236.6	433.5	288.5	140.4	222.4	40.3	8.9	24.4	144.7

采用二次多项式对 4 个时相的遥感数据进行几何校正，以 2008 年矿区 TM 影像作为基准图像，采用相对配准的方法，对其他影像进行配准，误差控制在 0.5 个像元以内。为了得到岭北稀土矿区影像，本书利用 2010 年赣州市矿产资源分区中的岭北稀土矿的实测拐点坐标生成矿区边界，对四幅影像进行裁剪和掩膜处理得到研究区。

4.2.2　模型基本原理

根据研究区实际可获取的数据资料，采用通用土壤流失方程（RUSLE），该模型如式（4-1）所示（Renard K G，1991）：

$$A = K \times L \times S \times P \times R \times C \tag{4-1}$$

式中，A 为年平均土壤流失量，t/(hm^2 · a)；R、K、L、S、C、P 分别表示降雨侵蚀力因子、土壤可蚀性因子、坡长因子、坡度因子、植被覆盖因子、水土保持措施因子。其中，R 单位为 MJ · mm/(hm^2 · h · a)，K 单位为 t · h/(MJ · mm)。使用该模型的关键是确定方程各因子指标值。采用上述获取的实验数据，借助 ENVI 和 ArcGIS 软件，分别计算出式（4-1）中的各因子值，并统一到 WGS84 坐标系统，保存为 GRID 图层，各个因子最终统一栅格单元为 30m×30m，然后根据式（4-1）进行因子相乘计算，获得矿区各年平均土壤侵蚀量图层。

4.2.3 模型因子确定

4.2.3.1 降雨侵蚀力因子 R

R 因子量化了降雨引起土壤侵蚀的潜在能力，与降雨总动能，降雨强度和雨量有关。由于定南县与其相邻区域福建省具有相似的土壤植被景观特征，本研究采用福建水土保持实验站和福建农业大学提出的 R 值计算公式（陈燕红，2007），如式（4-2）所示。

$$R = \sum_{i=1}^{12} (-1.15527 + 0.1792 P_i) \tag{4-2}$$

式中，P_i 为月降雨量；R 为全年降雨侵蚀力。由于整个矿区面积仅 200 多平方公里，可以认为降雨为均匀分布。根据矿区所在区域气象站点 1990 年、1999 年、2008 年、2013 年四年逐月降雨量数据资料，计算出各年的 R 值分别为：303.17、188.96、281.06、285.11。

4.2.3.2 土壤可蚀性因子 K

K 因子与降雨、径流、渗透的综合作用密切相关，描述了土壤抗侵蚀的能力。由于矿区面积较小，土壤类型为单一的红壤，查找江西省可侵蚀因子查找表得到红壤的 K 值为 0.2242。

4.2.3.3 坡长坡度因子（LS）

LS 因子体现了地形地貌特征对土壤侵蚀情况的影响。利用岭北稀土矿区 30m 分辨率的数字高程模型（DEM），进行地形特征分析，提取坡长坡度图。本书采用 Flow Accumulation（累积流量）来估算坡长，运算式采用 Moore 和 Burch 提出的坡面每一坡段的 L 因子算法，如式（4-3）所示，利用 ArcGIS Toolbox 中的水文分析模块实现（Moore I，1986）。

$$L = (\text{Flow Accumulation} \cdot \text{Cell Size}/22.13)^m \tag{4-3}$$

式中，L 为标准化到 22.13m 坡长上的土壤侵蚀量；Flow Accumulation 为上坡来水流入该像元的总像元数；Cell Size 为像元边长，本数据 DEM 分辨率为 30m，像元边长取 30m；m 为 RUSLE 的坡长指数，与细沟侵蚀和细沟间侵蚀的比率有关。本书主要采用如下公式计算 m 取值，如式（4-4）所示（Wischmeier W H, 1978）。

$$m=\begin{cases}0.5 & \beta \geqslant 5\% \\ 0.4 & 3\% \leqslant \beta < 5\% \\ 0.3 & 1\% \leqslant \beta < 3\% \\ 0.2 & \beta < 1\%\end{cases} \tag{4-4}$$

式中，β 为用百分率表示的地面坡度，可由 ArcGIS 软件直接提取。

实验区位于丘陵山区，坡度较大，存在较为普遍的坡地利用，因此借鉴刘宝元对陡坡侵蚀的坡度因子修正方法（Liu B Y，1994），如式（4-5）所示。

$$S=\begin{cases}10.8\sin\theta + 0.03 & \theta < 5^\circ \\ 16.8\sin\theta - 0.5 & 5^\circ \leqslant \theta < 10^\circ \\ 21.91\sin\theta - 0.96 & \theta \geqslant 10^\circ\end{cases} \tag{4-5}$$

式中，S 为坡度因子；θ 为坡度。最后将 L 因子与 S 因子相乘得到 LS 因子图层，计算出矿区 L 因子、S 因子及 LS 因子分布图，如图 4-1 所示。

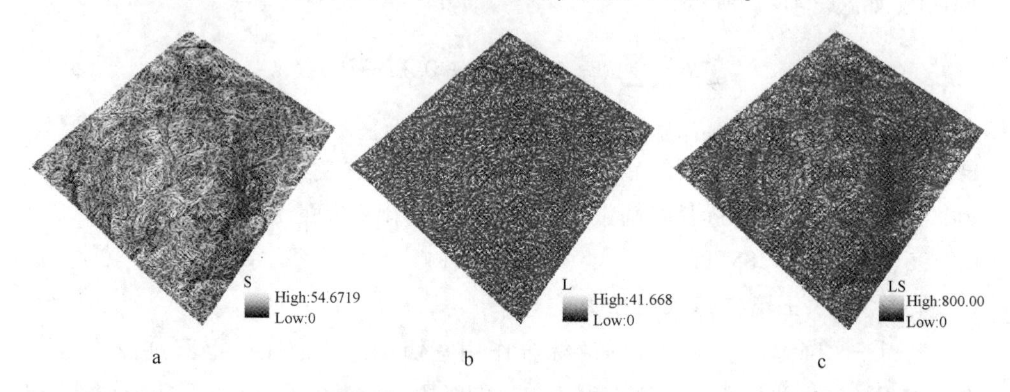

图 4-1　坡长坡度因子分布图

a—S 因子分布图；b—L 因子分布图；c—L 与 S 因子乘积

4.2.3.4　植被覆盖因子 C

C 体现了植被覆盖对土壤侵蚀的影响，由于植被覆盖度和 C 值之间有一定的相关性，采用蔡崇法的 C 值取值方法（蔡崇法，2000），如式（4-6）所示。

$$C=\begin{cases}1 & V_f = 0 \\ 0.6508 - 0.3436\lg V_f & 0 < V_f \leqslant 78.3\% \\ 0 & V_f > 78.3\%\end{cases} \tag{4-6}$$

式中，V_f 表示植被覆盖度。当其大于 78.3%时，基本不会有土壤侵蚀，C 值接近于 0；当其为 0 时，最易发生土壤侵蚀，C 值接近于 1。遥感技术的快速发展为区域植被覆盖度的获取提供了便利，本研究采用第 3 章的三端元的全约束 LSMM 模型计算植被覆盖度。最终计算出的 4 个年份植被覆盖与管理因子分布图，如图 4-2 所示。

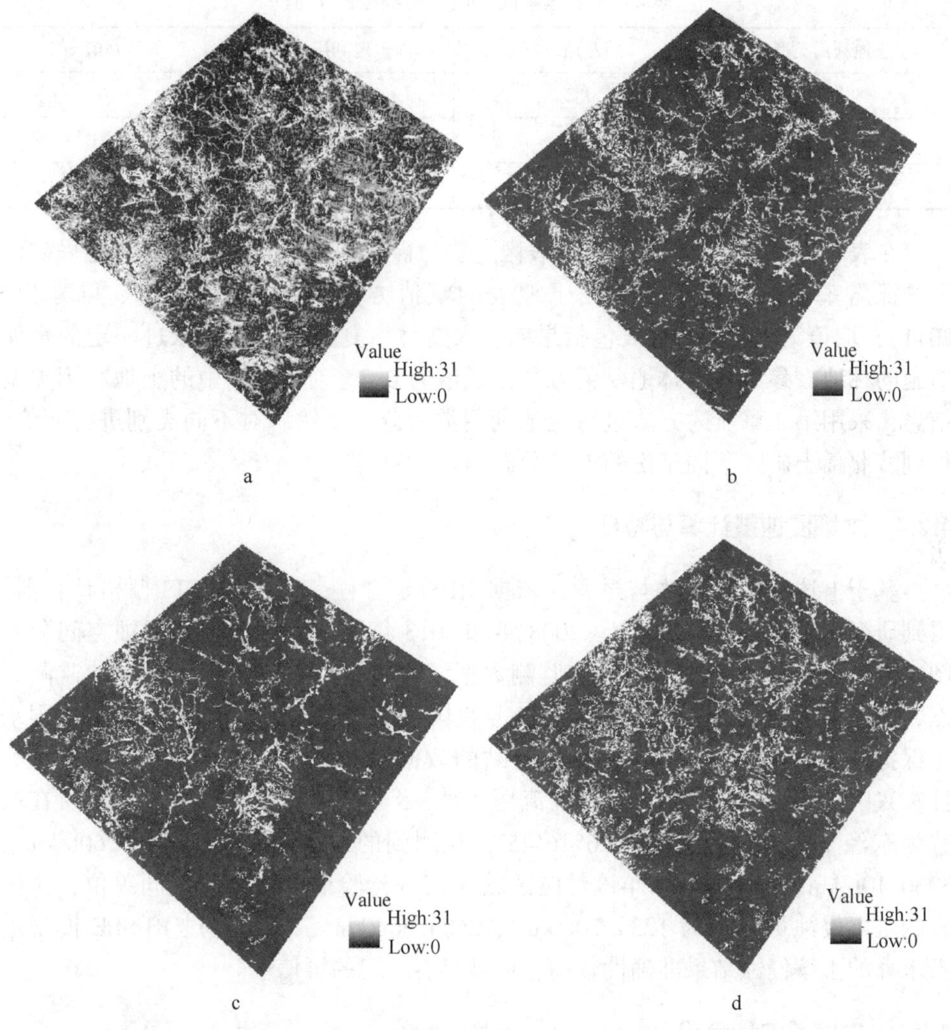

图 4-2 植被覆盖与管理因子分布图

a—1990 年 C 因子值；b—1999 年 C 因子值；c—2008 年 C 因子值；d—2013 年 C 因子值

4.2.3.5 水土保持措施因子 P

P 为土壤侵蚀的抑制因子，指采用专门措施后的土壤流失量与采用顺坡种植时的土壤流失量的比值，取值在 0~1 之间，0 值代表该区域不会发生土壤侵蚀，1 代表该区域没有采取任何水保措施。对于水土保持措施因子，国内尚未进行全面综合的研究，没有普遍性的赋值标准。一般来说，土地利用信息能够一定程度上反映水保措施状况，根据有关学者的研究成果并结合岭北矿区实际情况对 P 进行赋值，确定了不同土地利用类型的 P 值（齐述华，2011；胡文敏，2013；陈思旭，2014；周璟，2011），如表 4-3 所示。

表 4-3　矿区不同土地利用类型的 P 值

土地利用类型	P 值	土地利用类型	P 值
耕地	0.2	水域	0
稀疏植被	0.7	矿点裸露地表区	1
林区	1		

在表 4-3 中，稀土矿点裸露地表区主要为裸露的尾砂地表，而非其他采矿留下的裸露基岩，参考对裸露泥土地表的赋值方法（齐述华，2011；陆建忠，2011），取值为 1。稀疏植被包括果园、人造林、复垦林地等采取过一定的水保措施的林地，参考其他林地赋值方法，赋值为 0.7。对表 4-3 中的土地利用类型信息，采用第 2 章所述方法进行土地利用类型分类，然后对不同类别进行赋值，得到岭北稀土矿区不同年份的 P 值分布图。

4.2.4　土壤侵蚀量计算与验证

基于上述的计算方法与过程，依据 RUSLE 方程，利用 ArcGIS 栅格计算器，得到研究区 1990 年、1999 年、2008 年和 2013 年四个年份的土壤侵蚀空间分布图。由于无精确的矿区土壤侵蚀监测数据，而赣州市兴国县有土壤侵蚀监测站点，所以采用类似方法，计算了 2013 年兴国县的土壤侵蚀。根据 2013 年中国水土保持公报中江西省兴国县水土保持站的数据，对土壤侵蚀量计算结果进行验证。兴国县水土保持站以黄金坪径流场 2 号、5 号小区为试验场地，小区所在位置为东经 115°13′45″，北纬 26°16′45″，观测到的冲刷量分别为 1423.60t/km^2、3230.10t/km^2。采用 2013 年该对应区域 A 值进行验证，转换为相同单位，该位置的土壤侵蚀量分别为 1234.70t/km^2、2603.30t/km^2，表明通过 RUSLE 模型进行求算的土壤侵蚀结果准确性较高，模型具有一定的可信性。

4.2.5　土壤侵蚀量分级

根据水利部最新颁布的针对南方红壤土壤侵蚀的技术标准 SL 657—2014（张平仓，2014），将矿区的土壤侵蚀强度等级划分为微度、轻度、中度、强烈、极强烈和剧烈 6 种等级，具体分级标准如表 4-4 所示。

根据 1990 年、1999 年、2008 年和 2013 年四个年份的土壤侵蚀空间分布图，采用表 4-4 的标准，制作出实验区四个年份的土壤侵蚀强度等级分布图，如图 4-3 所示。

表 4-4 矿区土壤侵蚀强度分级

等级编号	级别	平均侵蚀模数/$t \cdot (hm^2 \cdot a)^{-1}$
Ⅰ	微度	≤5
Ⅱ	轻度	5~15
Ⅲ	中度	15~30
Ⅳ	强烈	30~50
Ⅴ	极强烈	50~100
Ⅵ	剧烈	>100

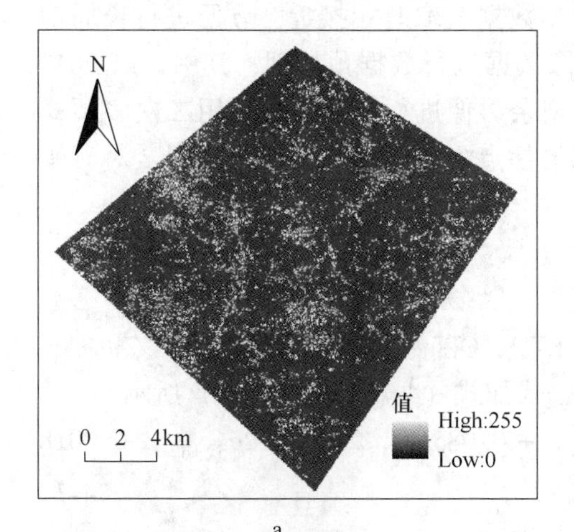

a

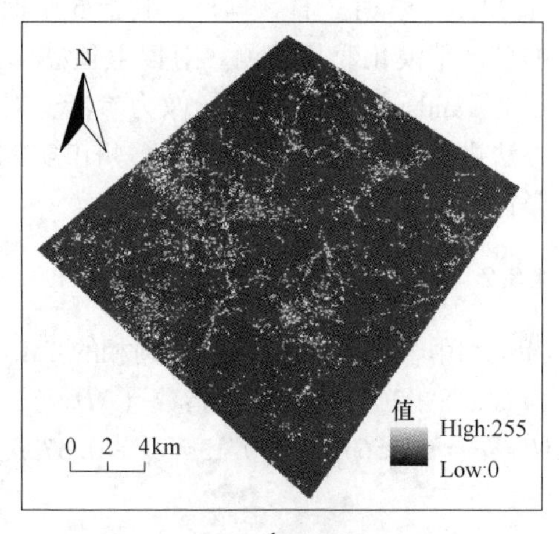

b

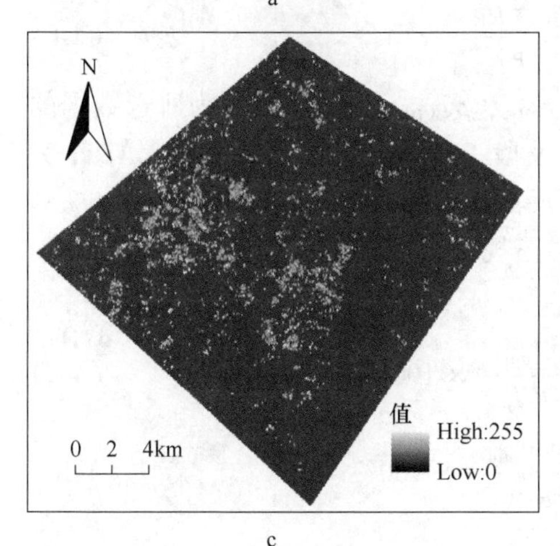

c

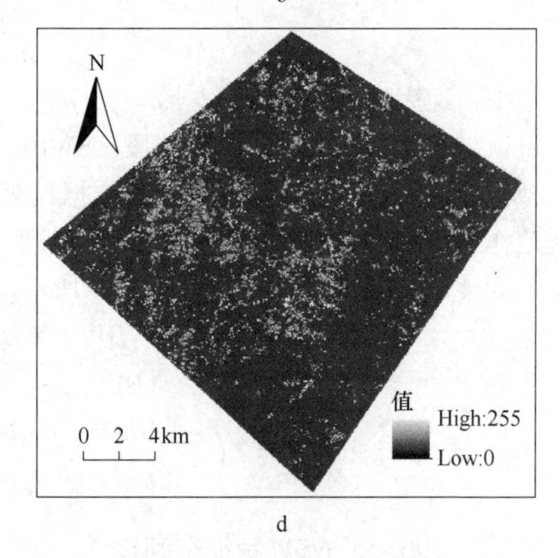

d

图 4-3 岭北稀土矿区不同四个年份土壤侵蚀强度分级图

a—1990 年土壤侵蚀强度；b—1999 年土壤侵蚀强度；

c—2008 年土壤侵蚀强度；d—2013 年土壤侵蚀强度

4.3　荒漠化信息提取方法构建

4.3.1　遥感数据源及预处理

本章采用的遥感数据包括：1990 年 12 月 9 日（Landsat-5 TM），1999 年 12 月 26 日（Landsat-7ETM+），2008 年 12 月 10 日（Landsat-5 TM），2010 年 10 月 29 日（Landsat-5 TM），2013 年 12 月 24 日（Landsat-8 OLI），2016 年 3 月 3 日（Landsat-8 OLI），所选的六期影像数据来源于地理空间数据云服务平台，空间分辨率为 30m，采用的坐标系统为 WGS-84，地图投影为 UTM，研究区域无云覆盖，除 2016 年 3 月 3 日数据外，其余 5 个时相数据获取时相接近，方便进行长周期的矿区荒漠化变化监测。对以上遥感影像数据进行数据预处理，其中，以 2013 年的 Landsat-8 OLI 遥感影像为参考，对剩余影像进行配准，并采用二次多项式方法进行校正。利用 2010 年赣州市实测的拐点坐标生成岭北矿区边界，对五幅影像进行裁剪，得到实验区。

4.3.2　基本参数的反演

利用经过预处理后的六个时相的 TM、ETM、OLI 数据反演地表反照率（*Albedo*）（Liang S，2001）和植被指数（*NDVI*），公式如式（4-7）和式（4-8）所示。

$$Albedo = 0.356\rho_{\mathrm{Blue}} + 0.13\rho_{\mathrm{Red}} + 0.373\rho_{\mathrm{NIR}} + 0.085\rho_{\mathrm{SWIR1}} + 0.072\rho_{\mathrm{SWIR2}} - 0.0018 \tag{4-7}$$

$$NDVI = \frac{\rho_{\mathrm{NIR}} - \rho_{\mathrm{Red}}}{\rho_{\mathrm{NIR}} + \rho_{\mathrm{Red}}} \tag{4-8}$$

式中，地表反照率为 *Albedo*，ρ_{Blue}，ρ_{Red}，ρ_{NIR}，ρ_{SWIR1}，ρ_{SWIR2} 分别为所选数据的 Blue 波段、Red 波段、NIR 波段、SWIR1 波段、SWIR2 波段的反射率，*NDVI* 为植被指数。分别统计研究区 6 期数据地表反照率和植被指数为 0.5%和 99.5%的值作为最大值和最小值进行正规化处理，正规化处理后的 *NDVI* 记为 *N*，*Albedo* 记为 *A*。如式（4-9）和式（4-10）所示。

$$N = \frac{NDVI - NDVI_{\mathrm{min}}}{NDVI_{\mathrm{max}} - NDVI_{\mathrm{min}}} \times 100\% \tag{4-9}$$

$$A = \frac{Albedo - Albedo_{\mathrm{min}}}{Albedo_{\mathrm{max}} - Albedo_{\mathrm{min}}} \times 100\% \tag{4-10}$$

4.3.3　*Albedo*- *NDVI* 特征空间建立

通过构建研究区的 *Albedo-NDVI* 特征空间，寻找离子稀土矿区的 *Albedo* 与 *NDVI* 的函数关系。六景图像分别随机选择各种地物类型的 *Albedo* 与 *NDVI* 值各

500个样点，且*Albedo*与*NDVI*样点一一对应，并对其进行回归分析。由6景遥感数据的回归分析结果表明：当*NDVI*的值越小时，其地表反照率越大，地表反照率与植被指数之间存在较强的线性负相关的关系，可构建函数关系，如式（4-11），即：

$$y = a \times x + b \tag{4-11}$$

式中，地表反照率为y，植被指数为x，回归方程的斜率为a，回归方程在纵坐标上的截距为b。可得出研究区1990年、1999年、2008年、2010年、2013年和2016年的回归方程：

$$Albedo = 1.019 - 0.990 \times NDVI(R^2 = 0.863)$$
$$Albedo = 1.001 - 1.039 \times NDVI(R^2 = 0.891)$$
$$Albedo = 1.162 - 1.255 \times NDVI(R^2 = 0.895)$$
$$Albedo = 1.089 - 0.978 \times NDVI(R^2 = 0.918)$$
$$Albedo = 1.054 - 1.054 \times NDVI(R^2 = 0.816)$$
$$Albedo = 1.198 - 1.052 \times NDVI(R^2 = 0.822)$$

4.3.4 荒漠化差值指数模型及对比分析

根据Verstraete和Pinty的研究结论，对*Albedo*-*NDVI*特征空间在荒漠化变化趋势的垂直方向上进行划分，可以将不同荒漠化土地有效区分开来。即用遥感监测荒漠化差值指数模型*DDI*表示，如式（4-12）所示：

$$DDI = m \times N - A \tag{4-12}$$

式中，m为a的负倒数，即$m=-1/a$；N为正规化后的植被指数；A为正规化后的地表反照率。

基于*Albedo*-*NDVI*特征空间的建立，以*DDI*模型获取1990年、1999年、2008年、2010年、2013年和2016年五期荒漠化信息图像，然后通过野外调研和典型分析，按照各级*DDI*值内部的方差之和最小，等级之间方差之和最大的原则，建立*DDI*与荒漠化程度的对应关系（冯淳，2016），对矿区的荒漠化土地类型的*DDI*值进行分级如表4-5所列。

表4-5 岭北矿区不同年份不同类型荒漠化土地的*DDI*值

荒漠化土地类型	*DDI*值					
	1990年	1999年	2008年	2010年	2013年	2016年
非荒漠化	89.55	86.08	90.72	89.66	91.48	94.74
轻度	66.34	73.76	82.36	82.96	70.68	81.67
中度	46.33	44.89	56.21	63.89	49.56	46.51

续表 4-5

荒漠化土地类型	*DDI* 值					
	1990 年	1999 年	2008 年	2010 年	2013 年	2016 年
重度	42. 34	34. 69	42. 68	41. 87	39. 5	39. 28
极重度	24. 89	29. 04	36. 99	34. 97	33. 7	30. 14

4.4　矿区土壤侵蚀时空演变特征

4.4.1　矿区土壤侵蚀制图及变化分析

依据计算的土壤侵蚀量和土壤侵蚀等级图，对各年份计算数据进行统计分析。其中，研究区各年份侵蚀面积如表 4-6 所示。结果表明，在 1990 年～2013 年的 23 年间，研究区平均侵蚀模数从 1990 年的 8. 04t/(hm^2 · a) 下降到 1999 年的 6. 50t/(hm^2 · a)，在 2008 年上升到了 14. 79t/(hm^2 · a)，2013 年平均侵蚀模数进一步升高，达到 15. 21t/(hm^2 · a)。

表 4-6　研究区各年份侵蚀面积　(km^2)

侵蚀等级	1990 年		1999 年		2008 年		2013 年	
	面积 /km^2	比例 /%	面积 /km^2	比例 /%	面积 /km^2	比例 /%	面积 /km^2	比例 /%
微度	166. 58	77. 96	188. 86	88. 40	197. 13	92. 26	186. 68	87. 38
轻度	22. 52	10. 54	9. 13	4. 27	6. 79	3. 18	9. 65	4. 52
中度	11. 21	5. 25	5. 95	2. 78	2. 79	1. 31	6. 04	2. 83
强度	5. 86	2. 74	3. 46	1. 62	1. 19	0. 56	3. 28	1. 54
极强烈	4. 47	2. 09	3. 32	1. 55	1. 19	0. 56	3. 01	1. 41
剧烈	3. 03	1. 42	2. 93	1. 37	4. 57	2. 14	4. 99	2. 34

依据水利部 2014 年颁布的南方红壤丘陵区土壤水力侵蚀强度分级标准（张平仓，2014），该区域允许的土壤流失量为 5t/(hm^2 · a)，由于该区域主要为丘陵山区，植被覆盖较好，除了稀土开采之外，没有其他较为剧烈的人类活动，所以该区域从侵蚀面积来看，1990 年、1999 年、2008 年、2013 年四个年份土壤侵蚀面积占整个矿区面积分别为 22. 04%、11. 60%、7. 74%、12. 62%，总体侵蚀状况不太严重，但剧烈侵蚀面积较大，在 2013 年达到 4. 99km^2，占整个矿区面积的 2. 34%，是矿区水土流失的主要来源。从 2008 年到 2013 年矿区土壤侵蚀状况来看，尽管总体上研究区为土壤微度侵蚀区，部分区域有进一步恶化为中度及以

上侵蚀的风险；从不同侵蚀等级的变化来看，1990 年至 1999 年，中度以上侵蚀面积减少了 8.91km²，总体侵蚀状况得到缓解；而 1999 年后，由于封山育林与矿区复垦，植被覆盖得到改善，侵蚀状况进一步好转。但是 2008 年至 2013 年，中度以上侵蚀大面积且大幅度增加，5 年间中度以上侵蚀面积增加了 7.58km²，在 2013 年，中度以上侵蚀面积占矿区总面积的 8.11%，侵蚀状况较为严重。

为了更详细了解矿区土壤侵蚀的定量变化，对四个时相的不同土壤侵蚀等级进行两两对比，计算矿区 1990~1999 年、1999~2008 年、2008~2013 年三个时间阶段矿区土壤侵蚀变化转移矩阵，如表 4-7~表 4-9 所示。

表 4-7　1990~1999 年不同侵蚀等级面积转移矩阵　（km²）

程度	微度	轻度	中度	强度	极强烈	剧烈	合计	变化率/%
微度	162.28	17.80	5.73	1.89	0.94	0.44	189.08	13.36
轻度	2.10	2.86	2.49	1.10	0.47	0.11	9.14	-59.41
中度	0.98	1.02	1.60	1.32	0.77	0.26	5.96	-46.88
强度	0.49	0.41	0.64	0.70	0.94	0.29	3.46	-40.96
极强烈	0.43	0.25	0.52	0.48	0.84	0.80	2.32	-48.10
剧烈	0.49	0.18	0.24	0.36	0.51	1.13	2.93	-3.30
合计	166.79	22.52	11.22	5.86	4.47	3.03		

表 4-8　1999~2008 年不同侵蚀等级面积转移矩阵　（km²）

程度	微度	轻度	中度	强度	极强烈	剧烈	合计	变化率/%
微度	182.59	7.29	3.96	1.84	1.13	0.53	197.35	4.37
轻度	1.91	0.96	1.18	0.92	1.16	0.67	6.8	-25.60
中度	0.89	0.19	0.27	0.30	0.48	0.65	2.79	-53.19
强度	0.47	0.10	0.09	0.09	0.15	0.30	1.19	-65.61
极强烈	0.67	0.12	0.07	0.06	0.06	0.21	1.19	-64.16
剧烈	2.55	0.47	0.37	0.26	0.33	0.57	4.57	55.97
合计	189.08	9.14	5.96	3.46	3.32	2.93		

表 4-9　2008~2013 年不同侵蚀等级面积转移矩阵　（km²）

程度	微度	轻度	中度	强度	极强烈	剧烈	合计	变化率/%
微度	184.15	1.70	0.51	0.20	0.16	0.18	186.90	-5.30
轻度	6.76	1.79	0.41	0.18	0.16	0.35	9.65	41.91

续表 4-9

程度	微度	轻度	中度	强度	极强烈	剧烈	合计	变化率/%
中度	3.15	1.59	0.55	0.18	0.18	0.40	6.05	116.85
强度	1.36	0.74	0.50	0.21	0.15	0.32	3.28	175.63
极强烈	0.95	0.61	0.41	0.22	0.27	0.54	3.00	152.10
剧烈	0.98	0.37	0.41	0.22	0.26	2.76	4.99	9.19
合计	197.35	6.80	2.79	1.19	1.19	4.57		

从表 4-7~表 4-9 可以看出，除了微度侵蚀外，其余侵蚀等级均有较大的变化。在 1990~1999 年，由于封山育林政策，由第 2 章植被覆盖计算结果可知，平均植被覆盖度由 1990 年的 70.49%增加到 1999 年的 81.04%，高植被覆盖度面积也由 1990 年的 109.596km^2 增加到 1999 年的 160.372km^2，植被得到较大恢复，植被覆盖增加，会使得 C 值变小。另一方面，由前述计算，降雨侵蚀力因子 R 由 1990 年的 303.17MJ · mm/(hm^2 · h · a) 降为 1999 年的 188.96MJ · mm/(hm^2 · h · a)，而根据 RUSLE 模型，矿区不同年份变化变量包括 R、C 和 P，而由第 2 章计算结果，在此时间段，由于稀土开采导致的土地利用的急剧变化并不显著，说明降雨量的变化和植被覆盖改善影响了土壤侵蚀的变化，使得微度侵蚀面积大幅增加，中度、强度、极强烈侵蚀大面积减少，减幅达到 40%以上。37.29%的剧烈侵蚀区域依然没有改善，并且有较多微度和极强烈区域转化为剧烈侵蚀区域，说明局部区域土壤侵蚀状况恶化，其原因主要由于植被的退化及土地利用方式的转变，与矿区的稀土开采有较为密切关系；

在 1999~2008 年，微度侵蚀面积进一步增加，中度、强烈、极强烈面积大幅度减少，减幅达到 50%以上，而 1999 年到 2008 年，降雨侵蚀力 R 值由 188.96MJ · mm/(hm^2 · h · a) 增加到 281.06MJ · mm/(hm^2 · h · a)，而由第 3 章计算结果，同段时期高植被覆盖度面积大幅增加，与矿区侵蚀改善趋势一致，体现了植被对改善区域土壤侵蚀有重要作用。剧烈侵蚀面积大幅度增加，增幅达到 55.97%，剧烈侵蚀的主要来源为微度侵蚀，占转换面积的 55.80%，从 RULSE 模型的构成方式来看，造成如此剧烈变动的原因主要为土地利用变化或者植被覆盖变化，而这与稀土开采均有直接关系。总体来看，在 1999 年到 2008 年间，矿区土壤侵蚀状况向两级化方向发展，在降雨侵蚀力大幅增加的情况下，轻度、中度、强度、极强烈侵蚀均大幅度减少，而剧烈侵蚀大面积增加，说明主要原因在于植被覆盖的变化及土地利用方式的变化，矿区复垦及新的矿点和矿点规模扩大是造成上述状况的最为直接原因之一，尤其是池浸/堆浸工艺将植被茂密的山地变成裸露地表，直接改变了矿区的土地利用方式及植被覆盖状况，是造成矿区地表侵蚀急剧变化的最根本原因，而根据第 2 章和第 3 章的研究，该变化与稀土矿点的扩张趋势也是一致的。

在2008~2013年，微度侵蚀面积减少了5.30%，而轻度及轻度以上侵蚀面积大幅度增加，增幅最为激烈的为强度和极强烈侵蚀，分别增加了175.63%和152.10%，而剧烈侵蚀只有少量增加，增幅为9.19%，但由于微度侵蚀占据绝大部分面积，而且微度侵蚀区域中，有93.31%的微度侵蚀保持稳定，所以整个矿区尽管轻度以上区域发生较大面积的增加，但由于绝对面积较小，整个矿区土壤侵蚀总体上仍然较为稳定。从2008年到2013年，降雨侵蚀力从281.06MJ·mm/(hm^2·h·a)增加到285.11MJ·mm/(hm^2·h·a)，增加不大，而从表4-8可以看出，较多的轻度及以上侵蚀来源于微度侵蚀，分别占轻度、中度、强度、极强烈、剧烈侵蚀的比例为70.05%、52.07%、41.46%、31.67%、19.64%，说明引起侵蚀发生变化的最为直接原因是植被覆盖变化和土地利用变化，而这与稀土开采有直接联系，特别是这段时间原地浸矿工艺在矿区基本普及，该工艺仅仅破坏部分植被，可能与植被退化有关。剧烈侵蚀面积由于部分复垦，侵蚀状况有所好转，但仍然有55.31%的剧烈侵蚀区域侵蚀状况没有根本好转，说明矿区局部环境问题需要引起重视。

4.4.2 土壤侵蚀的空间分布特征

从图4-3可以看出，四个时相土壤侵蚀各等级具有明显的空间分布规律，从1990~2013年，中度及以上侵蚀从杂乱分布于研究区逐渐呈现集中连片趋势，并在2008年后，逐渐与稀土矿点空间位置分布吻合。说明稀土矿区的土壤侵蚀，随着稀土开采规模的扩大，逐渐从由红壤背景起主导作用转变为稀土开采起主导作用，在封山育林、退耕还林等水土保持措施的推进下，稀土开采成为矿区土壤侵蚀的主要原因。但另一方面，对于丘陵山区来说，地形地貌也是土壤侵蚀的自然因素。为进一步探寻土壤侵蚀的空间分布特征，为矿区土壤侵蚀治理寻找科学合理的依据，研究矿区土壤侵蚀与高程、坡度的关系。矿区DEM高程主要集中在200~760m，本章以200~760m的高程作为研究范围，将高程以40m为间距，求每一高程间距内平均土壤侵蚀模数及侵蚀面积，得到表4-10。

表4-10 不同高程范围内土壤平均侵蚀模数及侵蚀面积 (km^2)

高程范围/m	总面积/km^2	1990年侵蚀		1999年侵蚀		2008年侵蚀		2013年侵蚀	
		模数	面积	模数	面积	模数	面积	模数	面积
200~240	0.045	22.99	0.02	15.26	0.02	18.27	0.009	17.87	0.01
240~280	5.113	11.70	1.72	8.23	1.06	14.51	0.59	14.81	0.98
280~320	21.765	10.09	5.72	6.49	3.19	15.68	1.90	16.01	3.14
320~360	45.410	7.33	9.33	5.74	4.67	16.71	3.01	15.29	4.98

续表 4-10

高程范围/m	总面积/km²	1990 年侵蚀		1999 年侵蚀		2008 年侵蚀		2013 年侵蚀	
		模数	面积	模数	面积	模数	面积	模数	面积
360~400	43.733	7.53	9.40	6.64	4.54	18.07	3.33	16.06	5.15
400~440	39.051	7.81	8.25	6.89	4.19	14.74	2.92	17.22	4.70
440~480	27.248	8.71	5.83	7.00	3.43	11.09	2.10	12.86	3.45
480~520	15.319	7.33	3.07	5.84	1.85	8.41	1.06	10.91	1.92
520~560	8.349	7.39	1.62	5.53	0.84	8.96	0.61	13.14	1.13
560~600	4.028	8.07	0.84	9.42	0.51	14.92	0.38	15.57	0.66
600~640	1.826	7.01	0.34	6.19	0.18	23.62	0.18	22.88	0.29
640~680	1.134	8.46	0.28	5.56	0.14	6.49	0.10	10.31	0.19
680~720	0.615	8.01	0.15	5.04	0.11	8.59	0.07	19.26	0.11
720~760	0.121	6.20	0.03	8.39	0.03	13.89	0.01	22.71	0.02

为了更直观了解表 4-10 的数据变化规律，分别作各年份土壤在各高程范围的平均侵蚀模数对比图及各年份在不同高程范围侵蚀面积百分比对比图，如图 4-4 和图 4-5 所示。

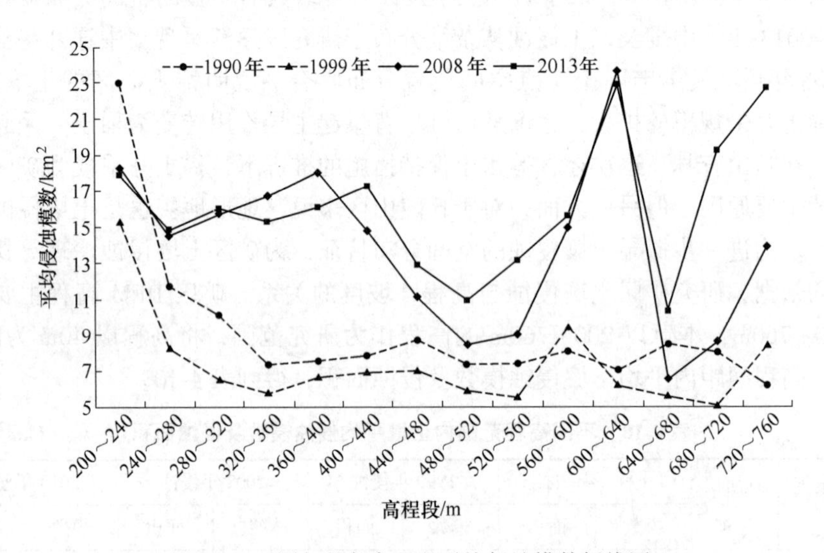

图 4-4　不同年份各高程段平均侵蚀模数折线图

结合表 4-10、图 4-4 和图 4-5 可以看出，1990 年和 1999 年、2008 年和 2013 年，各高程段的平均侵蚀模数和侵蚀面积百分比有着类似的曲线特征，结合上述分析，1990 年和 1999 年，矿区的土壤侵蚀是由于红壤背景起主导作用，而 2008

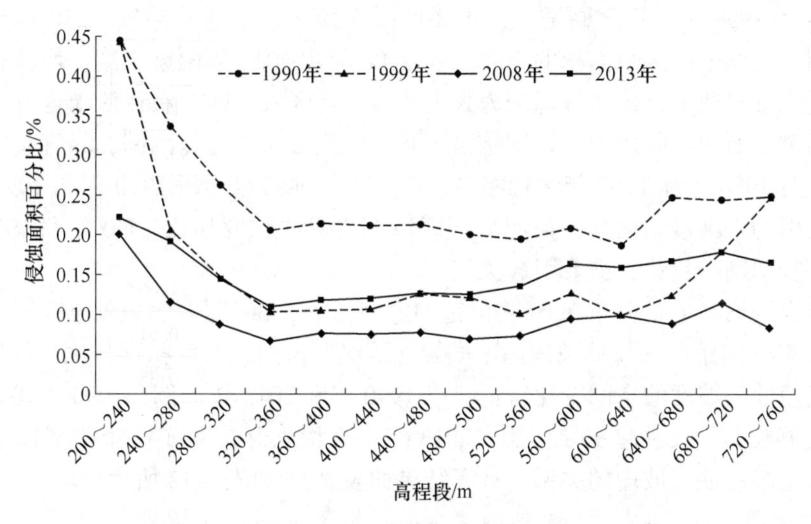

图 4-5 不同年份各高程段侵蚀面积百分比折线图

年和 2013 年，是由于稀土开采规模的扩大，稀土开采对矿区土壤侵蚀起主导作用，综合体现了不同阶段稀土矿区土壤侵蚀的特点。在整个 20 世纪 90 年代，稀土开采规模较小，对矿区土壤侵蚀影响不太明显，从图 4-3a、4-3b 也可以看出，整个矿区土壤侵蚀在空间分布上较为散乱，该阶段主要是在红壤背景下，人类农耕和林业活动对矿区土壤侵蚀产生绝对影响，由于人类活动主要位于低海拔区域，在 20 世纪 90 年代，平均土壤侵蚀量随着高程增加，急剧减少，在 320~360m 高程范围内，土壤侵蚀量分别降到 7.33t/(hm^2·a) 和 5.74t/(hm^2·a)，随后尽管有一些波动，但总体趋于稳定。从 1990 年和 1999 年的侵蚀面积百分比折线图也可以看出，其变化趋势和平均侵蚀模数折线图基本一致。相比 2008 年和 2013 年，尽管各高程段面积百分比总体较大，但是平均侵蚀量较小，说明侵蚀程度相比 2008 年和 2013 年要小。1999 年侵蚀面积百分比和各高程段平均侵蚀量都相对 1990 年小，说明在退耕还林政策推动下，侵蚀面积和侵蚀程度上都有所好转。

在 2008 年，各高程段侵蚀面积百分比降到最低，在 320~360m 高程范围达到最低，侵蚀面积仅占该高程范围面积的 6.63%。到 2013 年，各高程段侵蚀面积百分比急剧增加，但同时各高程段的土壤平均侵蚀量与 2008 年相比，仅局部高程范围增大。2008 年和 2013 年矿区土壤各高程段平均侵蚀模数与 1990 年和 1999 年相比，有完全不同的随高程变化特征，在此阶段，稀土矿点规模急剧扩大，农业活动对土壤侵蚀所造成的影响退居次要地位，起主导作用为稀土开采。在 2008 年和 2013 年，土壤平均侵蚀模数在 600~640m 高程范围达到最大，分别达到 23.62t/(hm^2·a) 和 22.88t/(hm^2·a)，该高程范围的土壤平均侵蚀量相比

1990 年和 1999 年，均急剧增大，主要原因为稀土开采活动导致。280~440m 高程范围，占整个矿区总面积的 70%，在 2008 年和 2013 年两个年度，均具有较高的平均土壤侵蚀量，该高程范围为人类活动主要区域，即有农业活动也有稀土开采，两个方面的共同作用，特别是稀土开采，使得在该高程范围，尽管总体侵蚀面积相对 1990 年和 1999 年大幅减少，但平均侵蚀模数远超 1990 年和 1999 年同高程范围的土壤侵蚀模数，说明局部区域土壤侵蚀程度相比 1990 年和 1999 年，有进一步加剧的趋势，需要引起关注。

研究区坡度主要分布在 0°~30°范围之间，大于 30°所占面积较小。因此，将坡度以 5°为间距，求每一坡度内不同侵蚀等级所占面积及面积百分比，得到研究区土壤侵蚀随坡度的空间变化特征，以 1990 年和 2013 年为例，1990 年代表稀土开采规模较小，农耕起主导作用，2013 年代表稀土开采对矿区土壤侵蚀起主导作用，土壤侵蚀与坡度的关系。计算结果如表 4-11 和表 4-12 所示。

表 4-11 1990 年各个坡度带土壤侵蚀面积分布特征 (km^2)

坡度分级/(°)	微度侵蚀		轻度侵蚀		中度侵蚀		强度侵蚀		极强烈侵蚀		剧烈侵蚀	
	面积	比例/%	面积	比例/%	面积	比例/%	面积	比例/%	面积	比例/%	面积	比例/%
0~5	21.29	92.77	1.09	4.75	0.33	1.44	0.13	0.57	0.08	0.35	0.03	0.13
5~10	45.65	85.76	4.31	8.10	1.70	3.19	0.77	1.45	0.51	0.96	0.29	0.54
10~15	44.13	78.24	6.22	11.03	2.90	5.14	1.33	2.36	1.12	1.99	0.70	1.24
15~20	29.60	72.14	5.27	12.84	2.79	6.80	1.48	3.61	1.15	2.80	0.74	1.80
20~25	15.17	66.36	3.24	14.17	1.88	8.22	1.12	4.90	0.82	3.59	0.63	2.76
25~30	6.15	60.95	1.46	14.47	0.98	9.71	0.64	6.34	0.48	4.76	0.38	3.77
>30	4.77	65.34	0.93	12.74	0.63	8.63	0.39	5.34	0.31	4.25	0.27	3.70

表 4-12 2013 年各个坡度带土壤侵蚀面积分布特征 (km^2)

坡度分级/(°)	微度侵蚀		轻度侵蚀		中度侵蚀		强度侵蚀		极强烈侵蚀		剧烈侵蚀	
	面积	比例/%	面积	比例/%	面积	比例/%	面积	比例/%	面积	比例/%	面积	比例/%
0~5	21.90	95.34	0.53	2.31	0.19	0.83	0.09	0.39	0.09	0.39	0.17	0.74
5~10	48.63	91.31	2.07	3.89	0.97	1.82	0.49	0.92	0.40	0.75	0.70	1.31
10~15	49.33	87.48	2.75	4.88	1.51	2.68	0.82	1.45	0.72	1.28	1.26	2.23
15~20	34.53	84.18	2.16	5.27	1.53	3.73	0.80	1.95	0.78	1.90	1.22	2.97
20~25	18.56	81.23	1.30	5.69	1.07	4.68	0.54	2.36	0.51	2.23	0.87	3.81
25~30	8.00	79.21	0.53	5.25	0.47	4.65	0.35	3.47	0.29	2.87	0.46	4.55
>30	5.93	80.90	0.33	4.50	0.31	4.23	0.24	3.27	0.21	2.86	0.31	4.23

表4-11和表4-12分别代表两种不同主导作用对于矿区土壤侵蚀的影响，但从分析结果来看，其坡度对于土壤侵蚀的影响规律基本一致。土壤侵蚀与坡度关系有极为密切的关系，在30°的坡度范围之内，基本均随着坡度增加，侵蚀面积百分比随之增加；而30°以上坡度，侵蚀面积百分比相对于25°~30°坡度，有一个略微的降低。主要原因为南方土壤侵蚀主要体现为雨水的冲击作用，坡度越大，冲击作用越强。但超过30°坡度，属于人类较少活动范围，自然植被会相对茂盛，对土壤侵蚀有一定的保护作用。在1990年，轻度及以上侵蚀主要集中在20°坡度以上，而到2013年，15°~20°坡度也成为侵蚀的主要坡度范围。在2013年，剧烈侵蚀的面积比例急剧增加，且在较小坡度上，也出现较大面积的土壤侵蚀，可能与稀土开采造成植被破坏有直接关系。

总体来看，该区域地形起伏不大，其中坡度为0°~15°的面积占整个矿区面积的61.99%，此区域也是人类农业活动的主要集中区域，从表4-11和表4-12可以看出，该区域主要以微度侵蚀和轻度侵蚀为主，说明农业活动对该区域土壤侵蚀影响不明显；中度及以上侵蚀区域在坡度15°以下，侵蚀面积百分比较小，而15°以上，侵蚀比例急剧增加，最高侵蚀面积百分比在25°~30°坡度范围，说明在降雨频繁的南方丘陵山区，坡度是引起土壤严重侵蚀的一个主要因素。

4.4.3 稀土开采对土壤侵蚀的影响

为了进一步分析矿区稀土开采对土壤侵蚀的影响，结合1990年、1999年、2008年、2013年的遥感数据及矿区历史统计资料，借鉴前述方法，得到各年份矿点分布图。以矿点裸地地表区域为矿点稀土开采的核心区域，将其作为矿点核心区，分析其周围60m、60~120m、120~180m、180~240m、240~300m、300~400m、400~700m范围内平均土壤侵蚀模数，如表4-13所示。

表4-13 1990~2013年矿点缓冲区域平均土壤侵蚀模数（t/(hm^2·a)）

年份	矿点核心区	0~60m	60~120m	120~180m	180~240m	240~300m	300~400m	400~700m
1990	148.51	36.04	16.71	14.80	13.12	12.28	12.14	11.75
1999	173.81	39.43	23.66	9.85	7.69	7.61	7.52	7.24
2008	288.51	23.70	11.17	4.11	3.60	2.53	2.21	1.17
2013	226.12	10.69	6.75	6.64	6.14	5.12	4.97	4.69

从表4-13可以看出，矿点核心区是土壤侵蚀的最为严重区域，其平均侵蚀模数远远超过该年矿区的年平均值，是整个矿区侵蚀最为严重的区域。离矿点核心区距离越近，土壤平均侵蚀量越大，矿点核心区域60~120m范围内，土壤平均侵蚀量在1990年和1999年，达到16.71t/(hm^2·a)和23.66t/(hm^2·a)，平

均侵蚀量属于中度侵蚀范围。随着距离增加，土壤平均侵蚀量减少。1990 年，矿点核心区周围 400~700m 范围平均侵蚀量为 11.75t/(hm^2 · a)，说明随着距离矿点核心区空间距离增加，矿点对土壤侵蚀的影响减弱；而在 1999 年，在离矿点核心区 120m 范围外，土壤平均侵蚀量急剧减少，由 23.66t/(hm^2 · a) 下降到 9.85t/(hm^2 · a)，1990 年到 1999 年间，主要采用池浸/堆浸开采工艺开采稀土矿，将地表植被完全破坏，留下大片矿区裸露地表和大量稀土尾砂，在矿区裸地表范围内，土壤平均侵蚀模数达到 173.81t/(hm^2 · a)，而该种采矿工艺会带来大量矿区尾砂及废水，对周边植被也会产生影响，可以看到其影响范围在 120m 外急剧减弱，在 180m 外土壤侵蚀趋于稳定。

在 1999~2008 年间，研究区稀土开采方式以池浸/堆浸和原地浸矿两种方式并存，在 2008 年，矿点核心区侵蚀量达到最大。从图 4-3c 也可以看出，该年份剧烈侵蚀区域和稀土开采裸露地表面积在空间上高度吻合，矿点核心区之外，由于矿区复垦的积极推进，侵蚀状况明显好转，矿点 120m 区域之外，基本无侵蚀状况，稀土开采对其已经无明显影响；2008 年到 2013 年，积极推进原地浸矿工艺，整个矿区基本取代池浸/堆浸工艺，原地浸矿工艺不直接开采地表表土，矿点核心区 120m 范围平均土壤侵蚀相对池浸、堆浸有所缓解，但由于大量浸矿液体注入山体，一些酸根离子不可避免会渗透到地表，并扩散至整个矿区及周边，造成矿区土地酸化严重，影响植被生长，有可能在更大范围上对矿点周边土壤侵蚀造成影响。

总体来看，矿点核心区是矿区土壤侵蚀最为严重的区域，在总体矿区侵蚀情况趋向好转的情况下，随着矿点规模持续扩大，矿点核心区的土壤侵蚀有加剧趋势。1999 年后，由于原地浸泡矿工艺的逐渐普及，另外矿区复垦积极推进，稀土开采对周边环境的影响逐渐减弱，但原地浸矿工艺，有可能在更大范围上对矿点周边土壤侵蚀造成影响。

4.4.4　典型矿点土壤侵蚀变化分析

为了分析不同开采模式及复垦过程对矿点土壤侵蚀的影响，对照岭北矿区 2009 年的矿区矿权图，选择部分实地调研矿点，利用模型定量计算并统计各矿点平均土壤侵蚀模数，如图 4-6 所示。

根据图 4-6，各矿点平均土壤侵蚀模数，大部分随着时间推移先增加后减少，且在 1999~2008 年期间增加幅度较大。为了研究土壤侵蚀与稀土开采及矿区复垦的响应关系，选择具有代表性的典型矿点细坑、坳背塘，结合两个矿点 2005 年、2009 年、2013 年三期对应矿点高分辨率遥感影像做进一步分析。其中，细坑、坳背塘矿点在四个年份土壤侵蚀情况如图 4-7 和图 4-8 所示，细坑稀土矿点在三个年份高分影像如图 4-9 所示，坳背塘矿点高分影像如图 4-10 所示。

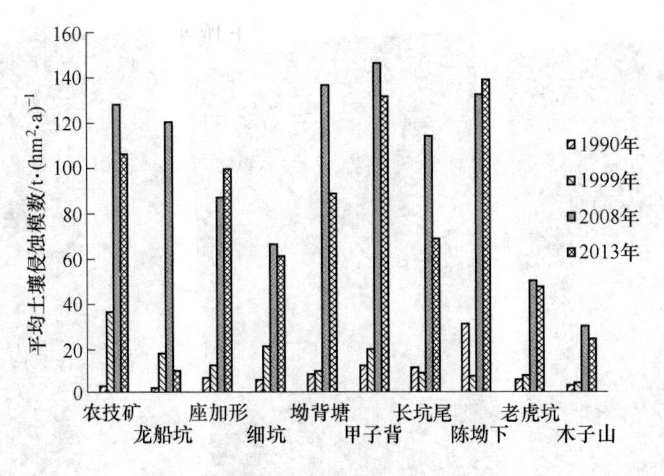

图 4-6 矿点平均土壤侵蚀模数统计图

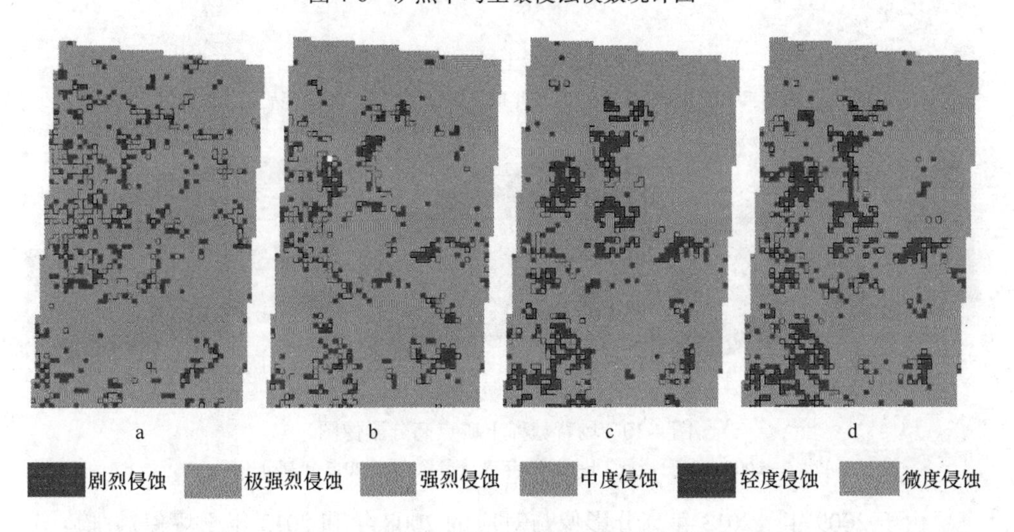

图 4-7 细坑稀土矿点土壤侵蚀强度分级图

a—1990 年侵蚀强度分级；b—1999 年侵蚀强度分级；c—2008 年侵蚀强度分级；d—2013 年侵蚀强度分级

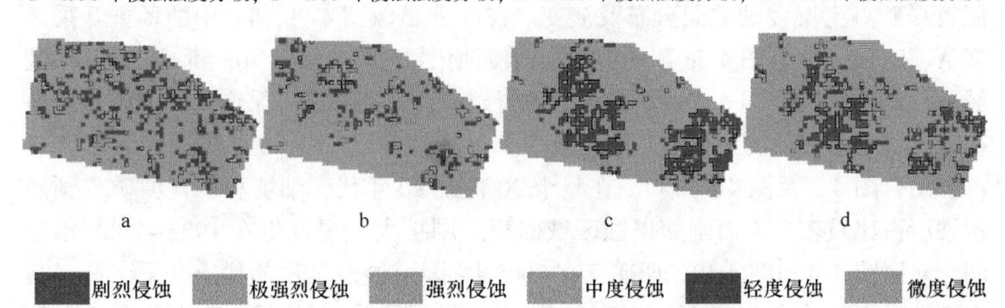

图 4-8 坳背塘稀土矿点土壤侵蚀强度分级图

a—1990 年侵蚀强度分级；b—1999 年侵蚀强度分级；c—2008 年侵蚀强度分级；d—2013 年侵蚀强度分级

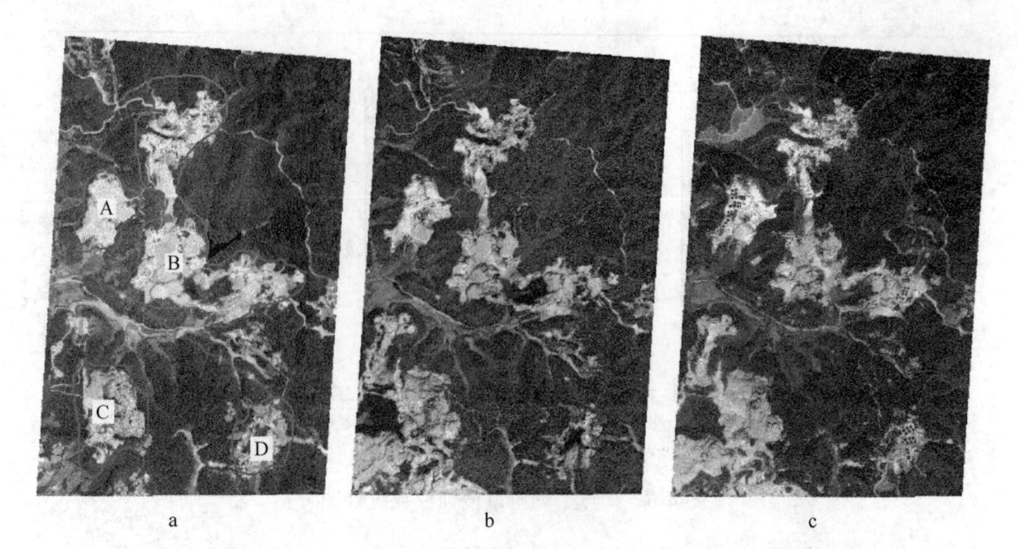

图 4-9　细坑稀土矿点高分影像图

a—2005 年矿点影像图；b— 2009 年矿点影像图；c— 2013 年矿点影像图

图 4-10　坳背塘稀土矿点高分影像图

a—2005 年高分影像；b—2009 年高分影像；c—2013 年高分影像

由于 2009 年、2013 年高分影像与对应的 2008 年和 2013 年土壤侵蚀强度分级图时相接近，有很好的对应关系，所以可以根据高分影像上矿点的开采状况对照解释矿点土壤侵蚀空间分布及演变。在高分影像图 4-9b 和 c 中的稀土开采区域 A、B、C、D 与图 4-7c 和 d 中的剧烈侵蚀位置对应，图 4-10b 和 c 中的开采区域 A、B 与图 4-8c 和 d 中的剧烈侵蚀位置对应，表明稀土开采产生的裸露地表是矿区土壤剧烈侵蚀的主要来源及区域。

结合图 4-7 及图 4-8 可知，在整个 20 世纪 90 年代，细坑和坳背塘矿点剧烈侵蚀所占比重较少，而剧烈侵蚀区域面积急剧扩大主要发生在 1999～2008 年期间，对照图 4-9 和图 4-10，两矿点在 2005 年采用池浸/堆浸的稀土开采工艺，其中细坑矿点甚至到 2009 年仍然有部分池浸/堆浸开采，只是到 2013 年两矿点全部实现原地浸矿工艺。在 2008～2013 年期间，两矿点仍然在继续开采，但由于开采工艺已经逐步改变为原地浸矿工艺，剧烈侵蚀面积没有明显的进一步扩大趋势，处于较为稳定状态，但在原地浸矿点周边，出现了较多的轻度及以上侵蚀像元，说明原地浸矿工艺相对于池浸/堆浸法，不剖开地表植被，能够在一定程度上解决矿点的剧烈侵蚀问题，但由于导致矿点周边植被退化，仍不避免对土壤侵蚀造成影响。

从图 4-9 及图 4-10 可以看出，在 2009～2013 年期间，坳背塘矿点在 A、B 区域均采取了一定的复垦措施，而细坑稀土矿点在 2005～2013 年间，没有采取任何人工复垦措施，主要依赖植被的自然恢复。对照图 4-7 和图 4-8，表明在人工复垦情况下，坳背塘矿点土壤侵蚀状况得到明显改善，较大面积的剧烈侵蚀程度降低，而细坑矿点无明显改善，说明依靠植被自然恢复改善矿点土壤侵蚀状况存在较大问题，矿点的水土流失治理是一个长期的艰巨的工程。

4.5　矿区土地荒漠化时空演变特征

4.5.1　矿区土地荒漠化制图及变化分析

根据表 4-5 中得到的各种类型荒漠化的 *DDI* 值，对 1990 年、1999 年、2008 年、2010 年、2013 年、2016 年六期荒漠化图像进行分级如图 4-11 所示，对各年度的数据进行相关的统计分析，得到矿区不同年份不同类型荒漠化面积如表 4-14 所示。

结合图 4-11 和表 4-14 可知，从 1990～2016 年，荒漠化土地面积呈波动变化，在 2008 年达到最大值。轻度荒漠化主要集中在矿区中的稀疏林地，面积变化剧烈，且从图 4-11 可以看出，其空间分布在不同年份也呈现较大差异，反映出矿区生态环境的不稳定性；重度和极重度荒漠化主要集中在矿点裸露地表及周

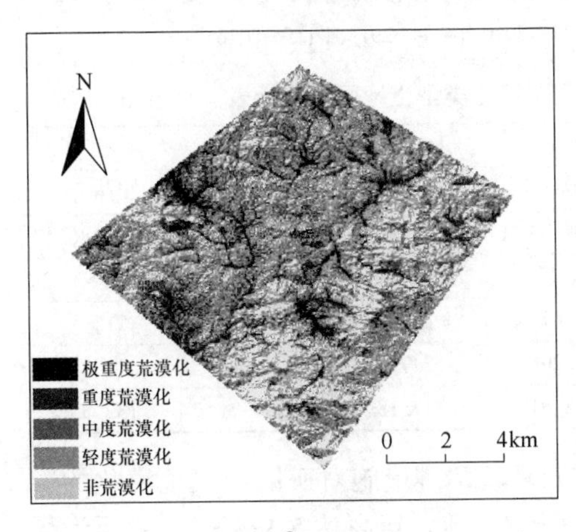

a

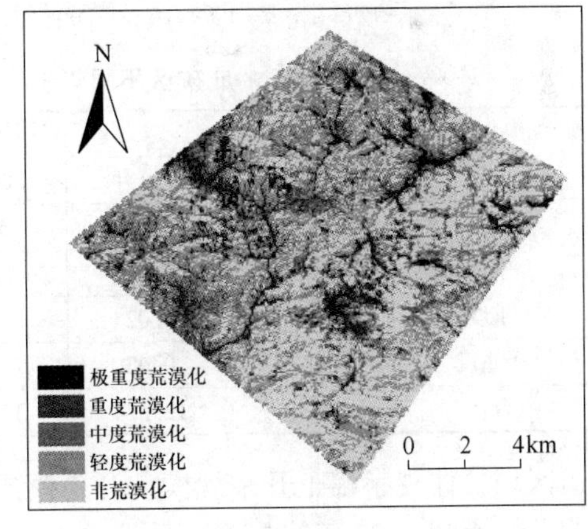

b

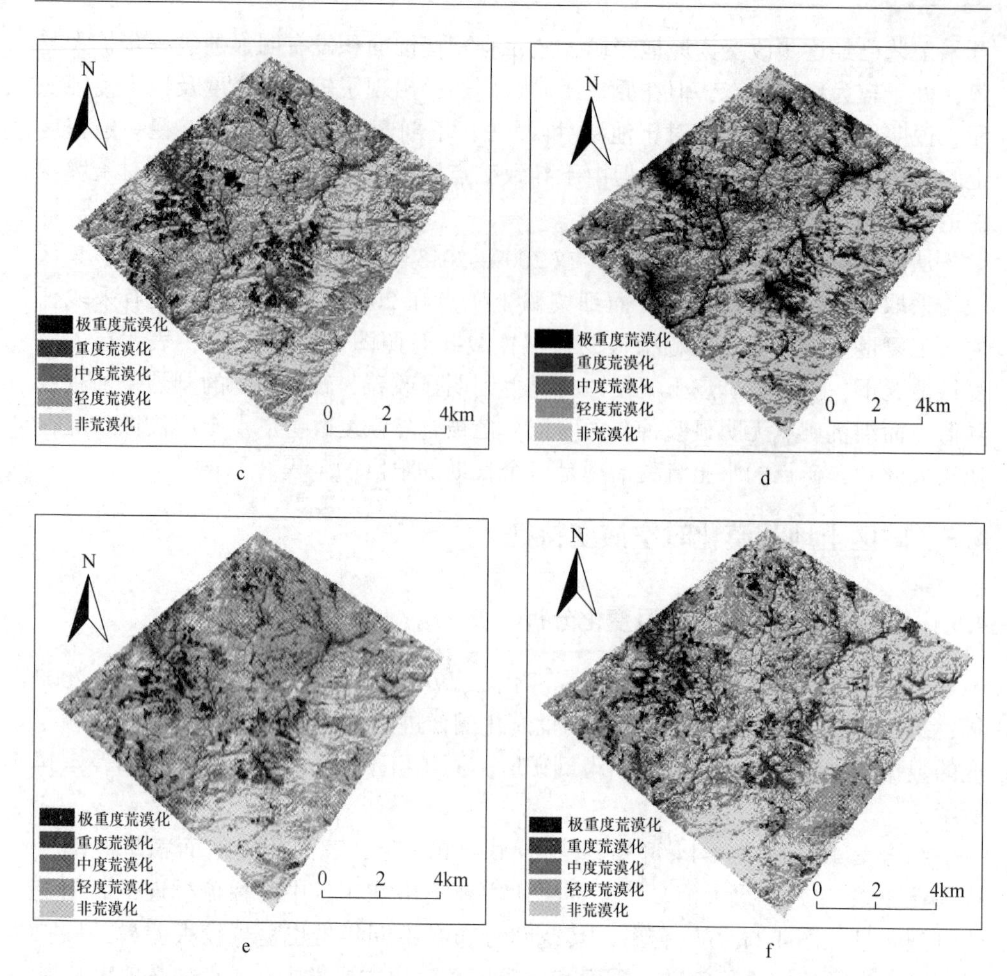

图 4-11 27 年岭北稀土矿区荒漠化土地分级图

a—1990 年；b—1999 年；c—2008 年；d—2010 年；e—2013 年；f—2016 年

表 4-14 岭北矿区不同年份不同荒漠化类型土地面积统计表 (km²)

荒漠化土地类型	面积					
	1990 年	1999 年	2008 年	2010 年	2013 年	2016 年
轻度	84.97	120.52	161.54	97.38	91.01	111.86
中度	12.99	7.01	11.02	14.56	9.69	17.52
重度	1.18	1.02	2.67	2.45	2.16	2.17
极重度	0.27	0.68	3.29	2.79	1.84	1.01
合计	99.4	129.24	178.51	117.18	104.7	132.55

边区域，体现了稀土开采规模、开采模式及环境治理措施对矿区地表荒漠化的影响，其面积在 27 年间先增大后减少，总面积在 2008 年高达 5.96km²，主要为稀土价格的持续上涨导致稀土规模持续扩大，大量池浸/堆浸开采方式导致矿点及

周边区域出现大量裸露地表，且以矿点采场为中心，集中连片分布，产生了极其严重的荒漠化问题。在2010年，由于当地政府对矿区生态环境治理力度加大，并且全面采用了不直接破坏地表植被的原地浸矿开采工艺，重度和极重度荒漠化面积有所减少，矿区严重荒漠化问题得到一定程度遏制；中度荒漠化区域主要集中在矿区农田及果园，该区域面积在2013年后急剧扩大，一定程度上体现了原地浸泡规模扩大后对矿区地表荒漠化所产生影响。

4.5.2 矿区荒漠化对比分析

对1990年，1999年，2008年，2016年土地荒漠化图进行空间叠加，得到矿区不同时段内各类荒漠化土地内部变化动态，如图4-12所示，矿区荒漠化土地

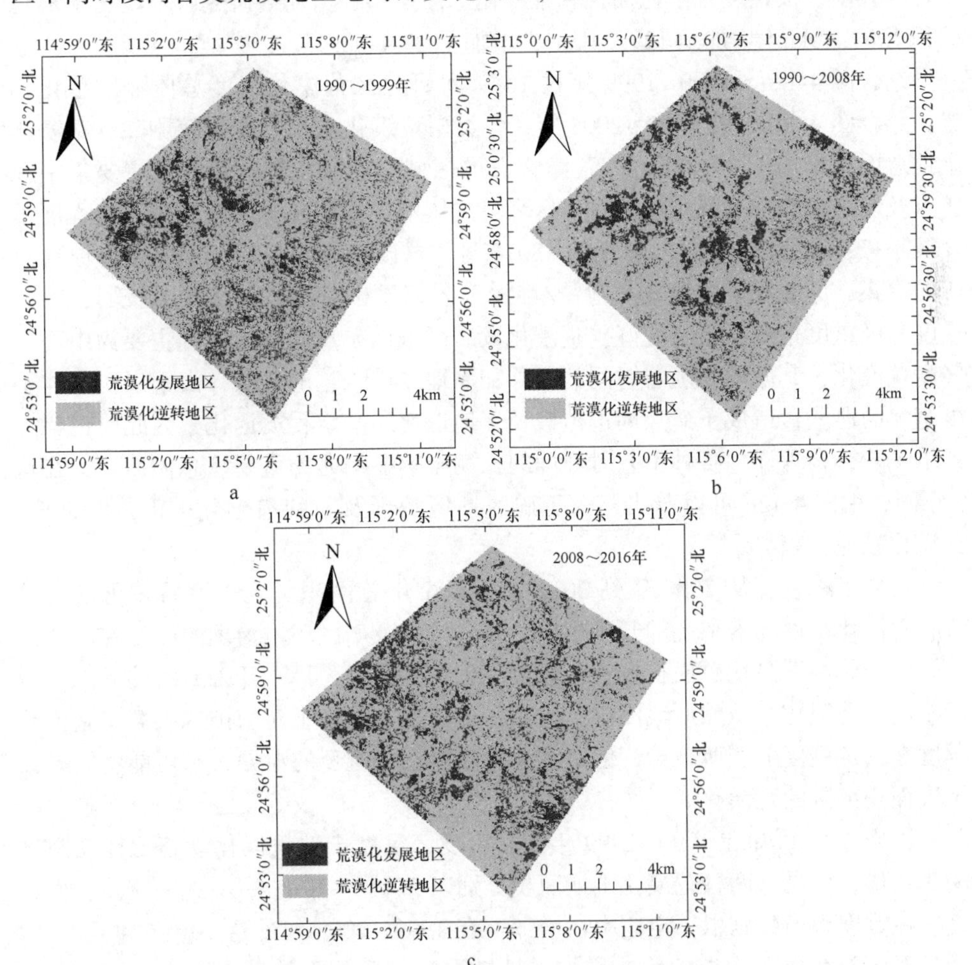

图4-12 荒漠化土地逆转和发展区分布图

a—1990～1999年；b—1999～2008年；c—2008～2016年

总的发展趋势可以从不同类型荒漠化土地面积总量的变化反映出来。根据式(4-12)，算出岭北稀土矿区4种不同类型荒漠化土地动态度，如表4-15所列。

表4-15 岭北矿区1990~2016年荒漠化动态度表 (%·年)

荒漠化土地类型	轻度	中度	重度	极重度
1990~1999年动态度*K*	4.649	-5.112	-1.486	17.246
1999~2008年动态度*K*	3.782	6.337	17.907	42.524
2008~2016年动态度*K*	-3.844	7.385	-2.331	-8.684

结合表4-15及图4-12，在1990~1999年，除中度和重度荒漠化面积有所减少外，轻度、极重度荒漠化面积和荒漠化总面积均在增加，研究区荒漠化土地总面积由99.40km^{2}增加至129.24km^2，增加了29.83km^2。

结合图4-12a，1990~1999年这10年间研究区荒漠化程度总体上呈恶化趋势；结合图4-12b，在1999~2008年，各类型荒漠化面积均变化较剧烈，荒漠化土地总面积增加了49.26km^2，荒漠化发展区域呈现集中连片趋势，主要集中在矿点及周边，体现为稀土开采对矿区环境的影响，这十年里研究区荒漠化程度呈发展趋势；结合图4-12c，在2008~2016年，这段期间采矿的开采主要为原地浸矿的模式，原地浸矿的模式与池浸/堆浸工艺相比，对植被破坏相对较弱，因此重度和极重度荒漠化情况变好，荒漠化发展区域向矿点周边扩散，主要为中度及轻度荒漠化，其原因为随着时间的推移和原地浸矿工艺的普及，由于浸矿液体不可避免的泄漏，造成了矿点周边植被及土地退化的一定程度退化，因此改进稀土开采工艺，合理评估各种工艺对环境的长期影响显得尤为重要。总体而言，在这9年间，由图4-12c可以看出，由于矿区环境治理及新的稀土开采工艺的推广，荒漠化呈逆转趋势。

总体上来说，从1990年到2016年，荒漠化总面积呈现先增后减再增的趋势，荒漠化程度随着稀土的开采规模、开采技术及矿区环境治理的改变在不断变化。整个矿区荒漠化总面积较大，而荒漠化主要原因为稀土开采导致的局部区域严重的土地退化，虽然原地浸矿工艺在一定程度上降低了对植被的破坏，荒漠化程度在一定程度上有所减少，但由于浸矿液体不可避免的泄漏，有可能将会导致更大面积范围的荒漠化。

由表4-15可知在1990~1999年间，中度、重度土地荒漠化动态土地动态度均为负值，可见这两种荒漠化土地面积分别以5.112%和1.486%速率减小，而轻度、极重度荒漠化则以一定速率在增加；在1999~2008年的这10年时间里，四种类型土地荒漠化动态度均在增加，且极重度荒漠化土地动态度高达42.52%，表明了极重度荒漠化土地在这个时期增加的速率最快，这与这段时期稀土矿的开采和传统的堆浸开采方式有紧密的关系，且该段时间开采规模在持续扩大；2008~

2016年的9年里，除重度荒漠化土地的动态度在增长，其他类型荒漠化土地动态度都在减少。总体上来说，虽然各个时期各种类型荒漠化土地变化动态度各不相同，但由于对矿区环境治理的重视，研究区荒漠化往好的趋势发展，但局部重度及极重度荒漠化仍然非常严重，矿区环境治理刻不容缓。

4.5.3　典型矿点荒漠化过程分析

为了研究典型矿点的荒漠化过程，选择岭北矿区具有代表性的陈坳下矿点，该矿点在2000年设立，2007年稀土矿产量56.389t，2013年与木子山，老虎坑稀土矿点整合为木子山稀土矿点。本章采用该矿点2000年设立矿点时的边界范围作为矿点区域，结合该矿点1999年、2008年、2013年、2016年四景土地荒漠化分级图和相邻时相的Quickbird高空间分辨率遥感影像作为对照影像，对矿点荒漠化过程进行分析。其中，陈坳下矿点的土地荒漠化分级图如图4-13所示，对应的高分影像如图4-14所示。

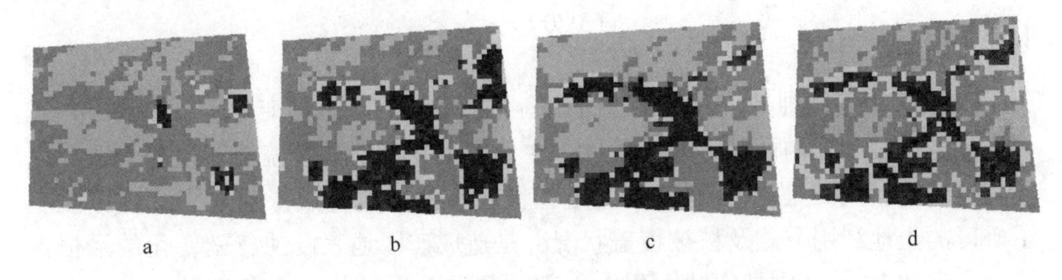

图4-13　陈坳下稀土矿点土地荒漠化 *DDI* 分级图

a—1999年；b—2008年；c—2013年；d—2016年

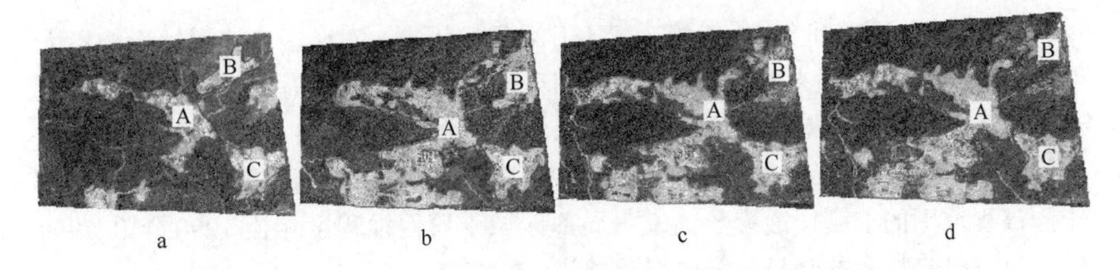

图4-14　陈坳下稀土矿点高分遥感影像

a—2005年；b—2009年；c—2013年；d—2015年

由于2009年、2013年、2015年高空间分辨率的Quickbird遥感影像与对应的2008年、2013年、2016年土矿点地荒漠化 *DDI* 分级图时相将近，有很好的对应关系，所以可以根据高分影像上矿点的开采状况对照解释矿点荒漠化的空间分布及演变。分析高分影像图4-14b、c、d中的稀土开采区域A、B、C，发现其与图4-13b、c和d对应位置的极重度荒漠化、重度荒漠化区域在空间分布上高度吻合，进一步表明稀土开采产生的裸露地表是矿区土地重度及极重度荒漠化的主要来源区域。结合图 4-14 的高分影像可知，陈坳下稀土矿点在 2005 年及以前主要采用的堆浸方式开采，2009 年以后主要采用原地浸矿工艺进行开采，矿点裸露地表主要产生在 1999~2008 年的 9 年间，采用原地浸矿工艺以后，矿点裸露地表面积无明显进一步扩大，而与之对应的重度及极重度荒漠化也得到一定程度遏制；由高分影像可以看出，该矿点在 2005~2015 年间，矿区复垦区植被的恢复并不理想，其主要依赖于稀土矿点的自然恢复，对照图 4-13 可知，在自然恢复下，矿点重度荒漠化区域面积有一定程度减少，部分极重度荒漠化区域逐渐恢复为重度和重度荒漠化区域，但自然恢复时间缓慢，部分区域在长达 10 年时间，仍然为裸露地表，自然恢复困难。在 2013~2016 年间，中度及轻度荒漠化区域进一步扩大，主要为原地浸矿规模的扩大，造成了周边植被和土地退化，尽管不会导致大面积重度和极重度荒漠化，但使得中度和轻度荒漠化有扩大趋势，需要引起注意。

4.6　本章小结

（1）除微度侵蚀外，其余侵蚀等级所占面积均有较大的变化。自 1999 年后，矿区土壤侵蚀状况向两极化方向发展，主要原因在于植被覆盖的变化及土地利用方式的变化，尤其是池浸/堆浸工艺将植被茂密的山地变成裸露地表，直接改变了矿区的土地利用方式及植被覆盖状况，是造成矿区地表侵蚀急剧变化的最根本原因。在 2013 年，剧烈侵蚀面积由于部分复垦，侵蚀状况有所好转，但仍然有 55.31%的剧烈侵蚀区域侵蚀状况没有根本好转，说明矿区局部环境问题需要引起重视。

（2）在整个 20 世纪 90 年代，稀土开采规模较小，对矿区土壤侵蚀影响不太明显，该阶段主要是人类农耕活动对矿区土壤侵蚀产生绝对影响，1999 年后，对矿区土壤侵蚀起绝对影响的为稀土开采活动。在 2008 年和 2013 年，尽管总体侵蚀面积相对 1990 年和 1999 年大幅减少，但平均侵蚀模数远超 1990 年和 1999 年同高程范围的土壤侵蚀模数，说明局部区域土壤侵蚀程度相比 1990 年和 1999 年，有进一步加剧的趋势，需要引起关注。

（3）矿点核心区是矿区土壤侵蚀最为严重的区域，在总体矿区侵蚀情况面相好转的情况下，随着矿点规模持续扩大，矿点区的土壤侵蚀有加剧趋势。1999 年后，由于原地浸泡矿工艺的逐渐普及，另外矿区复垦积极推进，稀土开采对周边环境的影响逐渐减弱，但原地浸矿工艺，有可能在更大范围上对矿点周边土壤侵蚀造成影响。

（4）岭北矿区荒漠化土地的面积和速率在持续变化，但总体上呈逆转趋势。1990~2008 年荒漠化土地总面积持续增加，荒漠化程度也有不同程度加剧，而在

2013年荒漠化总面积和各种类型荒漠化面积均有大幅度减少，在2016年除极重度荒漠化土地面积有所减少，其他类型荒漠化土地面积均有所增加，主要原因为原地浸矿工艺的开展，在一定程度上遏制了重度和极重度荒漠化，但有可能导致更大范围的中度和轻度荒漠化，需要引起注意。

（5）从典型矿点荒漠化过程分析中可知，稀土开采产生的裸露地表是矿区土地严重荒漠化的主要来源区域，稀土矿点重度及极重度荒漠化区域，依靠自然恢复较为困难，需要采取积极的矿区环境治理措施。原地浸矿周边出现大面积中度及轻度荒漠化现象，需要进一步分析原地浸矿工艺对矿区荒漠化造成的长期影响。

5 矿区热环境遥感监测

离子型稀土矿开采扰动不仅造成矿区景观及生态环境退化，而且稀土开采产生的尾砂还导致矿区大面积土地沙化和矿区地表温度变异，与其他类型矿区开采扰动有显著差异。本章以岭北稀土矿区作为研究区域，以 Landsat 系列卫星影像作为主要数据源，分别运用 Artis 算法、单通道算法、单窗算法、辐射传输方程四种算法反演矿区地表温度。对比分析四种算法反演稀土矿区地物地表温度的可分离性和精确性，选择出最佳的离子型稀土矿区温度反演算法；分析比对温度差异指数、植被指数与矿区地表生态扰动的响应关系，构建矿区地表生态扰动指示性因子及扰动的关系模型，对矿区多时空的地表生态扰动开展分析。

5.1 矿区热环境与地表温度

离子吸附型稀土开采活动极大地改变了矿区下垫面结构，其土壤湿度、植被指数、热学特征等变化是导致矿区地物的地表温度发生分异的原因。因此，提出温度差异指数，对于离子吸附型稀土矿区地物的地表温度分异现象，该指数能够体现在植被损毁、地形地貌景观破坏、土地荒漠化等共同作用下离子型稀土矿区的扰动特征，其有望成为分析离子型稀土矿区地表生态扰动的一种实用方法。首先根据热红外遥感影像反演出矿区的地表温度，然后利用能够反映温度差异程度的温度差异指数构建离子型稀土矿区地表生态扰动监测模型，最后据此研究离子吸附性稀土矿区的地表生态扰动，其可为遥感监测离子吸附型稀土矿区的扰动及治理环境给予科学的理论依据和技术支撑。

露天采矿活动侵占大量土地资源，破坏大量地表植被，使生态环境受到污染破坏，扰动矿区生态。植被指数（*NDVI*）被视为矿区生态的指示性因子，其通常用于监测矿区扰动状况。部分学者对此展开研究，如王藏姣（2017）等对大柳塔煤矿区植被动态特征研究表明，矿区各种类型区的植被发生扰动时间较为集中，且其扰动持续的时间少于恢复时间。同时，煤矿区植被一般滞后响应矿区扰动；贾铎（2016）等对草原露天矿区 *NDVI* 时间序列分析表明，煤矿开采扰动区域植被指数具有较为明显的下降趋势，同时该煤矿区的植被突发性损伤主要来源于矿井建设；李晶（2015）等基于26年*NDVI*数据研究阿巴拉契亚煤田区土地损毁及复垦过程特征，结果表明该露天开采扰动面积约为采矿权范围的二分之一，这种基于长时间序列的方法可较好体现矿区扰动的空间异质性；白宇（2017）等对冀城矿区地表植被指数时空变化研究表明，矿区开采导致盆地沉陷，形成台阶等扰动，使扰动区域植被指数降低；杨亚莉（2016）等指出煤矿开采扰动是矿区地表植被指数变化的主要原因，使矿区植被受到损害；陶文旷（2016）等对神东矿区植被扰动的响应时间特征研究表明，煤矿开采扰动对于矿区的植被指数有负面作用。

另外，在采矿区开采活动改变了矿区下垫面特征，引起的地表生态扰动在温度上也显示为异常。一些学者对此展开研究，如：邱文玮（2013）等结合徐州九里煤矿区25年间Landsat TM影像，分析煤矿区地表温度和该矿区的生态扰动两者间的响应关系，研究表明由于采煤活动及复垦工作开展，致使该矿区在开采扰动前、后两个过程的地表温度呈现出较大变化的时空演化。该矿区开采导致的下垫面土壤结构发生变化进而直接影响其地表温度，而生态扰动区植被改变其原有的生长状况，该煤矿区的地表温度也间接受到影响；张寅玲（2014）等开展对平朔煤矿的探讨，结果表明挖采、压占等强烈采矿扰动作用下，给矿区带来植被破坏、土壤结构改变、地表形态变化、热环境效应加剧等生态扰动现象，其中生态扰动强度及区域制约着矿区地表温度的空间分布格局；李恒凯（2017）等对稀土矿区温度分异的原因展开研究，结果表明在开采离子吸附型稀土的过程中其对该研究区的生态环境扰动作用，最终导致该矿区产生较为明显的地表温度分异现象。

植被指数通常被用来监测矿区的地表生态扰动状况，而矿区的地表温度差异也能反映矿区的地表生态扰动状况，可作为矿区扰动监测因子。但离子型稀土矿具有其自身特殊的开采工艺及成矿方式，基于植被指数、地表温度差异监测稀土矿区地表生态扰动状况，其实际成效还有待研究和探索。针对离子型稀土不同开采模式导致的矿区地表生态扰动问题，矿区地表热异常在分析矿区扰动特征上具有一定潜力，同时，也为稀土矿区环境的治理与恢复提供方法支撑，具有一定的理论和实际价值。由于矿区尺度较小及稀土矿区特殊的开采模式，选择最适宜稀土矿区的温度反演算法以及构建矿区地表生态扰动监测模型是稀土矿区扰动辨识的核心技术，目前已有的相关科研工作为本章给予了一定的理论依据。

5.2　数据获取与处理

5.2.1　数据来源

本章所涉及的数据主要有：1991年、2000年、2009年、2014年四景Landsat

系列影像数据、MODIS 温度产品数据和气象站收集数据、2009 年 Google Earth 历史高分影像。其中，上述四景 Landsat 系列卫星遥感影像来源于地理空间数据云平台（http://www.gscloud.cn），在美国地质调查局平台（http://glovis.usgs.gov/），可获得 MODIS 温度产品数据。

稀土矿区一般在夏季拥有最强的太阳热辐射，但由于该研究区在该时节受到多云、多雨等气候性影响，导致在该季节能够符合要求的遥感影像数量极为有限。但在秋季时节，该区域的热辐射较强，在上述四个年份该季节的遥感影像在卫星国境成像时天空无云，天气晴朗，对于稀土矿区的地表温度能较为真实地反映。矿区不同地物的比热容各有差异，在同一强度的热辐射强度下，矿区地物间的地表温度产生差异。Landsat TM 遥感影像仅含有波段 6 这一个热红外波段，而 Landsat 8 遥感影像有波段 10 和波段 11 这两个热红外波段。美国地质调查局研究发现，Landsat 8 遥感影像的热红外波段 11 有不稳定性定标问题，相比于该波段，另一个热红外波段 10 具有更高的大气透过率特点，因此采用该波段反演地表温度更为适合（胡德勇，2015）。该四景 Landsat 系列遥感影像数据如表 5-1 所示。

选定 2009 年 10 月 26 日空间分辨率为 1km 的 MOD11_ L2 温度产品作为校验数据，其主要由 MODIS 传感器辐射产品、云掩膜产品、雪产品等综合形成。上述四个年份影像当天的相对湿度等气象数据是来源于岭北镇气象站点，其作为计算矿区地表温度的基础性数据。2009 年空间分辨率为 0.5m 的 Google Earth 历史高分遥感数据主要被用于解译在中等分辨率遥感图像上实验选择样本点所对应矿区位置上的地物类别。

表 5-1　研究区卫星数据参数

数据采集时间	卫星标识	传感器标识	轨道号	热红外分辨率	云量
1991 年 10 月 9 日	Landsat-5	TM	121/43	120m	0
2000 年 9 月 15 日	Landsat-5	TM	121/43	120m	0
2009 年 10 月 26 日	Landsat-5	TM	121/43	120m	0.12
2014 年 10 月 8 日	Landsat-8	OLI	121/43	100m	3.14

5.2.2　数据预处理

5.2.2.1　几何校正

遥感影像在成像过程中受到传感器自身特点产生的系统性几何形变，这种形变具有规律性和可预测特点，可采用传感器模型进行校正。非系统性的几何形变不规律，造成该形变的原因有受到地形海拔高低的起伏的改变、大气折射率的改变、地球曲率以及卫星传感器平台接收信号时自身姿态的不平稳等。因此，对遥感影像的几何校正主要是通过传感器模型、地面控制点以及几何校正模型来校正系统性、非系统性原因所产生的误差，涉及的主要步骤有控制点选择与输入、控制点预测与误差计算、几何校正计算模型选择、遥感影像的重采样与插值计算。

几何校正最为关键部分是选定地面控制点，要求地面控制点属于影像上具有较为明显地物识别标志，且在需要校正的影像时间内该标志不发生变化。同时，要求采样点均匀分布并达到一定数量。首先选择 2009 年 Landsat TM 影像为基准影像，其余影像为参考影像，选择地面控制点并进行几何校正，选定二次多项式作为几何校正的计算模型，运用双线性内插法对影像重新采样，保留原始图像的几何结构，然后插值计算亮度值，并确保校准的精度控制在半个像元内。

5.2.2.2 辐射定标

遥感影像通常是运用数字量化值（*DN*，无量纲）进行记录，当需要定量分析以及应用时间不同、区域及传感器类型相异的遥感数据时，需通过辐射定标将无量纲的 *DN* 值通过运算转换为对应像元的辐射亮度、表观反射率、亮度温度等物理参数。对遥感影像进行辐射定标作为定量遥感的必要步骤，对其定标的精度基本上制约着遥感影像的实际可使用特征（黄绍霖，2014）。对 Landsat 系列遥感数据的热红外通道进行辐射定标处理，可依据其遥感数据头文件提供的辐射定标参数将传感器记录的 *DN* 值计算并转换为绝对辐射亮度值，同时，其可去除由 Landsat 系列传感器本身所形成的误差。转换公式如下：

$$L_\lambda = M_L \times DN + A_L \tag{5-1}$$

式中，M_L、A_L 这两个参数均称为辐射定标的参数，其记录于 Landsat 系列遥感影像元数据的头文件中，在进行辐射定标时可直接从其中获取相应数据；L_λ 为 Landsat 系列遥感影像的热红外通道辐射亮度值，L_λ、M_L、A_L 三个参数的单位均为 $W/(m^2 \cdot sr \cdot \mu m)$。

5.2.2.3 大气校正

大气中的臭氧、二氧化碳、氧气、水蒸气等影响地物的反射，而大气分子及气溶胶的散射作用也会不同程度上影响地物的反射，由卫星传感器所有接收到的辐射能量包括地物自身的反射，大气、气溶胶等综合作用所产生能量，依据传感器接收的辐射能量来获取定量遥感参数则其精度往往有限。因此，消除大气、气溶胶等干扰性作用而仅仅得到地物本身的真实反射率、地表温度、辐射率等参数，需要开展大气校正工作。分别对四景 Landsat 系列影像进行大气校正，获得地物自身的辐射情况，从而通过温度反演方法获取更为精确的地表温度。

5.2.2.4 亮度温度

结合遥感影像热红外通道提供的几个定标系数，对遥感影像数字量化值辐射定标处理，可将该热红外通道像元所记录的 *DN* 值直接计算转换为绝对辐射亮度值，然后依据普朗克定律可以计算出星上像元的亮度温度（*BT*），公式如下：

$$T_{BT} = K_2/\ln(K_1/L_\lambda + 1) \tag{5-2}$$

式中，L_λ 为 Landsat 系列遥感影像热红外通道经过辐射定标后计算转换的绝对辐射亮度值。K_1 和 K_2 均属于 Landsat 系列卫星在发射前所预设的数值，这两个参数可直接从 Landsat 系列遥感影像中元数据的头文件获得，其中 Landsat TM 发射前预设值为：$K_1 = 607.76 W/(m^2 \cdot sr \cdot \mu m)$，$K_2 = 1260.56K$；Landsat TIR 波段 10 发射前预设值为：$K_1 = 774.89 W/(m^2 \cdot sr \cdot \mu m)$，$K_2 = 1321.08K$。$T_{BT}$ 为在 Landsat 系列卫星高度上所获得的影像像元亮度温度，K。

5.2.2.5　影像裁剪

依据实测岭北稀土矿边界上具有代表性的若干个地面点地理坐标，创建矿区矢量边界，然后据此对该四景 Landsat 系列遥感影像通过裁剪以及掩膜处理从而准确获得岭北稀土矿区的遥感影像。

5.3　地表温度反演算法对比分析

5.3.1　温度反演算法

5.3.1.1　辐射传输方程

辐射传输方程（radiative transfer equation，RTE），其亦可称之为大气校正法，是结合热红外遥感影像数据通过计算而获得研究区域地表温度一种算法。该方法通过预计地物地表热辐射在经过大气传输时所产生的辐射作用，将该部分从卫星传感器中所记录的所有辐射量中去除，从而获得真实地物的热辐射量。假设地物及大气的热辐射在所有方向上均具有均匀反射特征，然后利用该方法将地物的真实热辐射亮度计算出同温度下黑体辐射亮度。最后，结合普朗克定理及同温度下的黑体辐射亮度与地物真实温度两者之间的函数关系，可获取研究区域地物的地表温度（Chen F，2014）。公式如下：

$$L_\lambda = [\varepsilon B(T_L) + (1 - \varepsilon) L^{atm\downarrow}]\tau + L^{atm\uparrow} \tag{5-3}$$

式中，T_L 为离子型稀土矿区的地表温度，K；ε 为离子吸附型稀土矿区地物的地表比辐射率（无量纲）；τ 为稀土矿区的大气透过率（无量纲）；L_λ 为 Landsat 系列卫星所接收到热红外通道的辐射亮度值；$L^{atm\uparrow}$、$L^{atm\downarrow}$、$B(T_L)$ 分别为经过大气层后的稀土矿区地表真实的辐射亮度、大气向下辐射到达地面后再次反射的辐射亮度、同温度下黑体辐射亮度值（$W/(m^2 \cdot sr \cdot \mu m)$）。

离子型稀土矿区地表真实温度 T_L 由 Plank 定律计算可得，公式如下：

$$T_L = K_2/\ln[K_1/B(T_L) + 1] \tag{5-4}$$

式中，K_1 和 K_2 均属于在 Landsat 系列卫星发射前所预设的数值，这两个参数可直接从 Landsat 系列遥感影像数据中的元数据头文件获取。

辐射传输方程计算离子吸附型稀土矿区地表温度的流程如图 5-1 所示。

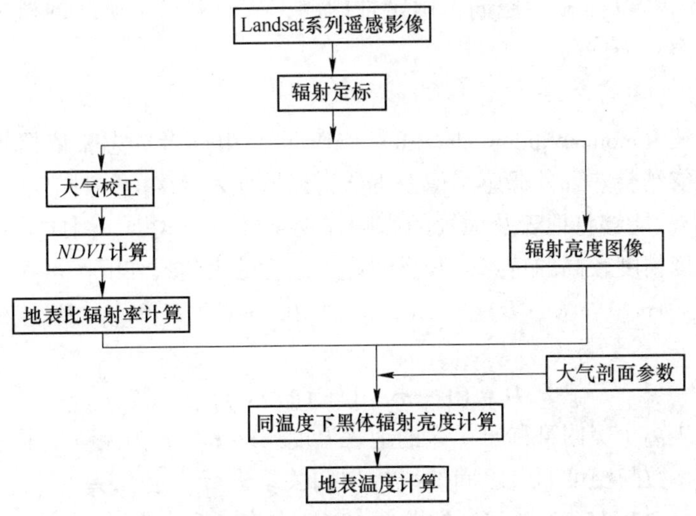

图 5-1 基于辐射传输方程的离子吸附型稀土矿区地表温度流程图

综合式（5-3）、式（5-4）、流程图 5-1 可知，由该算法获取矿区的地表温度需要涉及 2 类参数：离子吸附型稀土矿区大气剖面参数以及离子吸附型稀土矿区地表比辐射率。其中，该稀土矿区的三个大气剖面参数 $L^{atm\downarrow}$、$L^{atm\uparrow}$、τ 均可通过使用 NASA 官网开发的一种参数计算器（http：//atmcorr. gsfc. nasa. gov/）直接获得，其主要依靠针对中等分辨率影像的美国 MODTRAN 辐射传输代码获取矿区大气透过率、经过大气层后的稀土矿区地表真实的辐射亮度、大气向下辐射到达地面后再次反射的辐射亮度，相比于法国 6S 模型，该参数计算器输入参数较少，操作简单，但该参数计算器只能获得 2000 年 1 月份之后的大气剖面参数（韩亮，2016）。

离子吸附型稀土矿区的地表比辐射率可通过植被指数的阈值计算方法而获得，计算公式如下：

$$\varepsilon = 0.004P_V + 0.986 \tag{5-5}$$

式中，P_V 为矿区植被覆盖度，有关于该参数的获得可依据像元二分法，公式如下：

$$P_v = (NDVI - NDVI_{Soil})/(NDVI_{Veg} - NDVI_{Soil}) \tag{5-6}$$

式中，参数 $NDVI_{Veg}$ 为稀土矿区该像元都属于植物（纯净植被像元）的归一化植被指数值；$NDVI_{Soil}$ 为矿区该像元都属于裸土或该像元完全无植物（纯净裸土像元）的归一化植被指数值，该两个参数计算首先通过提取纯净裸土、植被像元，然后记录对应纯净像元归一化植被指数值，最后对离子吸附型稀土矿区的纯净裸土像元、矿区纯净植被像元的平均归一化植被指数值分别统计，并将其代入上述公式中从而可获得稀土矿区的植被覆盖度（李恒凯，2014）。该计算方法有效解决 $NDVI_{Veg}$、$NDVI_{Soil}$ 取值空间不确定性问题，从而对稀土矿区的植被覆盖度准确度进行了有效地提高。

5.3.1.2　单窗算法

单窗算法（mono-Window algorithm，MW）是由学者覃志豪依据辐射传输方程推算所能够结合热红外遥感影像获得研究区域地表温度的一种方法（Qin Z H，2001），该方法能够将地表及大气的影响体现于推导公式中，因此其具有方便计算、反演温度精度较高的特点。其反演地表温度的表达式如下：

$$T_L = \{m(1 - C - D) + [n(1 - C - D) + C + D]T_{BT} - DT_a\}/C \tag{5-7}$$

$$C = \varepsilon\tau \tag{5-8}$$

$$D = (1 - \tau)[1 + (1 - \varepsilon)\tau] \tag{5-9}$$

式中，T_L 代表离子吸附型稀土矿区的地表温度，K；m 、n 为无量纲的常数，其数值依据温度参数与温度两者之间的线性回归关系进行确定（龚绍琦，2015），当地表温度处于 268.15~318.15K 的取值范围时，依据线性回归关系求算获得，m 取值为-62.360、n 取值为 0.4395；C 、D 均为无量纲的中间变量；ε 为稀土矿区的地表比辐射率；τ 为稀土矿区的大气透过率；T_{BT} 为在 Landsat 系列卫星高度上所获得的影像像元亮度温度，K；T_a 为大气平均作用温度，K。

单窗算法计算离子吸附型稀土矿区地表温度的流程如图 5-2 所示。

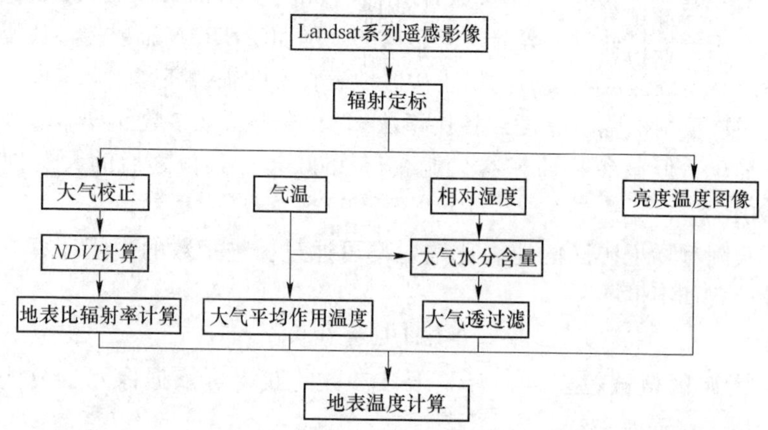

图 5-2　基于单窗算法的离子吸附型稀土矿区地表温度流程图

由图 5-2 可知，单窗算法获取离子型稀土矿区的地表温度主要涉及 3 个参数，分别为稀土矿区大气平均作用温度、稀土矿区地表比辐射率以及稀土矿区大气透过率。

A　矿区大气平均作用温度的计算

矿区大气平均作用温度 T_a 与矿区地面邻近气温 T_0(K) 具有线性关系，其具体表述如下：

$$T_a = 16.0110 + 0.92621T_0 \text{（北纬 45°，夏季）} \tag{5-10}$$

$$T_a = 19.2704 + 0.91118T_0 \text{（北纬 45°，冬季）} \tag{5-11}$$

$$T_a = 17.9769 + 0.91715T_0 \text{（北纬 15°，年平均）} \tag{5-12}$$

式中，T_0 一般为地面上空 2m 处，该数据可从岭北镇气象站获取。综合考虑岭北矿区热红外遥感影像成像时间以及地理位置，选择依据式（5-10）计算稀土矿区的大气平均作用温度 T_a。

B 矿区大气透过率的计算

离子吸附型稀土矿区大气透过率与矿区大气水汽含量 $\omega(\mathrm{g/cm^2})$ 具有线性函数关系（张成才，2013），其关系如表 5-2 所示，离子吸附型稀土矿区大气透过率可依据其与矿区大气水汽含量的线性函数关系进行求算。

表 5-2 离子吸附型稀土矿区大气透过率估算函数表

大气剖面	大气水汽含量	大气透过率估算函数	R^2
高气温	0.4~1.6	$\tau = 0.974290 - 0.08007\omega$	0.99611
	1.6~3.0	$\tau = 1.031412 - 0.11536\omega$	0.99827
低气温	0.4~1.6	$\tau = 0.982007 - 0.09611\omega$	0.99463
	1.6~3.0	$\tau = 1.053710 - 0.14142\omega$	0.99899

通过分析岭北镇气象站点记录大气剖面气温数据，所选择遥感影像的岭北矿区均为高气温，所以对于矿区大气透射率计算可根据大气含量，选择依据表 5-2 中高气温相应的稀土矿区大气透过率估算函数分别进行求算。

大气水分含量与地面附近气温、相对湿度均具有函数关系，可据此计算矿区大气水分含量。该函数关系表达如下：

$$\omega = 0.0981 \times \left[6.1078 \times 10^{\frac{7.5(T_0 - 273.15)}{T_0}}\right] \times RH + 0.1697 \tag{5-13}$$

式中，RH 是无量纲的相对湿度。气温 T_0、相对湿度 RH 等气象数据均来源于岭北镇气象站。

C 矿区地表比辐射率的计算

矿区地表比辐射率可依据式（5-5）和式（5-6）计算获得。

5.3.1.3 单通道算法

单通道算法（single channel algorithm，SC）是由学者 Jiménez-Muñoz、Sobrino（2003）共同提出的针对单个热红外通道的遥感影像计算研究区域地表温度的普适性方法，该方法较为简易，Jiménez-Muñoz（2014）等对于 Landsat 8 遥感影像数据所涉及的大气参数进行了进一步改良，该算法获取地表温度的表达式为：

$$T_L = \gamma\left[\varepsilon^{-1}(\varphi_1 L_\lambda + \varphi_2) + \varphi_3\right] + \delta \tag{5-14}$$

$$\gamma = \left[\frac{c_2 L_\lambda}{T_{BT}^2}\left(\frac{\lambda_L^4}{c_1}L_\lambda + \frac{1}{\lambda_L}\right)\right]^{-1} \tag{5-15}$$

$$\delta = -\gamma L_\lambda + T_{BT} \tag{5-16}$$

式中，T_L 为离子吸附型稀土矿区的地表温度/K；L_λ 为 Landsat 系列卫星所接收到热红外通道的辐射亮度值，W/(m^2 · sr · μm)；ε 为无量纲的离子吸附型稀土矿区地表比辐射；T_{BT} 为在 Landsat 系列卫星高度上所获得的影像像元亮度温度，K；λ_L 为离子吸附型稀土矿区热红外通道的中心波长，其中 Landsat TM 影像中热红外通道 6 的中心波长 λ_L 为 11.435μm，而 Landsat OLI 影像热红外波段 10 的中心波长为 10.9μm；c_1 和 c_2 均属于普朗克辐射常数，其数值分别为 1.19104×10^8W · μm^4/(m^2 · sr)、14387.7μm · K；参数 φ_1、φ_2、φ_3、φ_4、φ_5、φ_6 均为大气水汽含量 ω 的函数，g/cm^2，其中，参数 φ_4、φ_5、φ_6 与大气水汽含量的非线性函数关系属于对 Landsat 8 遥感影像所进行的改进（徐涵秋，2015），计算公式为：

$$\varphi_1 = 0.14714\omega^2 - 0.15583\omega + 1.1234 \tag{5-17}$$

$$\varphi_2 = -1.1836\omega^2 - 0.37607\omega - 0.52894 \tag{5-18}$$

$$\varphi_3 = -0.04554\omega^2 + 1.8719\omega - 0.39071 \tag{5-19}$$

$$\varphi_4 = 0.04019\omega^2 + 0.02916\omega + 1.01523 \tag{5-20}$$

$$\varphi_5 = -0.38333\omega^2 - 1.50294\omega + 0.20321 \tag{5-21}$$

$$\varphi_6 = 0.00918\omega^2 + 1.36072\omega - 0.27514 \tag{5-22}$$

式中，γ、φ_1、φ_2、φ_3、φ_4、φ_5、φ_6、δ 均为中间变量。

单通道算法计算离子吸附型稀土矿区地表温度的流程如图 5-3 所示。

由图 5-3 可知，单通道算法计算离子稀土矿区地表温度主要涉及 2 个参数，分别为离子稀土矿区大气水汽含量、离子稀土矿区地表比辐射率。离子稀土矿区水汽含量可依据式（5-13）进行计算，而离子稀土矿区地表比辐射率可借鉴式（5-5）和式（5-6）进行计算。

5.3.1.4　Artis 算法

Artis 算法（Artis D A，1982）是由学者 Artis 和 Carnahan 共同提出的一种可以采用单个热红外通道计算地表温度的方法，该方法假定研究区的大气对于地物热辐射无明显影响，仅对地表比辐射率进行校正，结合研究区域地物的亮度温度求解出该区域的地表温度。该方法所涉及的参数较少，计算简单方便，目前该算法获得较为广泛应用。该算法求解地表温度的表达式为：

$$T_L = \frac{T_{BT}}{1 + (\lambda T_{BT}/\rho)\ln\varepsilon} \tag{5-23}$$

式中，T_L 为离子型稀土矿区的地表温度，K；T_{BT} 为在 Landsat 系列卫星高度上所

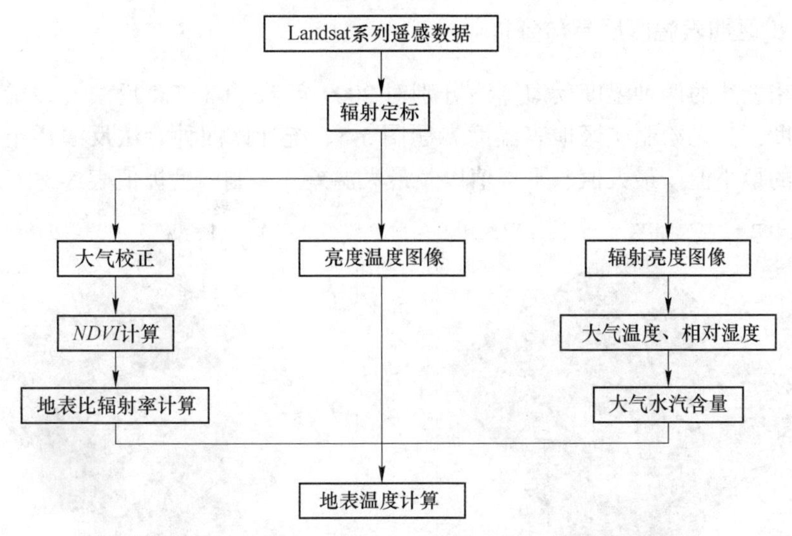

图 5-3　基于单通道算法的离子吸附型稀土矿区地表温度流程图

获得的影像像元亮度温度，K；λ 为 Landsat 系列遥感影像用于计算离子吸附型稀土矿区地表温度的热红外通道有效波长，μm，其中 Landsat TM 与 OLI 遥感数据中计算稀土矿区地表温度热红外通道的中心波长 λ 分别取值为 11.435μm、10.9μm。$\rho = hc/\delta = 1.439\times10^{-2}$ m · K、$\delta = 1.38\times10^{-23}$ J/K，该两个参数都是玻耳兹曼常数。其中普朗克常数 h 为 6.626×10^{-34} J · s，参数 c 为光速，一般取值为 2.998×10^{8} m/s；ε 为无量纲的稀土矿区地表比辐射率。

运用 Artis 算法计算离子吸附型稀土矿区地表温度的流程如图 5-4 所示。

结合图 5-4 可知，Artis 算法获取离子吸附型稀土矿区的地表温度仅涉及 1 个参数，矿区地表比辐射率该参数可借鉴式（5-5）和式（5-6）进行计算。

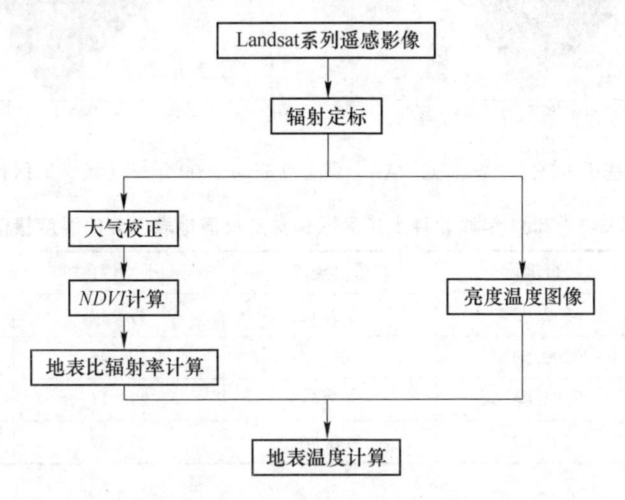

图 5-4　基于 Artis 算法的离子吸附型稀土矿区地表温度流程图

5.3.2　矿区地表温度反演与分析

运用上述的四种温度反演算法分别对 2009 年 Landsat TM 反演岭北稀土矿区地表温度，分别绘制矿区地表温度专题图 5-5。统计该四种算法反演稀土矿区地表温度的最小值、最大值、平均值以及最大温差并绘制温度极值表 5-3。

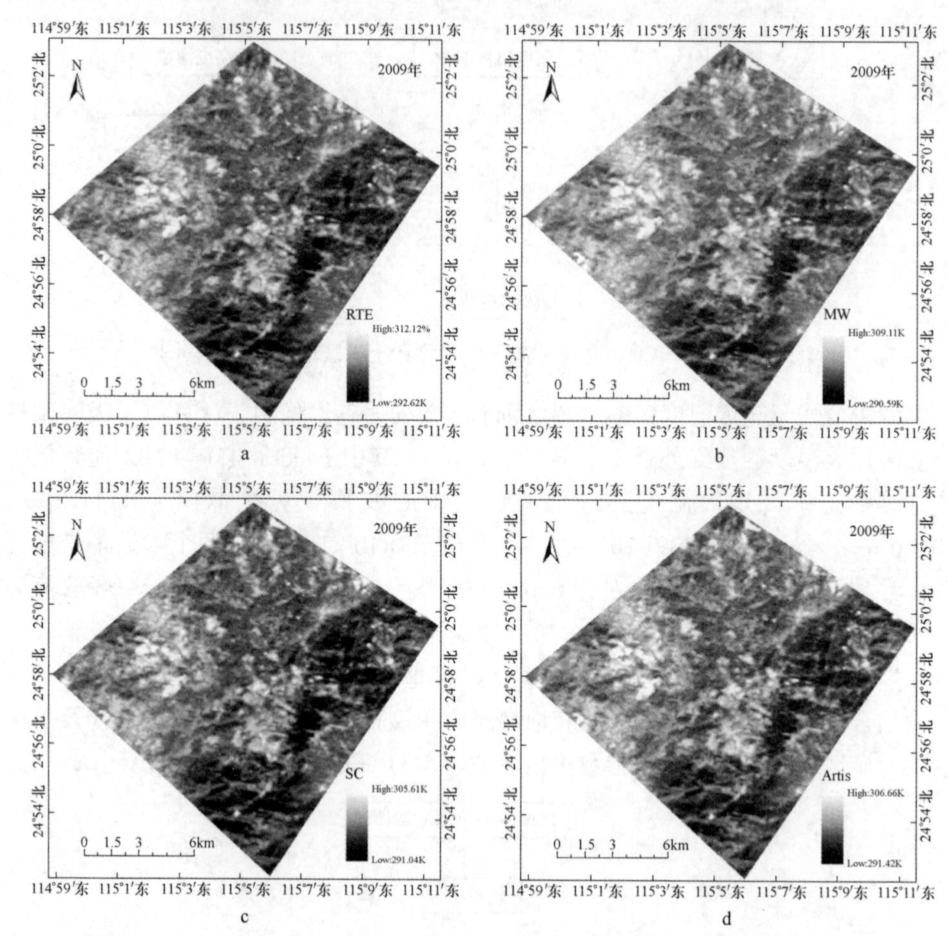

图 5-5　基于 RTE、MW、SC、Artis 算法反演的 2009 年岭北稀土矿区地表温度

表 5-3　2009 年岭北稀土矿区四种算法反演地表温度的温度极值　　（K）

反演算法	最低温度	最高温度	平均温度	最大温差
RTE	292. 62	312. 12	298. 12	19. 50
MW	290. 59	309. 11	296. 45	18. 52
SC	291. 04	305. 61	295. 11	14. 57
Artis	291. 02	306. 66	295. 87	15. 64

结合表 5-3 和图 5-5 可知，运用上述四种算法反演的稀土矿区地表温度存在不同程度上的分异。由辐射传输方程计算的矿区地表温度的最低温度、最高温度、平均温度及最大温差均高于其余三种算法，而由单通道算法与 Artis 算法计算的四个温度极值均较为接近。上述四种算法反演的稀土矿区地表温度的最大温差均较大，分别为 19.50K、18.52K、14.57K、15.64K。将图 5-5 中四种算法反演的地表温度与 2009 年矿区真彩色遥感影像比对，说明矿区地物间的地表温度分异明显。

5.3.3 矿区地表温度空间分布

由于上节中四种反演算法获得的矿区地表温度的最大值、最小值各不相同，不能有效地分析矿区地表温度的空间分布，仅从整体上分析了离子吸附型稀土矿区四种算法获得的地表温度的极值。为分析离子吸附型稀土矿区地表温度的空间分布，借鉴阈值提取法（谭琨，2014）将该稀土矿区地表温度分为四个等级，其分别为：高温、中温、常温、低温。

依据上述划分的四个温度等级，分析由上述四种算法计算获得的 2009 年岭北矿区地表温度的空间分布情况。将 2009 年 Landsat TM 遥感影像结合式（5-2）求算出稀土矿区卫星高度上所记录的亮度温度。然后统计亮度温度与上述四种算法反演 2009 年矿区地表温度的最低温度、最高温度、平均温度、标准差等，绘制表 5-4。温度分等级是由以下阈值：低温≤平均温度，平均温度<常温的阈值≤（平均温度+标准差），（平均温度+标准差）<中温（平均温度+标准差×2）；高温≥（平均温度+标准差×2）。

表 5-4 2009 年四种算法反演矿区地表温度及亮度温度数据统计 （K）

温度	最低温度	最高温度	平均温度	标准差	平均温度+标准差	平均温度+标准差×2
RTE_ LST	292.62	312.12	298.12	2.03	300.15	302.18
MW_ LST	290.59	309.11	296.45	2.09	298.54	300.63
SC_ LST	291.04	305.61	295.11	1.50	296.61	298.11
Artis_ LST	291.02	306.66	295.87	1.78	297.65	299.43
BT	290.03	305.61	295.10	1.73	296.83	298.56

注：RTE_ LST 代表运用辐射传输方程所获得的离子吸附型稀土矿区地表温度；MW_ LST 代表运用单窗算法所获得的离子吸附型稀土矿区地表温度；SC_ LST 代表运用单通道算法所获得的离子吸附型稀土矿区地表温度；Artis_ LST 代表运用 Artis 算法所获得的离子吸附型稀土矿区地表温度。

结合表 5-4 提供的地表温度阈值，将地表温度划分等级并分别绘制不同算法的稀土矿区四种温度等级分布图，如图 5-6 所示。

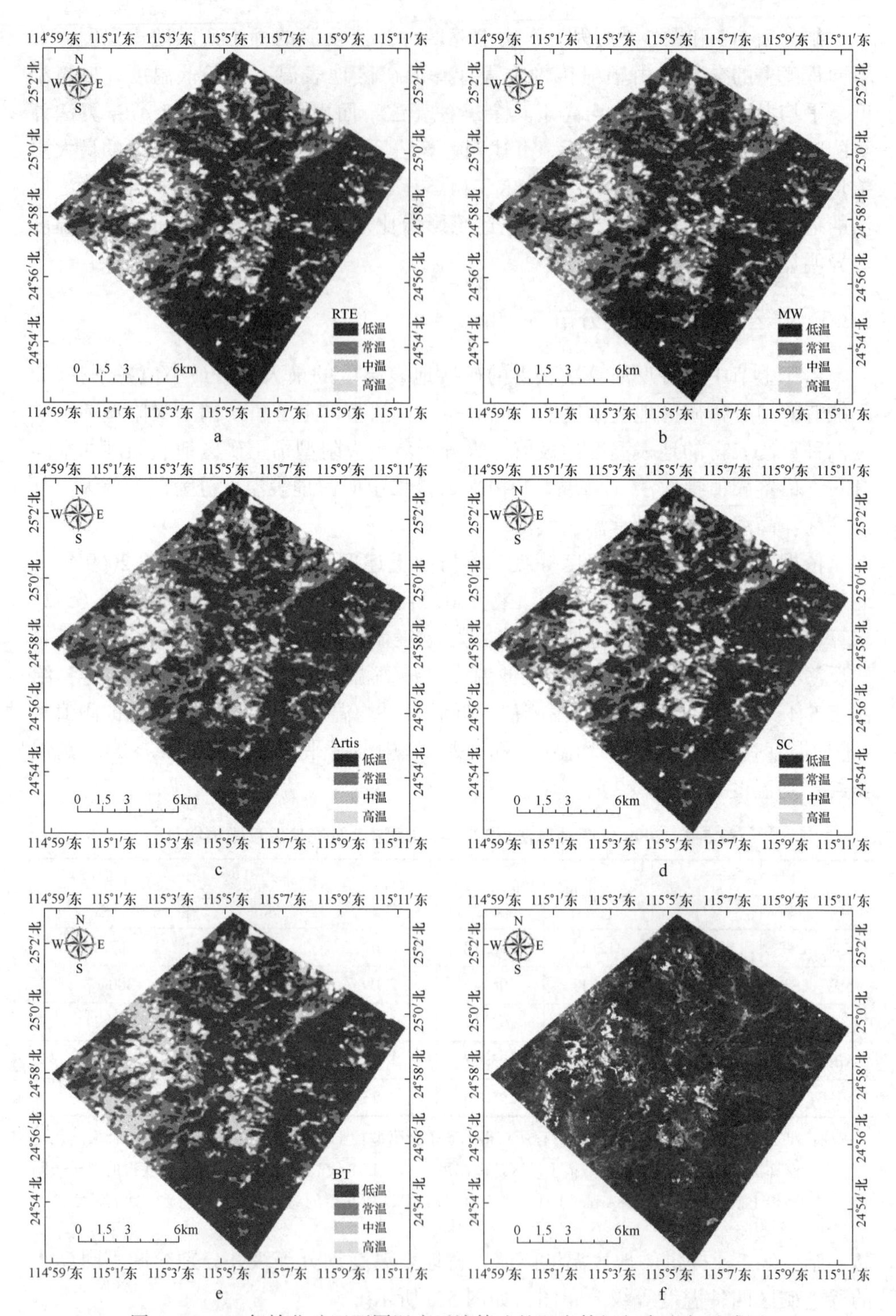

图 5-6　2009 年岭北矿区不同温度反演算法的温度等级与真彩色遥感图

结合表5-5和图5-6可知，Artis算法、单通道算法、辐射传输方程及单窗算法获得的离子型稀土矿区地表温度以及其亮度温度的四种温度等级在空间分布上总体上大致相似，但从局部上分析可知，不同算法间计算所获得的离子吸附型稀土矿区地表温度分布存在分异现象。

表5-5 2009年四种温度反演矿区地表温度及亮度温度四类温度等级像元统计（个）

温度	像元数				中温与高温等级的像元数	总像元数	中温与高温等级的像元百分比/%
	低温	常温	中温	高温			
RTE_ LST	139724	64071	24642	9058	33700	237495	14.19
MW_ LST	138509	69698	23640	5648	29288	237495	12.33
SC_ LST	143017	60778	23790	9910	33700	237495	14.19
Artis_ LST	137170	70548	24004	5773	29777	237495	12.54
BT	143021	60774	29600	4100	33700	237495	14.19

矿区亮度温度与上述四种算法反演的矿区地表温度的低温温度级别像元数量较为接近，而常温、中温、高温三个等级像元数量各有差异。其中，以常温温度等级的像元数相差最大，常温温度等级的像元数差别最大的来源Artis算法矿区地表温度与亮度温度，Artis算法反演矿区地表温度常温像元数比亮度温度多9774个，占总像元数的4.12%。

四种算法反演矿区地表温度及亮度温度的中温温度等级像元数相差个数为150~5960个，由四种算法计算离子吸附型稀土矿区地表温度及亮度温度的高温温度等级像元数相差个数为125~5810个。从中温与高温等级像元个数总和的统计结果可知，不同算法反演矿区地表温度及亮度温度的中温温度与高温温度等级像元个数总和也存在差异，但辐射传输方程、单通道算法反演的温度及亮度温度其像元数总和相同，所占总像元百分比为14.19%，单窗算法与Artis算法反演矿区温度的中温与高温等级像元个数总和较为相近。

由图5-6可知，图5-6a~e中的中温、高温区域均对应着图5-6f中离子吸附型稀土矿区开采后的裸露地表以及其附近地物。为了准确解译不同温度等级区域所对应具体的稀土矿区地物类别，先配准2009年Google Earth历史高分遥感影像，再通过掩膜提取获得岭北稀土矿区的2009年Google Earth历史高分影像。结合该高分影像，对图5-6a~e中的四种温度等级区域进行解译。

依据解译结果，发现上述四种算法计算的离子吸附型稀土矿区地表温度和亮度温度的常温、低温区域主要对应着Google Earth高分遥感影像上的植被、复垦植被、果园等。而四种算法反演矿区地表温度和矿区亮度温度的中温、高温的矿区地表温度区域主要对应着Google Earth高分遥感影像上由开采离子吸附型稀土所产生的尾砂、原地浸矿植被、果园、农田，说明稀土开采活动以及人类活动导致了矿区的异常。高分遥感影像上的尾砂与上述算法反演地表温度中温、高温区域的空间位置分布大致吻合，且其主要处于高温区域。这是因为稀土尾砂其自身比热容较小，所有矿区地物接收同等强度的太阳辐射时，稀土尾砂温度升高较快，从而其与其余地物产生温度分异现象。

5.4 稀土矿区最佳地表温度反演算法选择

5.4.1 矿区地表温度可分离性分析

5.3 小节中运用 Artis 算法、单通道算法、单窗算法以及辐射传输方程四种温度反演方法及采用普朗克定理处理 2009 年热红外遥感影像，获得的四种算法矿区地表温度及矿区亮度温度，其空间分布均显示稀土矿区地物之间出现了不同程度的温度分异现象。基于此，通过研究离子吸附型稀土矿区地物的温度分异现象，来分析矿区扰动。可分离性指数能定量地对稀土矿区地物地表温度的可区分性进行辨别，反映矿区不同地物间温度的差异程度。因此对本节计算地表温度可区分性时引入该方法，通过计算不同类型地物地表温度间的几何距离，然后据此定量地对比分析不同类型地物的可区分性（李恒凯，2014）。

本节通过可分离性模型计算并对比分析 Artis 算法、单通道算法、辐射传输方程及单窗算法获得的 2009 年岭北稀土矿区地表温度的可分离性。其可分离性模型的构建过程如下：

首先假定岭北稀土矿区典型地物类型共有 j 类，则可定义矿区地表温度样本为：M_1，M_2，M_3，…，M_j，且 $M_j = \{x_k^j,\ k = 1,\ 2,\ 3,\ \cdots,\ N_j\}$。式中，$x_k^j$ 为离子吸附型稀土矿区第 j 类地物的第 k 个样本的地表温度，N_j 为离子吸附型稀土矿区第 j 类地物地表温度样本个数的总和。据此稀土矿区第 j 类地物类内样本地表温度的离差矩阵、稀土矿区地物类内样本地表温度的总离差矩阵可分别定义为：

$$I_{M_j} = \frac{1}{N_i}\sum_{k=1}^{N_j}(x_k^j - m^j)(x_k^j - m^j)^{\mathrm{T}} \tag{5-24}$$

式中，m^j 为离子型稀土矿区第 j 类地物样本地表温度的平均值。

$$I_{\mathrm{M}} = \sum_{j=1}^{j} P_j I_{M_j} \tag{5-25}$$

离子型稀土矿区地物类间样本地表温度的离差矩阵可定义为：

$$S_{\mathrm{M}} = \sum_{i=1}^{j} P_j(m^j - m)(m^j - m)^{\mathrm{T}} \tag{5-26}$$

$$P_j = \frac{N_j}{N},\ m = \sum_{j=1}^{j} P_j m^j \tag{5-27}$$

式中，I_M 为离子型稀土矿区地物类内地表温度的总离差矩阵；S_M 为该矿区地物类间样本地表温度的离差矩阵；N 为该稀土矿区地物类别所有地表温度样本个数的总和；m 为该稀土矿区所有地物类别样本地表温度的均值矢量。

可分离指数 SI 定义为：

$$SI = |S_M| / |I_M| \tag{5-28}$$

SI 值越大，则表明计算离子吸附型稀土矿区地物地表温度的分离性越理想。由该公式可知，当该稀土矿区地物类别内样本的地表温度越聚集，且不同地物类别之间样本地表温度越离散时，则不同类型地物间地表温度的可区分性就越高。

为更好地分析通过不同温度方法计算所获得离子吸附型稀土矿区地物地表温度的可分离性，选择以 Artis 算法、单通道算法、单窗算法以及辐射传输方程获得的 2009 年岭北矿区地表温度为采样数据，将上述四种算法反演的矿区地表温度图像与 2009 年经大气校正后真彩色遥感影像以地理链接的方式共采集地表温度样点 328 个。该离子吸附型稀土矿区所采样的地物总共有六类，分别为尾砂地、复垦地植被、植被、原地浸矿植被、农田、果园。

仅通过目视解译的方式区分及识别 Landsat 5 影像上的稀土矿区地物类别还是较难的，因此在选取样点的过程中，通过谷歌地球桥方法跳转到 Google Earth 高分遥感影像的方式，能提高地物识别精度。其中该离子吸附型稀土矿区所采样的六类地物数目分别为：60、31、60、56、60、61，统计不同算法计算的该矿区地表温度并绘制表 5-6。

表 5-6 四种算法反演的离子吸附型稀土矿区地表温度样点统计

ID	RTE	MW	SC	Artis	ID	RTE	MW	SC	Artis
1	299.40	297.65	295.97	296.95	14	302.83	300.72	298.55	299.55
2	303.40	301.23	298.98	299.98	15	302.27	300.21	298.12	299.12
3	302.83	300.72	298.55	299.55	16	302.27	300.21	298.12	299.12
4	302.27	300.21	298.12	299.12	17	302.83	300.72	298.55	299.55
5	305.08	302.73	300.25	301.26	18	302.83	300.72	298.55	299.55
6	303.96	301.73	299.40	300.41	19	302.27	300.21	298.12	299.12
7	303.40	301.23	298.98	299.98	20	301.13	299.19	297.26	298.26
8	303.40	301.23	298.98	299.98	21	301.13	299.19	297.26	298.26
9	303.40	301.23	298.98	299.98	22	300.55	298.68	296.83	297.82
10	303.96	301.73	299.40	300.41	23	300.55	298.68	296.83	297.82
11	303.96	301.73	299.40	300.41	24	301.13	299.19	297.26	298.26
12	302.83	300.72	298.55	299.55	25	301.13	299.19	297.26	298.26
13	303.96	301.73	299.40	300.41	26	300.55	298.68	296.83	297.82

续表 5-6

ID	RTE	MW	SC	Artis	ID	RTE	MW	SC	Artis
27	301. 13	299. 19	297. 26	298. 26	60	301. 70	299. 70	297. 69	299. 12
28	300. 55	298. 68	296. 83	297. 82	61	297. 52	295. 92	294. 65	298. 69
29	301. 13	299. 19	297. 26	298. 26	62	301. 56	299. 52	297. 69	298. 26
30	300. 55	298. 68	296. 83	297. 82	63	301. 57	299. 54	297. 69	298. 26
31	303. 40	301. 23	298. 98	299. 98	64	300. 94	298. 95	297. 26	298. 26
32	299. 40	297. 65	295. 97	296. 95	65	300. 95	298. 96	297. 26	297. 39
33	299. 98	298. 16	296. 40	297. 39	66	301. 59	299. 56	297. 69	298. 69
34	300. 55	298. 68	296. 83	297. 82	67	301. 63	299. 61	297. 69	298. 58
35	299. 40	297. 65	295. 97	296. 95	68	300. 95	298. 97	297. 26	298. 00
36	300. 55	298. 68	296. 83	297. 82	69	300. 97	298. 98	297. 26	298. 02
37	301. 13	299. 19	297. 26	298. 26	70	301. 61	299. 59	297. 69	298. 56
38	298. 81	297. 13	295. 53	296. 51	71	302. 16	300. 08	298. 12	298. 97
39	299. 40	297. 65	295. 97	296. 95	72	301. 57	299. 54	297. 69	298. 50
40	301. 13	299. 19	297. 26	298. 26	73	302. 17	300. 09	298. 12	298. 98
41	301. 70	299. 70	297. 69	298. 69	74	302. 13	300. 03	298. 12	298. 91
42	301. 13	299. 19	297. 26	298. 26	75	302. 14	300. 05	298. 12	298. 93
43	301. 13	299. 19	297. 26	298. 26	76	301. 11	299. 16	297. 26	298. 23
44	301. 13	299. 19	297. 26	298. 26	77	302. 76	300. 62	298. 55	299. 44
45	301. 70	299. 70	297. 69	298. 69	78	302. 73	300. 58	298. 55	299. 39
46	301. 70	299. 70	297. 69	298. 69	79	301. 59	299. 56	297. 69	298. 52
47	301. 70	299. 70	297. 69	298. 69	80	302. 13	300. 03	298. 12	298. 92
48	301. 70	299. 70	297. 69	298. 69	81	301. 57	299. 54	297. 69	298. 50
49	301. 13	299. 19	297. 26	298. 26	82	303. 34	301. 15	298. 98	299. 89
50	301. 13	299. 19	297. 26	298. 26	83	302. 71	300. 56	298. 55	299. 37
51	302. 27	300. 21	298. 12	299. 12	84	301. 07	299. 12	297. 26	298. 18
52	301. 70	299. 70	297. 69	298. 69	85	301. 59	299. 56	297. 69	298. 52
53	301. 13	299. 19	297. 26	298. 26	86	302. 13	300. 04	298. 12	298. 92
54	301. 13	299. 19	297. 26	298. 26	87	302. 70	300. 55	298. 55	299. 36
55	301. 13	299. 19	297. 26	298. 26	88	302. 12	300. 03	298. 12	298. 91
56	299. 98	298. 16	296. 40	297. 39	89	301. 53	299. 49	297. 69	298. 44
57	301. 70	299. 70	297. 69	298. 69	90	301. 04	299. 08	297. 26	298. 13
58	301. 70	299. 70	297. 69	298. 26	91	301. 05	299. 09	297. 26	298. 14
59	302. 27	300. 21	298. 12	298. 26	92	301. 64	299. 63	297. 69	298. 60

续表 5-6

ID	RTE	MW	SC	Artis	ID	RTE	MW	SC	Artis
93	301.59	299.56	297.69	298.52	170	300.51	298.62	296.83	297.75
94	301.60	299.58	297.69	298.55	171	301.08	299.13	297.26	297.19
95	302.18	300.10	298.12	298.99	172	300.49	298.60	296.83	297.73
96	302.21	300.14	298.12	299.04	173	300.49	298.59	296.83	297.72
97	301.64	299.62	297.69	298.60	174	300.51	298.62	296.83	297.75
98	302.20	300.12	298.12	299.02	175	299.91	298.08	296.40	297.29
99	301.57	299.54	297.69	298.50	176	301.11	299.18	297.26	297.24
100	300.96	298.98	297.26	298.01	177	300.49	298.59	296.83	297.72
101	302.77	300.64	298.55	299.46	178	299.91	298.08	296.40	297.29
102	302.78	300.65	298.55	299.48	179	298.70	296.98	295.53	296.34
103	302.79	300.66	298.55	299.48	180	299.92	298.09	296.40	297.30
104	302.79	300.67	298.55	299.49	181	299.94	298.11	296.40	297.33
105	302.78	300.65	298.55	299.47	182	299.93	298.11	296.40	297.32
106	302.17	300.09	298.12	298.98	183	300.51	298.63	296.83	297.76
151	302.83	300.72	298.55	299.55	184	299.32	297.55	295.97	296.83
152	301.70	299.70	297.69	298.69	185	300.51	298.62	296.83	297.75
153	302.83	300.71	298.55	299.54	186	300.50	298.61	296.83	297.75
154	303.40	301.23	298.98	299.98	187	300.49	298.60	296.83	297.74
155	303.39	301.22	298.98	299.97	188	300.49	298.60	296.83	297.73
156	301.08	299.13	297.26	298.19	189	302.79	300.66	298.55	299.48
157	301.70	299.70	297.69	298.69	190	303.36	301.18	298.98	299.93
158	301.09	299.14	297.26	298.20	191	303.32	301.13	298.98	299.87
159	301.70	299.70	297.69	298.69	192	303.93	301.70	299.40	300.37
160	303.39	301.22	298.98	299.97	193	301.08	299.14	297.26	298.19
161	303.39	301.21	298.98	298.97	194	303.89	301.65	299.40	300.31
162	301.67	299.67	297.69	298.65	195	301.06	299.11	297.26	298.16
163	301.09	299.14	297.26	298.20	196	302.75	300.62	298.55	299.43
164	301.05	299.09	297.26	298.14	197	302.22	300.14	298.12	299.04
165	301.06	299.10	297.26	298.16	198	303.37	301.19	298.98	299.94
166	301.09	299.15	297.26	298.21	199	300.52	298.63	296.83	297.77
167	301.10	299.15	297.26	297.21	200	300.47	298.57	296.83	297.69
168	301.08	299.13	297.26	297.19	201	301.64	299.62	297.69	298.60
169	301.07	299.12	297.26	297.17	202	302.20	300.12	298.12	299.02

续表 5-6

ID	RTE	MW	SC	Artis	ID	RTE	MW	SC	Artis
203	301.06	299.11	297.26	298.16	236	301.64	299.63	297.69	298.61
204	301.64	299.62	297.69	298.60	237	301.03	299.07	297.26	298.12
205	301.61	299.59	297.69	298.56	238	299.92	298.09	296.40	297.30
206	300.48	298.58	296.83	297.71	239	300.51	298.62	296.83	297.76
207	300.47	298.58	296.83	297.71	240	299.94	298.12	296.40	297.34
208	301.65	299.64	297.69	298.61	241	301.08	299.12	297.26	298.18
209	301.63	299.61	297.69	298.59	242	300.50	298.61	296.83	297.75
210	301.61	299.59	297.69	298.56	243	300.53	298.65	296.83	297.79
211	301.02	299.06	297.26	298.10	244	299.96	298.14	296.40	297.36
212	301.04	299.08	297.26	298.13	245	299.95	298.13	296.40	297.35
213	302.19	300.11	298.12	299.00	246	300.52	298.64	296.83	297.78
214	300.45	298.55	296.83	297.67	247	300.52	298.64	296.83	297.77
215	302.20	300.13	298.12	299.02	248	299.96	298.14	296.40	297.36
216	301.61	299.59	297.69	298.56	249	299.95	298.13	296.40	297.34
217	301.04	299.07	297.26	298.12	250	300.50	298.62	296.83	297.75
218	300.45	298.55	296.83	297.68	251	301.08	299.13	297.26	298.18
219	300.44	298.53	296.83	297.65	252	300.51	298.63	296.83	297.76
220	299.90	298.06	296.40	297.27	253	300.51	298.63	296.83	297.76
221	301.10	299.15	297.26	298.21	254	299.92	298.09	296.40	297.30
222	301.63	299.61	297.69	298.58	255	299.88	298.04	296.40	297.24
223	302.21	300.14	298.12	299.04	256	299.97	298.16	296.40	297.39
224	302.77	300.64	298.55	299.46	257	299.87	298.02	296.40	297.22
225	302.18	300.10	298.12	298.99	258	299.87	298.03	296.40	297.23
226	303.34	301.15	298.98	299.89	259	299.98	298.16	296.40	297.39
227	303.36	301.18	298.98	299.93	260	301.13	299.19	297.26	298.26
228	302.21	300.14	298.12	299.04	261	301.13	299.19	297.26	298.26
229	303.32	301.13	298.98	299.87	262	301.70	299.70	297.69	298.69
230	302.77	300.64	298.55	299.45	257	299.87	298.02	296.40	297.22
231	302.78	300.65	298.55	299.47	258	299.87	298.03	296.40	297.23
232	302.18	300.09	298.12	298.99	259	299.98	298.16	296.40	297.39
233	302.20	300.13	298.12	299.02	260	301.13	299.19	297.26	298.26
234	301.63	299.62	297.69	298.59	261	301.13	299.19	297.26	298.26
235	301.64	299.62	297.69	298.60	262	301.70	299.70	297.69	298.69

续表 5-6

ID	RTE	MW	SC	Artis	ID	RTE	MW	SC	Artis
263	301.11	299.18	297.26	298.24	296	295.12	293.78	292.88	293.61
264	301.08	299.13	297.26	298.19	297	298.09	296.43	295.09	295.85
265	300.55	298.68	296.83	297.82	298	295.11	293.77	292.88	293.59
266	301.06	299.11	297.26	298.16	299	295.10	293.76	292.88	293.59
267	301.13	299.19	297.26	298.26	300	295.10	293.76	292.88	293.59
268	297.64	296.08	294.65	295.62	301	295.11	293.78	292.88	293.60
269	298.05	296.38	295.09	295.80	302	296.89	295.34	294.21	294.92
270	295.71	294.30	293.33	294.05	303	296.28	294.80	293.77	294.46
271	295.09	293.75	292.88	293.57	304	296.29	294.81	293.77	294.47
272	296.90	295.36	294.21	294.95	305	295.70	294.29	293.33	294.03
273	296.87	295.33	294.21	294.90	306	296.28	294.80	293.77	294.46
274	297.47	295.85	294.65	295.35	307	294.49	293.22	292.43	293.12
275	295.71	294.30	293.33	294.05	308	295.11	293.77	292.88	293.60
276	297.47	295.86	294.65	295.36	309	295.69	294.28	293.33	294.02
277	296.88	295.34	294.21	294.92	310	295.69	294.28	293.33	294.02
278	295.10	293.76	292.88	293.58	311	296.29	294.81	293.77	294.47
279	296.29	294.82	293.77	294.48	312	296.29	294.81	293.77	294.47
280	298.06	296.39	295.09	295.81	313	295.69	294.28	293.33	294.03
281	297.48	295.87	294.65	295.37	314	295.69	294.28	293.33	294.02
282	299.23	297.43	295.97	296.70	315	295.69	294.28	293.33	294.01
283	299.21	297.41	295.97	296.67	316	298.63	296.89	295.53	296.23
284	298.64	296.90	295.53	296.24	317	296.29	294.81	293.77	294.47
285	297.47	295.86	294.65	295.36	318	297.47	295.86	294.65	295.36
286	295.10	293.75	292.88	293.58	319	294.49	293.22	292.43	293.12
287	295.10	293.76	292.88	293.58	320	295.70	294.29	293.33	295.03
288	295.09	293.75	292.88	293.57	321	295.69	294.28	293.33	294.01
289	295.09	293.75	292.88	293.57	322	295.69	294.28	293.33	295.02
290	295.10	293.76	292.88	293.59	323	295.69	294.28	293.33	295.02
291	295.09	293.75	292.88	293.57	324	295.69	294.28	293.33	296.02
292	295.09	293.75	292.88	293.57	325	295.09	293.75	292.88	296.57
293	295.10	293.75	292.88	293.58	326	297.46	295.85	294.65	295.35
294	295.11	293.77	292.88	293.59	327	297.46	295.85	294.65	296.35
295	295.10	293.76	292.88	293.58	328	296.31	294.84	293.77	296.51

注：编号 1~60 地物类别为尾砂地；编号 61~116 地物类别为稀土矿点周边植被（原地浸矿植被）；编号 117~177 地物类别为农田；编号 178~237 地物类别为果园；编号 238~268 地物类别为复垦植被；编号 269~328 地物类别为植被。

根据可分离性模型，选择表 5-6 中上述四种算法反演 2009 年 Landsat 5 热红外遥感影像提取的六类地物 1312 个矿区地表温度样本，通过 MATLAB 编程可运算得出 2009 年 Artis 算法、单通道算法、辐射传输方程及单窗算法反演获得的稀土矿区地物温度的可分离性指数。其中，基于辐射传输方程计算的离子型稀土矿区地物温度的可分离性指数 SIRTE 为 3. 45135；基于单窗算法计算的离子型稀土矿区地物温度的可分离性指数 SIMW 为 3. 48662；基于单通道算法计算的离子型稀土矿区地物温度的可分离性指数 SISC 为 3. 32477；基于 Artis 算法计算的离子型稀土矿区地物温度的可分离性指数 SIArtis 为 2. 83412。因此根据可分离性模型定义，对稀土矿区地物地表温度的可分离性排序为：由单窗算法计算的该稀土矿区地表温度可分离性最佳，辐射传输方程其次，单通道算法再次，Artis 算法计算的该稀土矿区地表温度可分离性最差。

5.4.2　矿区地表温度精确性分析

由 5. 3. 2 节可知，Artis 算法、单通道算法、单窗算法以及辐射传输方程所获取的离子吸附型稀土矿区地表温度存在不同程度上的分异，为进一步分析这四种算法所获取的矿区地表温度分异，将运用这四种算法反演的 2009 年矿区地表温度栅格数据两两相减，进行差值计算后分别统计极值，并绘制图 5-7，如下所示。

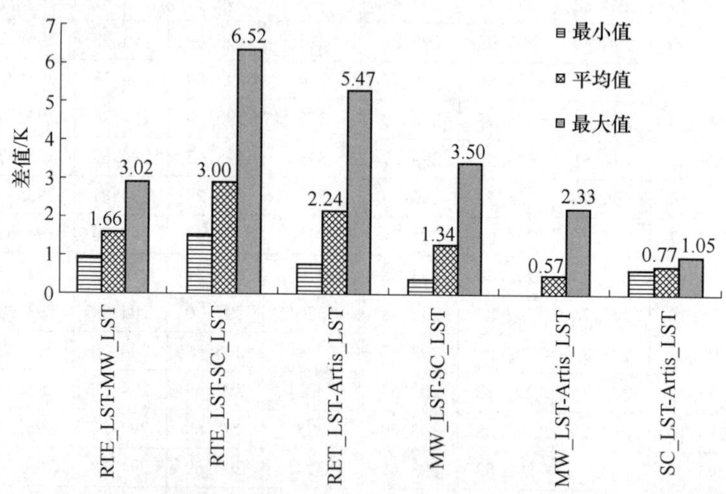

图 5-7　不同算法计算的离子吸附型稀土矿区地表温度差值运算后的极值直方图

结合图 5-7 分析可知，上述四种算法反演的 2009 年稀土矿区的地表温度再次表现出不同程度的差异。其中，以辐射传输方程和单通道算法计算的离子吸附型稀土矿区地表温度的差值平均值最大，达 3. 00K，同时，该两种算法温度差值的最大值为 6. 52K。差值运算后平均值稍小的为辐射传输方程与 Artis 算法，达 2. 24K，其温差的最大值为 5. 47K。差值运算后平均值再小的为辐射传输方程与单窗算法，达

1.66K，其温差的最大值为 3.02K。单通道算法与单窗算法计算的离子吸附型稀土矿区地表温度差值的平均值为 1.34K，而其温差的最大值为 3.50K。单通道算法与 Artis 算法获得的稀土矿区地表温度值较为接近，两种算法间的差值仅为 0.77K，而其温差的最大值仅为 1.05K。单窗算法与 Artis 算法计算的离子吸附型稀土矿区地表温度差值的平均值最为接近，为 0.57K，而其温差的最大值为 2.33K。

分析表 5-4 和图 5-7，统计并依据上述四种算法反演的矿区地表温度差平均值大小进行排序：辐射传输方程获得的离子吸附型稀土矿区平均温度最高，单窗算法其次，Artis 算法再次，单通道算法获得的离子吸附型稀土矿区平均温度最低，上述四种算法间离子吸附型稀土矿区地表温度差值的平均值在 0.57~3.00K，其温度差值的最大值在 1.05~6.52K。

为比较验证上述四种算法反演矿区地表温度的精确性，本节采用 2009 年 10 月 26 日 MODIS 温度产品-MOD11_ L2 数据对比分析上述四种算法所获得的离子型稀土矿区地表温度。首先采用 MODIS 插件 MRT 工具对 MOD11_ L2 数据进行重投影处理，然后以研究区矢量边界掩膜裁剪，从而可获得岭北稀土矿区的 MOD11_ L2 温度图像。由于该温度产品与根据 Landsat 5 遥感影像计算而获得的离子型稀土矿区地表温度图像的空间分辨率不同，因此对于上述四种算法所获得地表温度精确性的验证，仅从岭北矿区的平均温度这一角度出发，利用该温度产品分别来对比分析上述四种算法计算的离子吸附型稀土矿区地表温度的精确性。

对 MOD11_ L2 温度产品统计的岭北离子吸附型稀土矿区平均温度为 296.69K，而根据表 5-4 可知，2009 年 Artis 算法、单通道算法、单窗算法以及辐射传输方程所获得的平均矿区地表温度分别为：295.87K、295.11K、296.45K、298.12K。单窗算法与 Artis 算法计算的离子吸附型稀土矿区平均地表温度与统计的 MODIS 该矿区平均温度相差分别为 0.24K、0.82K，该两种算法所获得的离子吸附型稀土矿区地表温度精确性均比较高。

单通道算法反演的稀土矿区平均地表温度与统计的 MODIS 矿区平均温度差值最大，达 1.58K，精确性不理想。这是由于这种算法计算地表温度主要受大气水汽含量这一参数的制约，而采用该算法反演 2009 矿区地表温度所使用的气象数据如近地面气温、相对湿度等是来源于岭北镇气象站，以该站点所记录的气象数据替代为整个岭北离子吸附型稀土矿区，再利用式（5-13）估算出大气水汽含量。使用该代表着整个岭北离子吸附型稀土矿区的大气水汽含量代入单通道算法，最后引起计算的该稀土矿区地表温度出现了较大的偏差。

辐射传输方程反演的矿区平均温度与统计的 MODIS 矿区平均温度也相对较大，该数值为 1.43K。该较大误差主要是由于辐射传输方程对于离子吸附型稀土矿区的大气透过率、经过大气层后的稀土矿区地表真实的辐射亮度、大气向下辐射到达地面后再次反射的辐射亮度等大气剖面参数较为依赖，而准确获取该矿区大气剖面参数较为困难，本章中上述 3 种参数是通过 NASA 官网所给予的大气校正参数计算器计算获得，与准确真实的矿区大气剖面参数存在误差，从而导致了该算法反演的矿区地表温度精确性出现了较大的误差。

因此，根据 MOD11_L2 这一温度校验数据的对比分析可知，上述四种算法计算离子吸附型稀土矿区地表温度精确性排序为：单窗算法计算的离子吸附型稀土矿区地表温度精确性最高，Artis 算法其次，辐射传输方程再次，而由单通道算法计算的离子型稀土矿区地表温度精确性最差。

5.4.3 矿区最佳温度反演算法选择

本节分别对比分析了 Artis 算法、单通道算法、单窗算法以及辐射传输方程计算的 2009 年岭北离子吸附型稀土矿区地表温度的可分离性、精确性。其中，上述四种算法反演的该稀土矿区地物温度的可分离性排序为：单窗算法计算获得的该稀土矿区地物地表温度可分离性最佳，辐射传输方程其次，单通道算法再次，Artis 算法计算获得的该稀土矿区地表温度可分离性最差；上述四种算法计算的该稀土矿区地物温度的精确性排序为：单窗算法计算的该稀土矿区地表温度精确性最高，Artis 算法其次，辐射传输方程再次，而单通道算法计算的该稀土矿区地表温度精确性最差。

同时，辐射传输方程对于大气透过率、经过大气层后的稀土矿区地表真实的辐射亮度、大气向下辐射到达地面后再次反射的辐射亮度等大气剖面参数较为依赖，且由 NASA 提供的参数计算器计算该大气剖面参数只能在 2000 年 1 月份以前，即该算法反演离子型稀土矿区地表温度具有时间限制。因此，该算法反演的矿区地物地表温度的可分离性虽然较好，依然不选择该算法为最佳的矿区温度反演算法。

另外，Artis 算法反演的矿区地表温度精确性较高，但基于地物地表温度可分离性最差，因此 Artis 算法也不是最佳的矿区地表温度。单通道算法反演的矿区地物地表温度的可分离性和精确性均较差，并且该算法受大气水汽含量这一参数影响与制约，因此该算法也不能选定为最佳的反演稀土矿区地表温度算法。

综上所述，单窗算法能在确保矿区地表温度精确性的前提条件下，同时又使其在所有算法中所获得的矿区地物地表温度的可分离性最好，使其能更好地分析矿区地表生态扰动。因此，离子吸附型稀土矿区最佳地反演地表温度的算法选择为单窗算法。

5.5 稀土矿区地表生态扰动分析

5.5.1 温度差异指数计算与温度差异程度分级

依据小节 5. 3. 2 可知，运用单窗算法计算获得的稀土矿区地表温度的最高温度与最低温度相差为 18. 52K，说明该离子吸附型稀土矿区的地表温度存在不同程度上的分异。同时，综合图 5-6a~d 中的高温、中温、常温、低温分别对应着高分遥感影像上稀土矿区不同类型的地物，这反映了矿区不同类型地物的地表温度存在差异，据此可根据不同的地表温度较好地识别矿区地物类别，其为分析不同地物的矿区地表生态扰动提供了理论基础。

稀土矿区绝对地表温度能够反映不同类型的矿区地物温度，但对不同年份影像的不同类型矿区地物还是无法根据其地表温度来进行区分。由于不同年份影像在成像时的气象状况等因素并不相同，即使是同一类型的矿区地物在不同天气的气象状况下，其矿区的绝对温度也并不相同，此时稀土矿区的地表温度仅有相对意义。因此，引入温度差异指数，反映 1991 年、2000 年、2009 年、2014 年稀土矿区不同类型地物的地表温度分异情况。

温度差异指数在该岭北矿区具体表述为稀土矿区某一像元上的地表温度减去岭北矿区平均地表温度，获得的差值再与岭北矿区平均温度相除，所得到的数值即为该像元的温度差异指数。其定义如下式：

$$TDI = (T - T_{mean})/T_{mean} \tag{5-29}$$

式中，TDI 为稀土矿区温度差异指数，无量纲；T 为岭北稀土矿区某一像元的地表温度，K；T_{mean} 为岭北稀土矿区的平均地表温度，K。

岭北离子型稀土矿区的植被生长茂盛、区域生态情况较好，矿区开采活动给该区域带来了最激烈的地表生态扰动，影响该区域的生态环境。提出的温度差异指数一定程度上能反映该区域的地表生态扰动状况以及生态情况。为明确温度差异程度，借鉴尹杰等对武汉市城市热岛分区的研究（尹杰，2017），根据相似准则依次对温度差异指数进行差异程度的等级划分。同时，相异的温度差异程度等级对应相异的地表生态扰动级别以及生态状况，具体如表 5-7 所示。

表 5-7 岭北离子吸附型稀土矿区温度差异程度及地表生态扰动级别阈值划分表

温度差异指数	温度差异程度	地表生态扰动级别	生态评价
<0. 005	微弱	无	优
0. 005~0. 05	弱	弱	良
0. 05~0. 1	轻度	较弱	中
0. 1~0. 15	中度	较强	较差
0. 15~0. 2	较重	强	差
>0. 2	重度	极强	极差

5.5.2 扰动因子对比分析

选定单窗算法获取的 2009 年岭北稀土矿区地表温度为例，将其应用式（5-29）

计算稀土矿区的温度差异指数，获得2009年温度差异指数影像。然后根据表5-7阈值划分表，并生成稀土矿区地表温度差异程度影像。

为分析稀土矿区温度差异指数与植被指数关系，对2009年温度差异程度影像和大气校正后的植被指数影像基于像元级别的方式定位，按照温度差异程度的等级采用随机采样的方式，每类等级选定样本点为30个，总计样本点180个。同时，记录下每个采集样点的温度差异指数和植被指数，并绘制表5-8。

表5-8　离子吸附型稀土矿区植被指数与温度差异指数采集样本

ID	NDVI	TDI	ID	NDVI	TDI	ID	NDVI	TDI
1	0. 1889	0. 3341	25	0. 1967	0. 2270	49	0. 5700	0. 1566
2	0. 1395	0. 3128	26	0. 1425	0. 2055	50	0. 4929	0. 1582
3	0. 1951	0. 2053	27	0. 1408	0. 2053	51	0. 5153	0. 1577
4	0. 1537	0. 2269	28	0. 1348	0. 2057	52	0. 2786	0. 1835
5	0. 1807	0. 2355	29	0. 1762	0. 2023	53	0. 3434	0. 1615
6	0. 1500	0. 2485	30	0. 2187	0. 2053	54	0. 4329	0. 1595
7	0. 1683	0. 2914	31	0. 1626	0. 1834	55	0. 4070	0. 1601
8	0. 1541	0. 2700	32	0. 1619	0. 1838	56	0. 3755	0. 1826
9	0. 1373	0. 2914	33	0. 1386	0. 1835	57	0. 4527	0. 1809
10	0. 1208	0. 2699	34	0. 1440	0. 1866	58	0. 5341	0. 1791
11	0. 1613	0. 2269	35	0. 2006	0. 1814	59	0. 5517	0. 1570
12	0. 1241	0. 2485	36	0. 1936	0. 1617	60	0. 4661	0. 1588
13	0. 1386	0. 2698	37	0. 1697	0. 1615	61	0. 1753	0. 1397
14	0. 1496	0. 2483	38	0. 1449	0. 1617	62	0. 1367	0. 1398
15	0. 1606	0. 2259	39	0. 1374	0. 1622	63	0. 1503	0. 1395
16	0. 1512	0. 2475	40	0. 1558	0. 1603	64	0. 1583	0. 1169
17	0. 1722	0. 2301	41	0. 6446	0. 1767	65	0. 1773	0. 1201
18	0. 1711	0. 2271	42	0. 6768	0. 1542	66	0. 1638	0. 1159
19	0. 1558	0. 2100	43	0. 6650	0. 1763	67	0. 4657	0. 1150
20	0. 1281	0. 2263	44	0. 7022	0. 1537	68	0. 4586	0. 1152
21	0. 1435	0. 2700	45	0. 5600	0. 1568	69	0. 2788	0. 1179
22	0. 2207	0. 2369	46	0. 5147	0. 1578	70	0. 3143	0. 1179
23	0. 1639	0. 2259	47	0. 4857	0. 1802	71	0. 2286	0. 1399
24	0. 1573	0. 2261	48	0. 4534	0. 1809	72	0. 3651	0. 1172

续表 5-8

ID	NDVI	TDI	ID	NDVI	TDI	ID	NDVI	TDI
73	0.3338	0.1398	106	0.5817	0.0685	139	0.7151	0.0213
74	0.4032	0.1383	107	0.5991	0.0681	140	0.6287	0.0453
75	0.3222	0.1399	108	0.3230	0.0738	141	0.7311	0.0432
76	0.3840	0.1387	109	0.5042	0.0922	142	0.6809	0.0442
77	0.3105	0.1179	110	0.5066	0.0701	143	0.6429	0.0450
78	0.6245	0.1116	111	0.4752	0.0707	144	0.6427	0.0228
79	0.4662	0.1150	112	0.4372	0.0716	145	0.8047	0.0416
80	0.3933	0.1385	113	0.4448	0.0714	146	0.7551	0.0427
81	0.3764	0.1389	114	0.6321	0.0895	147	0.8154	0.0192
82	0.4444	0.1155	115	0.5322	0.0695	148	0.7729	0.0423
83	0.5027	0.1142	116	0.4620	0.0931	149	0.8161	0.0414
84	0.4908	0.1364	117	0.4829	0.0927	150	0.8006	0.0195
85	0.5008	0.1143	118	0.4903	0.0925	151	0.7502	-0.0465
86	0.4882	0.1365	119	0.4225	0.0940	152	0.8132	-0.0254
87	0.5599	0.1349	120	0.5551	0.0911	153	0.7679	-0.092
88	0.4669	0.1369	121	0.6684	0.0223	154	0.7956	-0.025
89	0.5119	0.1360	122	0.7067	0.0215	155	0.8029	-0.0476
90	0.5593	0.1349	123	0.7104	0.0451	156	0.8086	-0.0253
91	0.4777	0.0707	124	0.7601	0.0203	157	0.7966	-0.1153
92	0.4479	0.0934	125	0.7831	0.0197	158	0.8135	-0.1156
93	0.4181	0.0720	126	0.7501	0.0210	159	0.797	-0.1153
94	0.4645	0.0931	127	0.7854	0.0060	160	0.7483	-0.1143
95	0.3914	0.0946	128	0.6667	0.0221	161	0.709	-0.0008
96	0.3830	0.0727	129	0.8167	0.0191	162	0.783	-0.115
97	0.3996	0.0724	130	0.7475	0.0206	163	0.7881	-0.1151
98	0.4079	0.0943	131	0.7724	0.0423	164	0.7881	-0.1151
99	0.4173	0.0941	132	0.7571	0.0426	165	0.7579	-0.1145
100	0.3824	0.0727	133	0.7615	0.0203	166	0.7912	-0.0474
101	0.4079	0.0722	134	0.7517	0.0205	167	0.8204	-0.0705
102	0.4586	0.0932	135	0.7360	0.0431	168	0.8005	-0.0701
103	0.4336	0.0937	136	0.7053	0.0437	169	0.8032	-0.0927
104	0.4340	0.0937	137	0.7739	0.0200	170	0.8496	-0.0705
105	0.4848	0.0705	138	0.7921	0.0420	171	0.8518	-0.1386

续表 5-8

ID	NDVI	TDI	ID	NDVI	TDI	ID	NDVI	TDI
172	0. 7718	−0. 1148	175	0. 7999	−0. 0701	178	0. 8413	−0. 1158
173	0. 8135	−0. 0929	176	0. 8336	−0. 0931	179	0. 8228	−0. 0256
174	0. 8104	−0. 0929	177	0. 7952	−0. 025	180	0. 7337	−0. 0687

将表 5-8 记录的稀土矿区温度差异指数和植被指数统计样点数据绘制折线图，如图 5-8 所示。分析该图可知，两者并不存在明显的线性相关，尤其是从 41 号样点开始的中间部分，这与张寅玲（2014）对煤矿区的研究结论存在差异，这反映了引起离子型稀土矿区地物温度差异这一现象的发生是由于其自身特殊的原因，而并不仅仅与矿区植被的变化有关。因此，仅仅运用植被指数并不能较好地分析离子型稀土矿区的地表生态扰动。

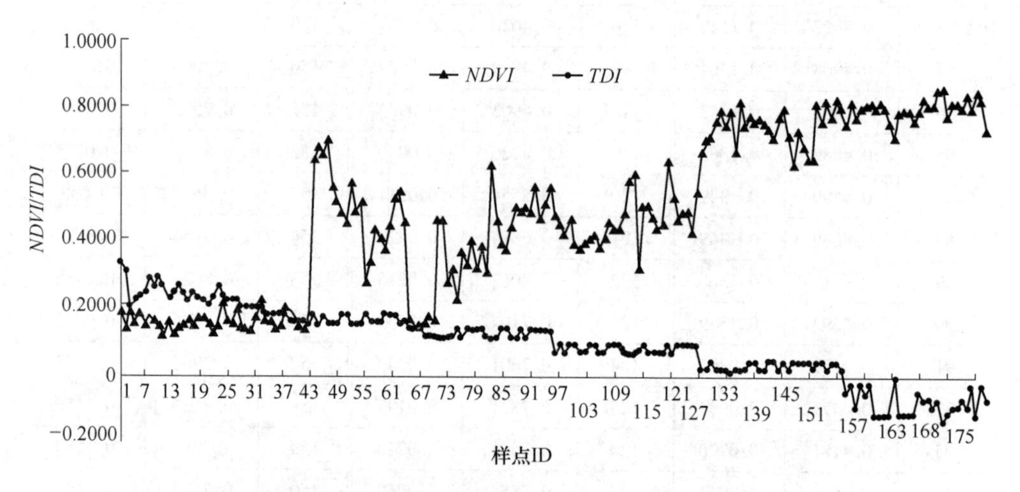

图 5-8　离子吸附型稀土矿区温度差异指数与植被指数折线图

为分析比对植被指数、温度差异指数与稀土矿区地表生态扰动的响应关系，将 2009 年岭北稀土矿区的 Google Earth 历史高分遥感影像、温度差异程度影像、植被指数影像这三幅影像以地理链接方法对其分别定位。针对表 5-8 中 180 个随机采集样本点，结合该 Google Earth 历史高分影像对选定的采集样本点进行精准地地物解译，同时记录下对应样点的温度差异程度等级。

统计采集样点的温度差异程度等级、矿区地物类别、对应地物植被指数的取值范围，并绘制表 5-9。图 5-9～图 5-14 分别表示为离子吸附型稀土矿区典型地物类别：尾砂地、原地浸矿植被、农田、果园、复垦植被以及植被的样本图。其中，图 5-9a～图 5-14a 中十字交叉点代表某像元的植被指数，图 5-9b～图 5-14b 中十字交叉点代表某像元所属温度差异程度等级，图 5-9c～图 5-14c 为 2009 年

Google Earth 高分遥感影像上对应位置的地物。

表 5-9 岭北离子吸附型稀土采集样本点的地物类别与温度差异程度统计表

温度差异程度	地物类别	样点编号	*NDVI* 取值范围
重度	尾砂地	1~30	0.1208~0.2207
较重	尾砂地	31~40	0.1374~0.2006
较重	原地浸矿植被	41~51	0.4534~0.7022
较重	农田	52~56	0.2786~0.4329
较重	果园	57~60	0.4527~0.5517
中度	尾砂地	61~66	0.1367~0.1773
中度	复垦植被	67~72	0.2286~0.4657
中度	农田	73~81	0.3105~0.6245
中度	果园	82~90	0.4444~0.5599
轻度	复垦植被	91~108	0.3230~0.5991
轻度	果园	109~120	0.4225~0.6321
弱	植被	121~150	0.6287~0.8167
微弱	植被	151~180	0.7090~0.8518

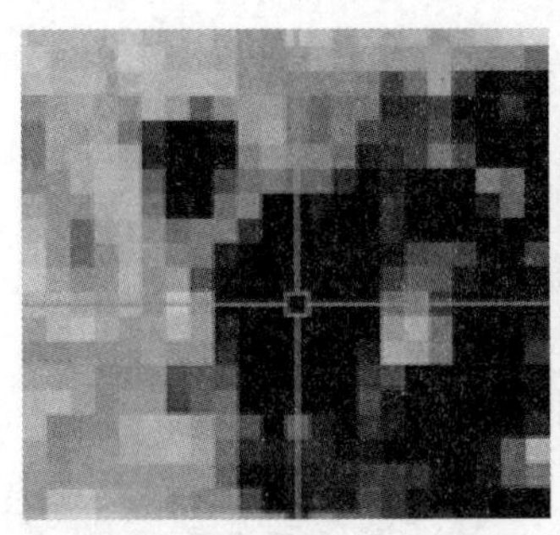
a

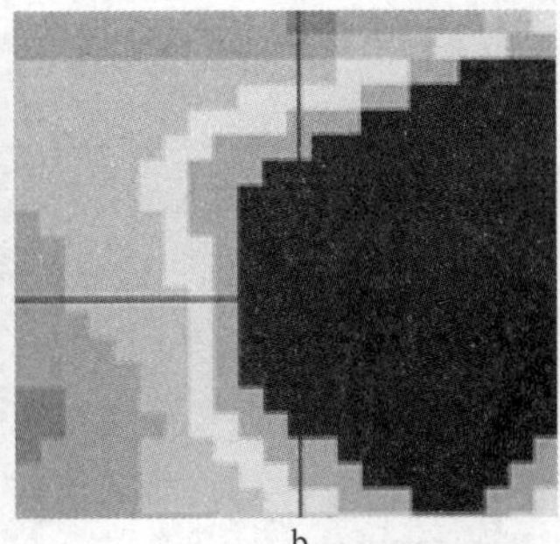
b

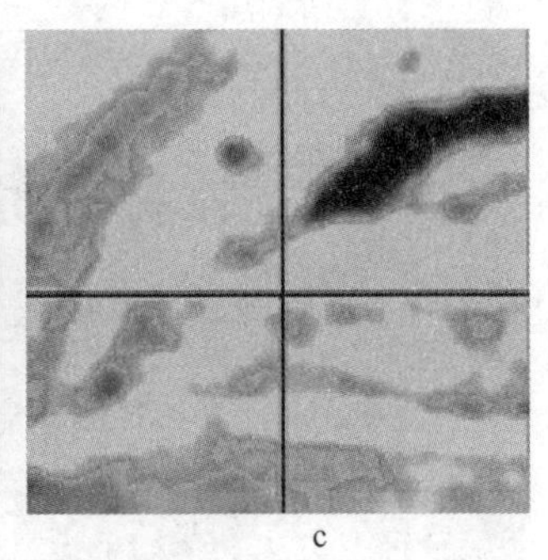
c

图 5-9 离子吸附型稀土矿区尾砂地采集样本图

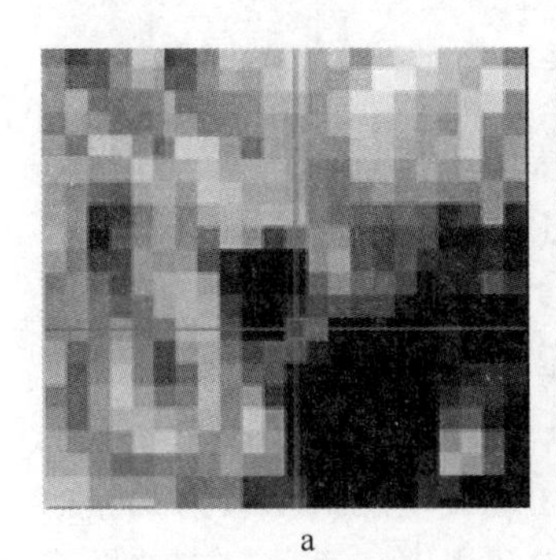
a

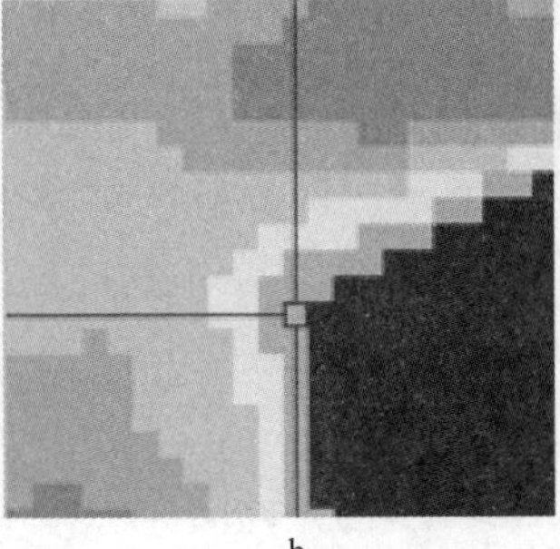
b

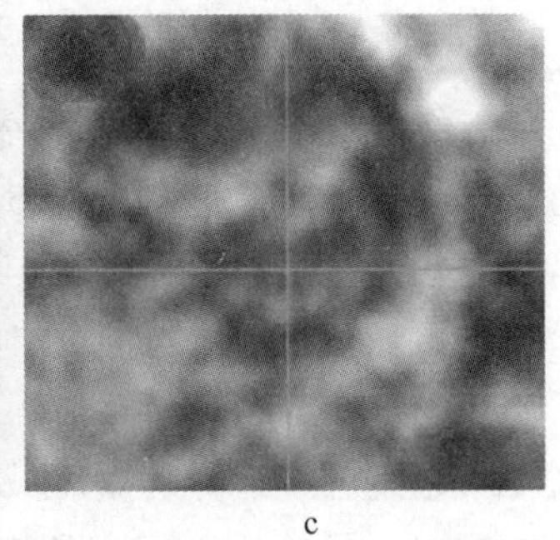
c

图 5-10 离子吸附型稀土矿区原地浸矿植被采集样本图

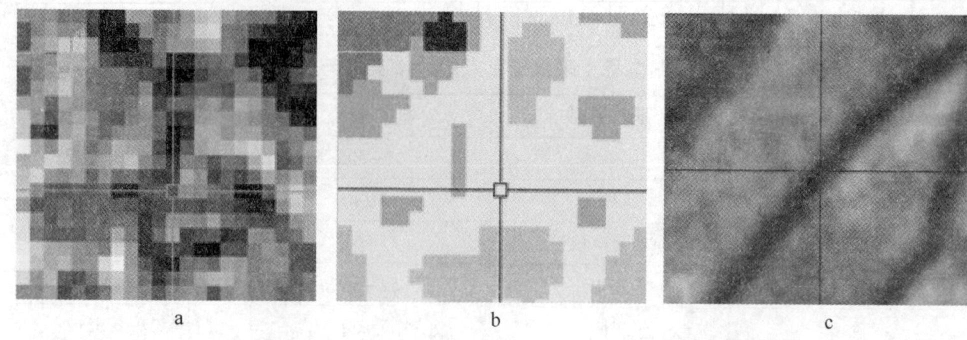

图 5-11　离子吸附型稀土矿区农田采集样本图

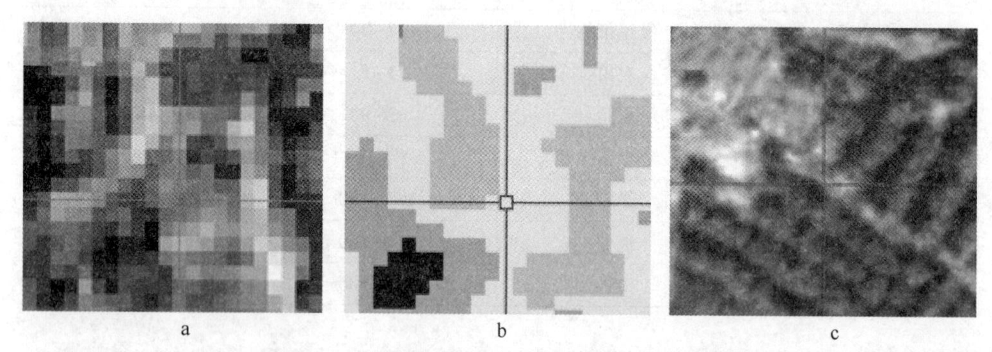

图 5-12　离子吸附型稀土矿区果园采集样本图

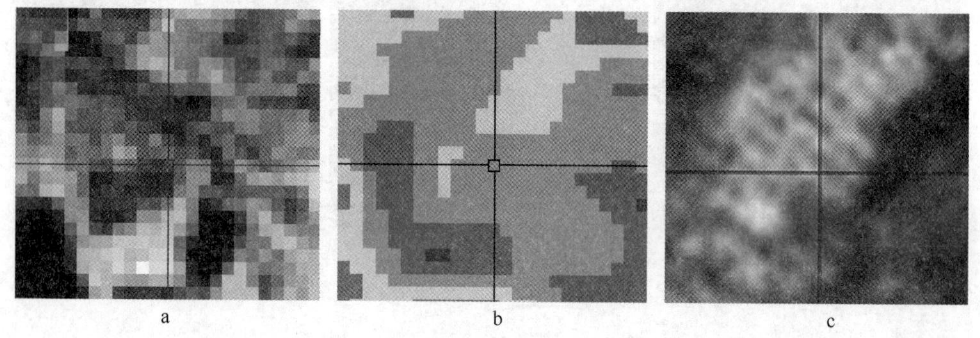

图 5-13　离子吸附型稀土矿区复垦植被采集样本图

结合图 5-9~图 5-14、表 5-9 分析可知，重度温度差异程度区域为稀土开采后堆积形成的尾砂地，如图 5-9c 所示。稀土矿区尾砂由于较小的比热容，在吸收辐射后升温迅速，导致其与稀土矿区内其余地物的温度产生较大差异。同时，该尾砂区域往往带来极强的地表生态扰动致使其生态环境的状况极差，几乎寸草不生。

较重温度差异程度区域主要有离子吸附型稀土矿区地表生态扰动最为激烈地区域——尾砂地、原地浸矿植被，同时还有少量的农田和果园。原地浸矿植根系

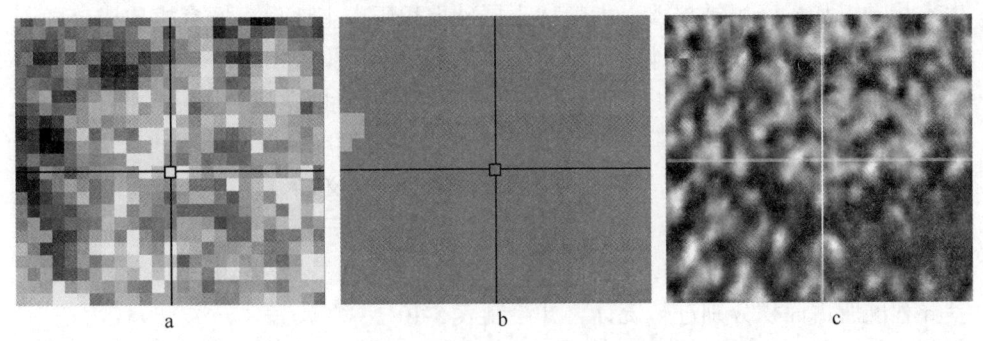

图 5-14 离子吸附型稀土矿区植被采集样本图

被经过长时间浸矿化学试剂浸泡腐蚀，胁迫植被正常生长，造成强烈地表生态扰动。原地浸矿注射浸矿试剂破坏矿体结构，剧烈地改变了原地浸矿植被地表下垫面热力学特征，使其温度差异指数较大。过密的注液井、长时间的山体浸泡，导致该离子型稀土矿区的山体滑坡、坍塌等地质灾害等生态问题。浸矿化学试剂泄漏流入农田，使农田土壤酸化板结，作物无法生长。

中度温度差异程度区域包括尾砂地、稀土矿区复垦植被、农田、果园，其中复垦植被、果园以及农田均为人主观对稀土矿区土地直接作用，也给该矿区带来了较强的地表生态扰动。轻度温度差异程度区域主要为复垦植被，也有部分果园。弱、微弱温度差异程度区域为该离子型稀土矿区自然生长的植被。

由上可知，温度差异指数对于稀土矿区扰动最为激烈的尾砂地及原地浸矿植被的识别效果较为理想，同时，其也能较好地反映复垦植被、果园以及农田的地表生态扰动。

原地浸矿植被的 *NDVI* 取值范围为 0.4534～0.7022，稀土矿区植被、农田、果园、复垦植被的 *NDVI* 取值范围分别为：0.6287～0.8518、0.2786～0.6245、0.4225～0.6321、0.2286～0.5991。原地浸矿植被与矿区植被、农田、果园、复垦植被的 *NDVI* 取值范围分别存在不同程度重合，因此仅运用植被指数不能较好地识别原地浸矿植被，这对于监测稀土矿区地表生态扰动缺陷尤为明显。而温度差异指数却能较好地反映原地浸矿植被的地表生态扰动，如样本点 41～51。

综上分析，植被指数不适合于监测稀土矿区地表生态扰动，而温度差异指数较为适合，该参数能较好地反映原地浸矿工艺开采离子吸附型稀土产生的地表生态扰动。因此本章选择温度差异指数作为离子型稀土矿区地表生态扰动监测因子，从而更好地分析稀土矿区地表生态扰动。

5.5.3 稀土矿区地表生态扰动时空分析

早期岭北离子吸附型稀土矿区采用池浸、堆浸工艺开采稀土，之后逐步改进为原地浸矿工艺。三种开采工艺的稀土开采活动都给稀土矿区带来了剧烈的地表生态扰动，如矿区植被损毁，大量稀土尾砂堆积压占土地、土壤有机质成分随着浸矿污水的流失，使矿区地表沙化，浸矿试剂泄漏污染农田等。

为分析研究1991~2014年稀土矿区的地表生态扰动时空演变情况，选择单窗算法分别反演1991年、2000年、2014年稀土矿区地表温度，分别按照式（5-29）计算对应年份的地表温度差异指数，然后根据表5-7定义的温度差异程度阈值划分等级，绘制对应年份的离子吸附型稀土矿区温度差异程度图，如图5-15所示。同时，对1991~2014年的重度、较重、中度、轻度、弱、微弱六个等级的温度差异程度所占面积分别进行统计，并绘制表5-10。

表5-10　1991~2014年岭北离子吸附型稀土矿区地表温度差异程度面积统计表

年份	温度差异程度/km²					
	重度	较重	中度	轻度	弱	微弱
1991	3.09	4.31	8.80	31.07	60.32	106.15
2000	0.50	2.75	10.65	31.57	56.04	112.24
2009	3.47	5.45	12.07	24.16	40.41	128.18
2014	3.93	7.83	15.05	27.32	35.66	123.95

综合表5-10、图5-15分析可知，1991~2000年重度和较重等级的温度差异程度面积先剧烈减少；2000~2009年该两种等级的温度差异程度面积再剧烈增加；2009~2014年该两种等级的温度差异程度面积再次增加。由上节内容可知，重度温度差异程度区域主要为离子吸附型稀土开采后形成的尾砂地，其能够反映稀土开采状态，该区域同时在整个稀土矿区生态极差，急需恢复治理。

20世纪80年代末90年代初，岭北离子吸附型稀土矿区最早采用池浸、堆浸工艺开采稀土，该两种工艺均会大面积地砍伐植被，剖除地表表土，并在构造的浸矿池周边随意堆弃大量尾砂。岭北离子型稀土矿区地处雨水非常充沛的南方丘陵山区，在持续性暴雨冲刷下，随意堆弃的大量尾砂、以及浸矿试剂随着雨水流向矿区下游的农田，导致农田酸化板结，土壤有机质的大量流失使其产生功能性退化，最终造成较大范围的荒漠化，给矿区带来极为强烈的地表生态扰动。同时该扰动区域在图5-15中的1991年重度等级温度差异程度图中有两个较大的斑块与之对应。

1991~2000年重度温度差异程度面积由3.09km²减少为0.50km²，主要是因为响应政府的稀土政策，严格控制稀土超量开采，致使稀土矿区开采范围大幅减少。同时，地方落实了封山育林以及积极地开展矿区复垦工作，较好地遏制了稀土矿区土地沙化现象，较大地改善了稀土矿区的生态环境状况。在图5-15中2000年重度等级温度差异程度图的斑块相比于1991年大幅减少。

自2000年以后，原地浸矿工艺已逐步成为岭北离子吸附型稀土矿区的主要

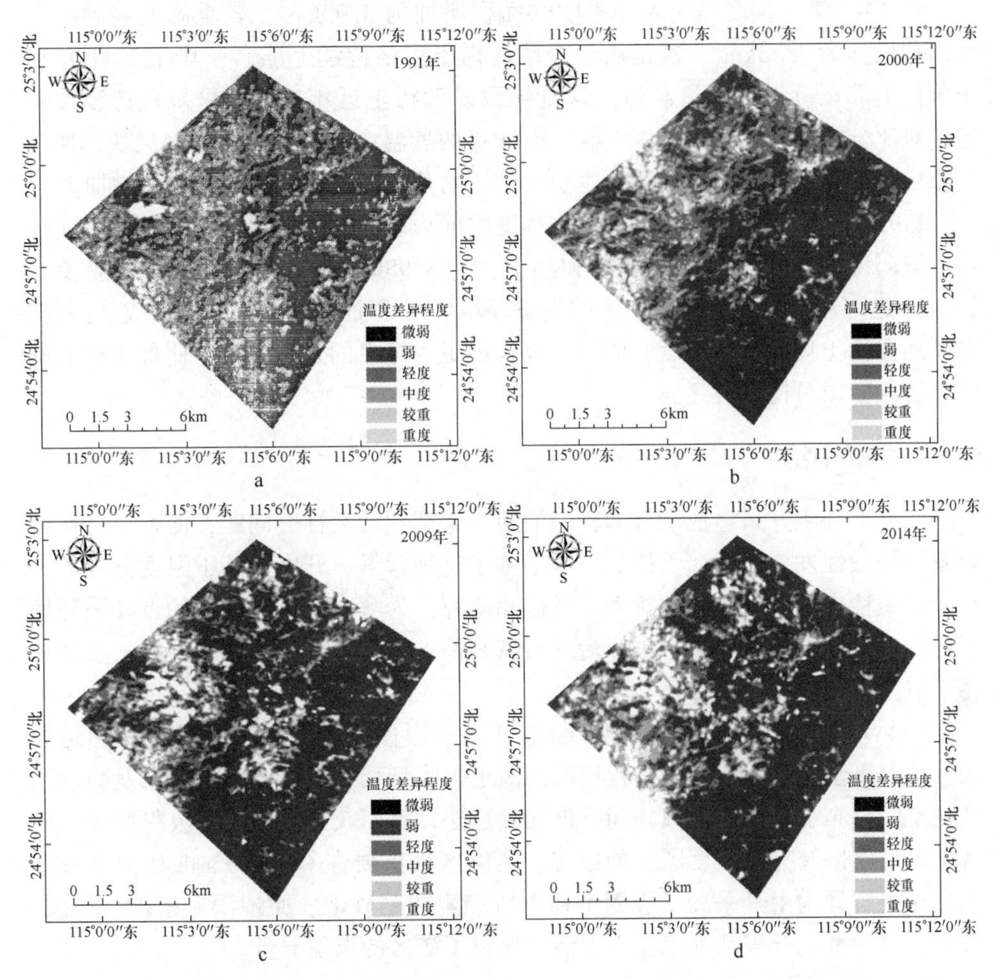

图 5-15 1991~2014 年岭北离子吸附型稀土矿区温度差异程度图

a—1991 年；b—2000 年；c—2009 年；d—2014 年

开采工艺，其对植被的直接损毁相比早期的池浸、堆浸工艺要更小，但依然会产生尾砂。另外该工艺还会导致浸矿试剂泄漏，破坏下游农田，过密的注液井及长时间的浸矿试剂浸泡，致使离子吸附型稀土矿区的坍塌、山体滑坡等地质灾害发生，造成剧烈的矿区地表生态扰动。由于稀土价格快速上涨，矿区开采规模激增，使 2009 年重度、较重的温度差异程度面积均快速增加，其中重度的温度差异程度面积由 2000 年的 0.5km^2激增为 3.47km^2，较重的温度差异程度面积则从 2000 年的 2.75km^2增加为 5.45km^2。分析图 5-15 的 2009 年温度差异程度图，相比 2000 年，2009 年重度温度差异程度的斑块面积有所增加且其向整个岭北矿区扩散开来，相比于 1991 年重度温度差异程度斑块，其斑块更为离散。

在 2014 年，重度温度差异程度的面积增加为 3.93km^2，较重温度差异程度的面积增加为 7.83km^2。这是由于全球性稀土价格持续上涨，且其在 2011 年稀土价格上涨至近年来的最高值，这也导致矿区稀土近年来的开采规模持续性扩充。对比分析图 5-15 中的 2009 年、2014 年两景温度差异程度的重度斑块，2014 年重度斑块表现为更破碎离散，这也导致了对稀土矿区治理恢复难度的增加。

1991~2009 年弱、微弱温度差异程度的面积总和逐年增加，而 2009~2014 年弱、微弱温度差异程度的面积总和减少，达 8.98km^2，这说明稀土开采规模在 2014 年进一步扩展，而稀土矿区的生态环境状况也面临着更为严峻挑战。因此，需要加大稀土环境治理力度，同时研究一种更为绿色的开采方式，使稀土行业的发展迈入健康可持续性之路。

5.6　本章小结

离子型稀土开采造成了极为剧烈的地表生态扰动及社会问题，使稀土行业的健康可持续性发展遭受严重挑战。本章基于这种背景，开展了基于温度分异的离子吸附型稀土矿区地表生态扰动遥感监测研究，为解决离子吸附型稀土开采环境问题提供理论和技术手段，也为治理与恢复稀土矿区环境给予技术支撑。主要取得了以下结论：

（1）基于 2009 年岭北矿区的 Landsat 遥感影像，运用 Artis 算法、单通道算法、单窗算法以及辐射传输方程反演的离子吸附型稀土矿区地表温度以及亮度温度在空间分布上总体上大致相同。该四种算法计算而获得的该离子吸附型稀土矿区地表温度以及亮度温度图上的中温、高温区域主要在 Google Earth 历史高分遥感影像上解译为由开采离子吸附型稀土所产生的尾砂地、原地浸矿植被、果园、农田，说明稀土开采活动以及人类活动导致了矿区的温度异常。

（2）Artis 算法、单通道算法、单窗算法以及辐射传输方程反演的 2009 年离子吸附型矿区地物地表温度的可分离性指数分别为：2.83412、3.32477、3.48662、3.45135。因此，由单窗算法计算而获得的离子吸附型稀土矿区地物地表温度表现出最佳的可分离特征。

（3）基于 Artis 算法、单通道算法、单窗算法以及辐射传输方程分别反演的 2009 年离子吸附型稀土矿区地表温度的极值各有差异，以 MOD11_L2 数据为校验数据验证比对该四种算法反演的该稀土矿区地表温度精确性排序为：单窗算法计算的该离子型稀土矿区地表温度精确性最高，Artis 算法其次，辐射传输方程再次，而单通道算法计算的该稀土矿区地表温度精确性最差。同时，上述四种温度反演算法间反演的该矿区地表温度差值的平均值在 0.57~3.00K，温度差值的最大值在 1.05~6.52K。综合考虑矿区地物地表温度的可分离性以及反演的矿区地表温度精确性，单窗算法是离子型稀土矿区最佳的地表温度反演算法。

（4）运用植被指数不能较好识别原地浸矿植被与矿区自然生长植被、农田、果园、复垦植被，对于遥感监测原地浸矿工艺开采离子吸附型稀土所产生的地表生态扰动，植被指数具有明显缺陷。而温度差异指数能较好地识别并监测该稀土矿区地表生态扰动最为激烈区域——尾砂地和原地浸矿植被。同时，对于人主观作业的农田、果园以及复垦植被等较强地表生态扰动区域，温度差异指数也能较好识别。因此，温度差异指数可作为稀土矿区地表生态扰动的指示性因子，其具有比植被指数更好的特性。

（5）1991~2014 年岭北离子吸附型稀土矿区的地表生态扰动时空分析表明，1991~2000 年，当地对于稀土超量开采的管制较为严格，同时，封山育林以及在堆弃尾砂地上植被复垦工作的积极推进，因此该离子型稀土矿区的生态环境在该时间段呈现出较为明显好转。但自 2000 年以后，由于国际稀土价格持续性上涨促使稀土矿区稀土的开采规模不断地扩充，另外随着原地浸矿工艺在岭北离子型稀土矿区的逐步推广，重度、较重温度差异程度的区域范围也在不断扩大。温度差异程度图中重度斑块分布形态由聚集连片转变为破碎离散，且其不断地向整个稀土矿区扩散，导致治理及恢复该离子吸附型稀土矿区生态环境的难度加大。严峻的离子吸附型稀土矿区环境问题迫在眉睫，稀土开采区域需要进一步加大植被复垦工作力度以及需要开发出一种能替代原地浸矿工艺而又更节能环保的开采工艺。

6　矿区复垦植被光谱特征与遥感监测

离子型稀土矿区开采使用的池浸/堆浸工艺导致地表土壤特性发生变化，造成大片土地毁损和植被破坏，环境治理主要依靠人工复垦。但开采造成的土壤养分流失，植被根系吸收所需的矿质成分不足，使得复垦地植被长势不佳。根据植被可见光谱的产生机理可知，绿峰和红边是由叶绿素产生，而叶绿素对植被的生长情况具备指示作用，是植被长势估测的重要指标。本章以具有典型代表的复垦植被竹柳、油桐和湿地松为例，首先，对采集的矿区植物原始光谱进行一阶导数变换和去包络线变换，比较三种植物的光谱差异；然后，与采集的叶绿素进行相关性分析，提取敏感波段，再者，将三边参数和植被指数与叶绿素结合，提取相关性较好的光谱特征参数，最后，利用提取的敏感波段、三边参数和植被指数分别采用单变量回归和逐步回归法与叶绿素进行反演模型构建，并与实测叶绿素对比检验模型的精度。从而为稀土矿区植被长势监测提供理论基础和技术支持。

6.1　研究区域与数据采集

6.1.1　研究区概况

江西省赣州市定南县处于江西最南端，境内属红壤丘陵地形，稀土资源丰富，是赣州地区的三大稀土产地之一。稀土因其独特的存在形式以及其简略的开采工艺，造成废弃稀土矿区遗留大量尾砂，地面高低不平，雨水形成径流容易构成水土流失，不利于植被的种植生长，加上稀土开采使用的酸性液体导致土壤酸性较强，沙化严重，土地贫瘠使得植被难以生长（廖日富，2014）。2009 年定南县被列为国家水土保持重点建设县，开始就废弃稀土矿山遗留的生态问题进行综合处理，主要的处理方式是进行人工复垦（赣州市，2011）。为了解决植被生长问题，做好废弃稀土矿区的治理工作，定南县生态修复工程选择了抗恶劣环境极强，耐酸性、耐贫瘠、耐粗放管理、有较好水土保持的植物品种，有助于废弃稀土矿山的生态环境恢复，解决水土流失的问题。

本章的研究区域位于定南县坳背塘离子稀土矿区复垦地，地理位置为东经 115°04′37″E～115°05′41″E，北纬 24°54′10″N～24°56′22″N，如图 6-1 所示。目前该区复垦植被主要以竹柳、油桐、湿地松为主，如图 6-2 所示。

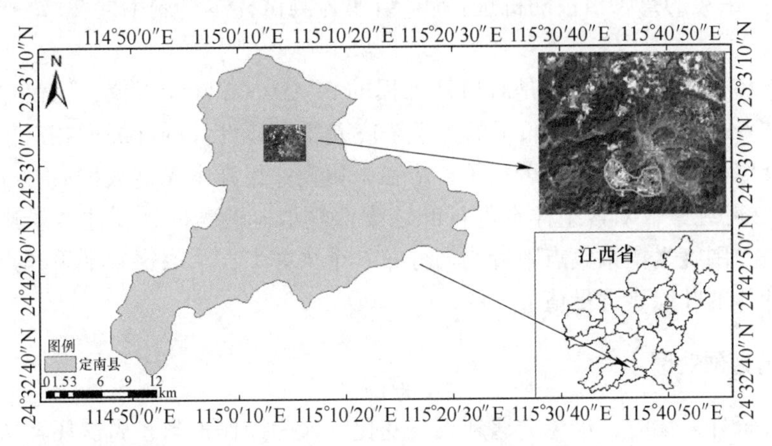

图 6-1 研究区位置

图 6-2 复垦植被

a—竹柳；b—油桐；c—湿地松

6.1.2 数据采集

本次实验用于采集植被光谱数据的仪器是 ASD 企业制造的 Field Spec4 便携式地物光谱仪，基本指标为：在 350～1000nm 范围，光谱分辨率为 3nm，采样间隔为 1.4nm；在 1000～2500nm 范围，光谱分辨率为 10nm，采样间隔为 2nm。野外测量日期为 2017 年 7 月，光谱采集选择在晴朗无云天气。为了避免太阳高度角对测量精度的影响，选择在上午 12 点与下午 2 点之间进行。在坳背塘离子稀土矿区复垦地随机选取了 60 处竹柳采样点、60 处油桐采样点和 60 处湿地松采样点，采样点均匀分布在研究区内。为了降低数据采集的误差，对每种植被叶片测定 10 次。采集的每种植被随机选择 40 组作为测试样本，剩下的 20 组作为查验样本。

采集植被叶绿素的仪器是对植被无损的 SPAD-502 叶绿素仪，该仪器通过测取叶片在 650nm、940nm 波长下的光学浓度差得到该叶片的叶绿素相对值，该值与植被叶绿素含量值呈极显著相关。应在采集完一组样本光谱数据后，立刻拿出 SPAD-502 叶绿素仪对该组样本进行叶绿素值测取。测定时，要注意躲避叶片较粗的脉络，围绕光谱采集点附近均匀分布 6 个采样点，求取这 6 个采样点的均值作为该叶片的叶绿素含量值。

6.1.3　光谱预处理

进行野外采集时，难免会遇到天气变化、人为操作不当、周遭环境条件不可控等因素，获取的光谱数据是存在异常的，如果不剔除异常光谱，会对后续叶绿素含量反演精度产生较大的影响。本书参照王锦地（2009）等提到的 1.5 倍离差法来对异常光谱进行剔除。该方法的主要思路是通过计算光谱曲线上每个波段的平均值及离差，以平均值为原点，1.5 倍离差为半径构建缓冲带，若实测的曲线超出缓冲带，则属于异常，进行剔除。计算如式（6-1）和式（6-2）：

$$\bar{x} = \sum_{i=1}^{n} x_i / n \tag{6-1}$$

$$\delta = 1.5\sqrt{\sum_{i=1}^{n} (x_i - \bar{x})^2 / (n - 1)} \tag{6-2}$$

式中，x_i 为 i 处光谱反射率；$\bar{x}$ 为一组样本所有实测数据在某 i 处的平均反射率值；δ 为某一波段 1.5 倍离差；n 为一组样本中有多少条实测数据，本书中 n 等于 10。

异常光谱剔除后，保留下来的光谱曲线需要进行去噪。由于仪器自身各电子元件之间的影响以及大气中水汽的影响，在植被光谱特征提取之前进行噪声去除是很有必要的。本书使用 Field Spec4 便携式地物光谱仪自带的 ViewSpecPro 软件对噪声波段进行去除。以竹柳样本 15、油桐样本 21 和湿地松样本 11 为例，去除水汽波段范围 1350～1450、1750～2000、2350～2500，同时波段范围 2000～2350 存在较大噪声也一并去除，最终保留波段范围为 350～1350、1450～1750。然后将去除噪声波段的植被光谱曲线以样本为单位求取其平均值，得到该植被的光谱反射率曲线，如图 6-3 所示。

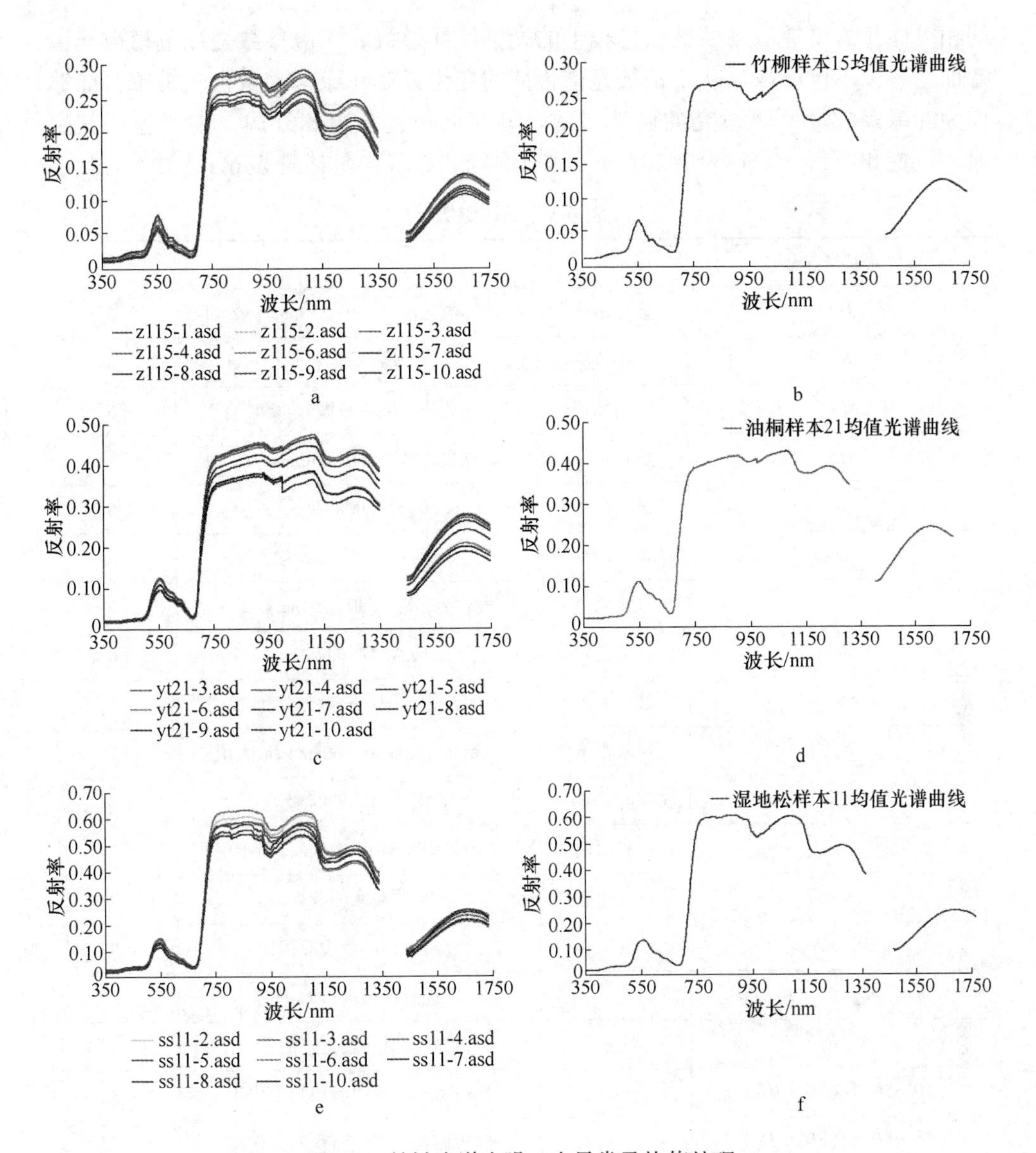

图 6-3 植被光谱去噪、去异常及均值处理

a—竹柳样本 15 光谱去噪、异常；b—竹柳样本 15 均值处理；c—油桐样本光谱去噪、去异常；d—油桐样本均值处理；e—湿地松样本光谱去噪、去异常；f—湿地松样本均值处理

6.2 矿区光谱特征提取与分析

6.2.1 光谱特征提取方法

为了研究离子稀土矿区复垦地竹柳、油桐、湿地松光谱数据与其叶绿素之间

的相关性，需要提取与植被信息相干的光谱特征参数。三边参数是绿色植被光谱特征之一，不仅可以反映出植被光谱特征的变化，对叶绿素含量也较敏感，能够作为叶绿素含量反演研究的候选参数。分为蓝边、黄边和红边，主要包括其幅值、位置和面积（史冰全，2015），另有绿峰和红谷。具体见表6-1。

表6-1　三边参数

光谱特征参数	定义	含　义	文献
D_b	蓝边幅值	一阶导数光谱（490~530nm）最大值	[6]
λ_b	蓝边位置	D_b所对应的波长	[6]
SD_b	蓝边面积	蓝边范围一阶微分总和	[6]
D_y	黄边幅值	一阶导数光谱（560~640nm）最大值	[6]
λ_y	黄边位置	D_y所对应的波长	[6]
SD_y	黄边面积	黄边范围一阶微分总和	[6]
D_r	红边幅值	一阶导数光谱（680~760nm）最大值	[6]
λ_r	红边位置	D_r所对应的波长	[6]
SD_r	红边面积	红边范围一阶微分总和	[6]
R_g	绿峰幅值	原始光谱（510~560nm）最大值	[7]
λ_g	绿峰位置	R_g所对应的波长	[7]
R_r	红谷幅值	原始光谱（640~680nm）最小值	[7]
λ_v	红谷位置	R_r所对应的波长	[7]
SD_r/SD_b	—	红边面积与蓝边面积比	[8]
SD_r/SD_y	—	红边面积与黄边面积比	[8]
R_g/R_r	—	绿峰幅值与红谷幅值比	[8]
$(SD_r-SD_b)/(SD_r+SD_b)$	—	红边面积与蓝边面积归一化比	[8]
$(SD_r-SD_y)/(SD_r+SD_y)$	—	红边面积与黄边面积归一化比	[8]
$(R_g-R_r)/(R_g+R_r)$	—	绿峰幅值与红谷幅值归一化比	[8]

植被指数是反映地表植物生长健康情况的简单、有效的间接指标，通常利用植被光谱可见光及近红外波段进行两个或两个以上的线性或非线性组合。植被指数可以把植被的光谱信息更加突显，把外界要素对其信息影响尽量减少，已被广泛用于定性或定量地评价植被的长势，是遥感进行植被动态监测和生理生化参数反演的有效途径（Gnyp M L，2014；董恒，2012）。本研究参考植被指数相关文献，总结并提取了叶绿素含量反演的植被指数，见表6-2。

表 6-2 植被指数

光谱特征参数	定　义	含　义	文献
DD	双重差值指数	(*R*750 − *R*720) − (*R*700 − *R*670)	[11]
REP	改良型红边位置指数	700 + 40 × {[(*R*670 + *R*780)/2 − *R*700)]/(*R*740 − *R*700)}	[12]
OSAVI	土壤调节植被指数	(1 + 0.16) × (*R*800 − *R*670)/(*R*800 + *R*670 + 0.16)	[13]
TVI	三角型植被指数	0.5 × [120 × (*R*750 − *R*500) − 200 * (*R*670 − *R*550)]	[14]
mND_{705}	改进的归一化植被指数	(*R*750 − *R*705) − (*R*750 + *R*705 − 2 * *R*445)	[15]
mSR_{705}	改进的比值植被指数	(*R*750 − *R*445) − (*R*705 − *R*445)	[15]
RVSI	红边植被胁迫指数	(*R*714 − *R*752)/2 − *R*733	[16]
RENDVI	红边归一化植被指数	(*R*780 − *R*680)/(*R*780 + *R*680)	[17]
SIPI	结构不敏感色素指数	(*R*800 − *R*445)/(*R*800 + *R*680)	[18]
TCI	三角叶绿素植被指数	[(*R*800 + 1.5 × *R*550) − *R*675]/(*R*800 − *R*700)	[19]
MCARI	修正叶绿素吸收比值指数	[(*R*700 − *R*670) − 0.2 × (*R*700 − *R*550)] × (*R*700/*R*670)	[20]
NPCI	归一化叶绿素比值指数	(*R*680 − *R*430)/(*R*680 + *R*430)	[21]
NPQI	叶片微弱损害敏感指数	(*R*415 − *R*435)/(*R*415 + *R*435)	[22]

根据实测植被光谱曲线，研究其光谱反射率对叶绿素的敏感程度，挑选对叶绿素含量敏感的波段进行反演研究。研究利用是 Pearson 相关系数分析法（王琦，2013），该方法可以表示各个光谱波长反射率与叶绿素值的相关程度，也可以用于分析本章提选的植被光谱参数与叶绿素的相关性，具体如式（6-3）所示：

$$r_{xy} = \frac{\sum_{i=1}^{n}(x_i - x_{avg})(y_i - y_{avg})}{\sqrt{\sum_{i=1}^{n}(x_i - x_{avg})^2 \sum_{i=1}^{n}(y_i - y_{avg})^2}} \tag{6-3}$$

式中，r_{xy}为波长反射率（或光谱特征参数）与叶绿素值的相关系数；x_i为第 i 个样本的波长反射率（或光谱特征参数值）；y_i为第 i 个样本的叶绿素含量；x_{avg}为 n 个样本数量的波长平均反射率（或光谱特征参数平均值）；y_{avg}为 n 个样本数量的叶绿素含量平均值。

本章通过这三种植被的原始光谱曲线、导数光谱曲线和去包络线光谱，选取与叶绿素相关较高的波段作为构建模型的候选光谱特征参数，见表 6-3。

表 6-3 敏感波段

光谱特征参数	定　义	描　述
R_i	原始光谱敏感波段	原始光谱在 i 处对应的反射率值
D_i	导数光谱敏感波段	导数光谱在 i 处对应的反射率值

续表 6-3

光谱特征参数	定　义	描　述
BD_i	去包络线光谱吸收深度	吸收深度在 i 处对应的反射率值
BDR_i	去包络线光谱吸收深度比	吸收深度比在 i 处对应的反射率值
$NBDI_i$	去包络线光谱归一化面积波段指数	归一化面积波段指数在 i 处对应的反射率值

6.2.2　原始光谱分析

影响植被光谱曲线形态的主要因素有两个，一是植被自身的结构特征使得其具有基本的、独特的光谱曲线形态，利用该特征可以判别是否属于植被；二是外界因素的影响，通过影响植被的生长从而映现在其自身的结构特征上，在光谱曲线的形态中表现出来（梅安新，2010）。图 6-4 是一般健康植被与稀土矿区复垦地竹柳、油桐、湿地松的原始光谱曲线比较图，图中实测三种植被原始光谱曲线是经过去噪及水气处理的，处理后的实测植被还是具有一般植被的光谱曲线形态：

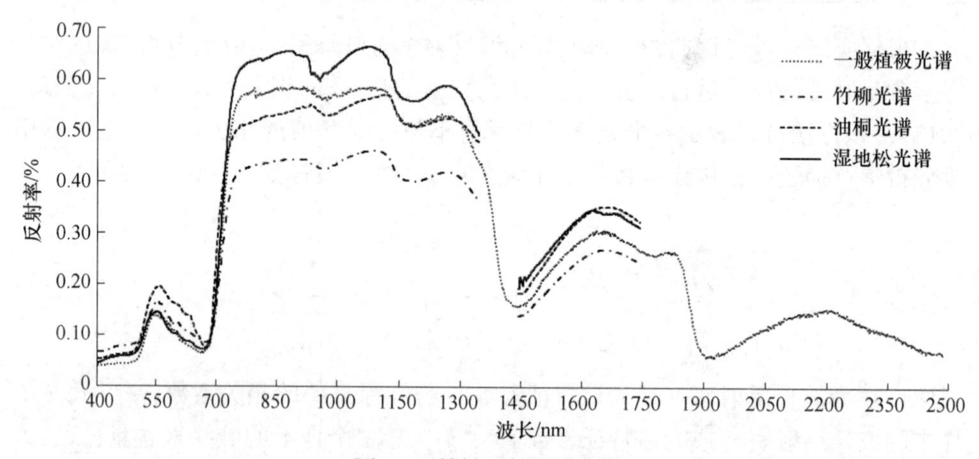

图 6-4　植被原始光谱曲线

（1）在可见光波段（400~760nm）范围，植被光谱曲线主要是受到叶绿素、叶黄素、类胡萝卜素这类色素的强吸收影响，光谱反射率普遍不高，一般不大于 0.2，其中叶绿素起主导作用。叶绿素在 450nm 蓝光波段和 670nm 红光波段，由于强吸收作用，呈现出向下凹陷的吸收谷。而对绿光的弱吸收导致在中心波长为 550nm 的绿光波段形成向上凸起的反射峰。另外，670~760nm 区间内，因为植被叶子内部构造的相互影响，光谱反射率随着波长的增加而急剧上升，形成“红边”现象，这是植被光谱曲线最显著的特征现象，其反射率高达 0.4 以上。

（2）在近红外波段（780~2500nm）范围，植被光谱反射率高于可见光波段。由于进入叶子细胞内部的光线产生多次物理折射和反射作用，在波段780~1300nm范围内的光谱反射率通常在0.4~0.6之间，在960nm和1180nm附近因氧气或水汽的吸收产生了两个吸收谷，使得这个范围内的光谱曲线具备了“波浪”的特征；而1300~2500nm区间内，光谱反射率曲线迅速下降，这是因为植物中叶片含水量对光谱的吸收率增加，尤其在1450nm和1900nm附近产生水吸收带，形成向下凹陷的低谷，同时实测的植被光谱数据在这一部分存在明显的噪声影响，故去除这一部分的光谱曲线。

另外，植被在原始光谱曲线大致一致的前提下，个体间的差异表现在局部细节上（陈维君，2006）。当植被生长条件优异，其叶绿素含量处在一个较高的水平，对蓝光、绿光、红光波段的吸收均增加，导致蓝谷、绿峰、红谷的反射率变小，绿峰、红谷向短波方向偏移，称为“蓝移”。反之，当植被遭到某类因素的抑制，阻碍植被生长，或造成植被营养不良，都会使其叶绿素含量降低，对蓝光、绿光、红光波段的吸收均减少，导致蓝谷、绿峰、红谷的反射率变大且比一般健康植被要高，绿峰、红谷向长波方向偏移，即为“红移”（赵时英，2016）。

表6-4是绿峰、红谷反射率最值及波长所处位置，数据表明：竹柳、油桐、湿地松的绿峰反射率都比一般植被要高，竹柳绿峰反射率值为0.160，比一般植被反射率高0.030，绿峰位置向长波方向移动了1nm；油桐的绿峰反射率为0.189，高于一般植被反射率0.059，绿峰位置向长波方向移动了4nm；湿地松的绿峰反射率为0.137，比一般植被反射率略高0.007，绿峰位置向长波方向偏移1nm。同样地，竹柳的红谷反射率为0.077，与一般植被的红谷差0.024，红谷位置为674nm，与一般植被相比“红移”了9nm；油桐的红谷反射率为0.065，与一般植被的红谷差为0.012，红谷位置在675nm，“红移”了10nm；湿地松的红谷反射率为0.063，与一般植被的差为0.010，红谷位置在667nm，“红移”2nm。上述数据表明，稀土矿区复垦地植被的绿峰、红谷光谱反射率整体相较于一般植被反射率升高了，且存在不同程度的“红移”现象。油桐整体变化较明显，可能受某种因素的影响，致使其生长发育受到限制，光谱曲线发生变异，不排除是稀土矿区环境的影响。竹柳、湿地松的“红移”现象不明显。

表6-4 植被绿峰、红谷反射率及波长位置

植被类型	绿峰		红谷	
	反射率	位置	反射率	位置
一般植被	0.130	553	0.053	665
竹柳	0.160	554	0.077	674
油桐	0.189	557	0.065	675
湿地松	0.137	554	0.063	667

6.2.3　导数光谱分析

导数法是高光谱遥感中常用的分析方法，通过采用非线性的数学法则对原始光谱反射率进行求导，得出微分光谱。Tilling（2007）等发现利用导数光谱技术进行光谱分析对削弱光照条件、大气散射，背景信息的影响具有很好的作用。在实际应用中，Smith（2004）等研究发觉植被叶片一阶导数光谱能消除基线漂移，平缓背景的干扰，其波段的组合对估算叶片叶绿素值的效果较佳。一阶导数光谱曲线的峰值代表了光谱反射率变化时的最大斜率，谷值代表最小斜率。本书利用一阶导数光谱分析技术对原始光谱曲线进行处理，具体如式（6-4）所示：

$$R'(\lambda_i) = \frac{R_i - R_{i-1}}{(\lambda_i - \lambda_{i-1}) + (\lambda_{i+1} - \lambda_i)} = \frac{R_{i+1} - R_{i-1}}{2\Delta\lambda} \tag{6-4}$$

式中，$R'(\lambda_i)$ 为 i 处的一阶导数；λ_i 为 i 处的波长；R_i 为 i 处的光谱反射率；$\Delta\lambda$ 为 λ_i 到 λ_{i+1} 的差值，主要由光谱的采样间隔决定。

利用上式对稀土矿区复垦地竹柳、油桐、湿地松的原始光谱曲线进行一阶导数变换，横坐标以上表示光谱曲线正变化速率，横坐标以下表示光谱曲线负变化速率，如图 6-5 所示。从图中可以看出植被一阶导数光谱曲线相较于原始光谱曲线（见图 6-4）其光谱特征更加明显，曲线更加尖锐。三种植被的一阶导数光谱曲线走势基本相似，符合植被的一般光谱曲线特征，在波长 520nm、700nm、930nm 和 1140nm 附近达到了极值点，其中 520nm 和 700nm 附近为正值最大值，930nm 和 1140nm 附近为负值最大值，由于波长区间 680～760nm 为植被典型的“红边”位置，这一范围存在极值最大值。在波长区间 350～480nm 范围竹柳、油桐、湿地松的一阶导数光谱反射率都很低，基本贴近横坐标且相互之间差异不明显。从波长 490nm 开始反射率开始上升并呈现出一个小陡坡，到了 520nm 临近处形成一个峰值，三种植被的峰值差异是由其叶绿素对蓝绿光的反射作用决定的。此外，在波长区间 670～760nm 范围内光谱反射率极速上升又下降，形成一个向上凸起的高反射率峰值，光谱曲线的变化速率最快。从 760nm 以后竹柳、油桐、湿地松三种植被的一阶导数光谱曲线变化差异程度较小，在 930nm、1140nm 和 1330nm 附近均出现负变化速率极值。

为了进一步对比竹柳、油桐和湿地松的一阶导数光谱曲线的差异，对三种植被的 D_b 和 λ_b、D_y 和 λ_y、D_r 和 λ_r 进行统计，结果见表 6-5。从表中可以看出 D_b 从大到小排序是：油桐（0.0038）>竹柳（0.0036）>湿地松（0.0029），油桐的 D_b 最大。竹柳的 λ_b 为 529nm，油桐和湿地松分别为 519nm 和 520nm，相差值仅为 1nm；D_y 的光谱反射率均为负的最大值，顺序为：竹柳（|−0.0029|）>油桐（|−0.0023|）>湿地松（|−0.0018|），最大值（竹柳）和最小值（湿地松）相差 0.0011。三种植被的 λ_y 差异较大，油桐位于 640nm，竹柳位于 588nm，

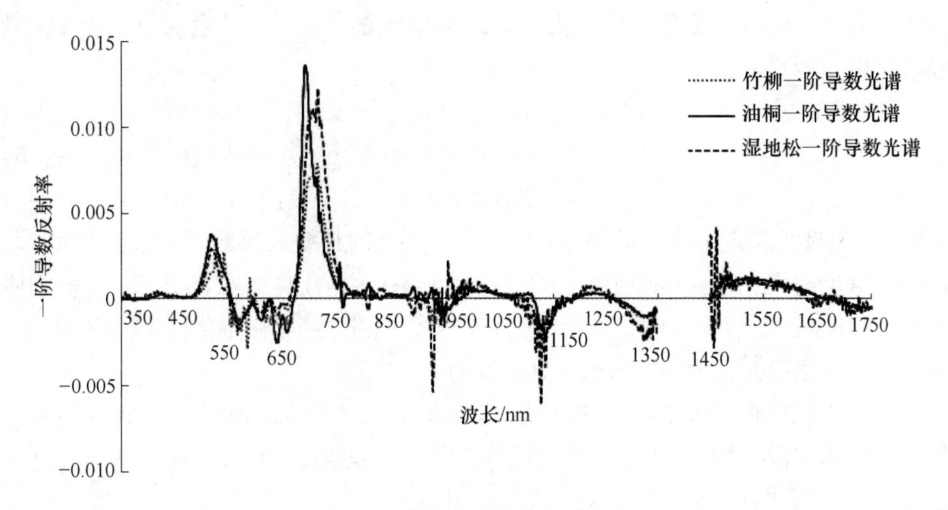

图 6-5 植被一阶导数光谱曲线

湿地松位于 571nm；油桐、湿地松的 D_r 较高，分别为 0.0138 和 0.0124，相比之下竹柳的 D_r 较低，为 0.0080。λ_r 从后往前依次为：湿地松（719nm）>竹柳（718nm）>油桐（695nm）。当植被遭受外部环境影响导致生长异常时，红边会向短波方向偏移，俗称“蓝移”[79]。而湿地松和竹柳的红边位置大致相近，相比油桐差值在 23~24nm，结合图 6-2 油桐在稀土矿区复垦地的长势说明其光谱向短波方向发生偏移，其长势可能受稀土矿区环境的影响。

表 6-5 植被蓝边、黄边、红边反射率及波长位置

植被类型	蓝边		黄边		红边	
	D_b	λ_b/nm	D_y	λ_y/nm	D_r	λ_r/nm
竹柳	0.0036	529	−0.0029	588	0.0080	718
油桐	0.0038	519	−0.0023	640	0.0138	695
湿地松	0.0029	520	−0.0018	571	0.0124	719

6.2.4 包络线去除光谱分析

包络线去除是高光谱遥感中常用的一种加强光谱吸收特征的分析方法。该方法可以帮助消除背景吸收的影响，突显光谱曲线的吸收特征，对植被遥感的研究具有重要意义。包络线去除主要是分两个步骤进行：第一步是通过原始光谱曲线求出其包络线。常规的做法是逐点直线衔接该光谱曲线向上凸起的峰值点，使得连线在峰值点上的外角不能小于 180°，连接完成后的包络线看似外包住原始光谱曲线。第二步需要做的是包络线去除。去除的原理是用原始光谱反射率值除以对应波长的包络线的光谱反射率值，得到的曲线其反射率的范围在 0~1。原始光谱曲线峰值点上的反射率值对应在去包络线曲线上的值为 1，其余的值小于 1（刘辉，2014）。具体如式（6-5）~式（6-7）：

$$K = (R_{end} - R_{start})/(\lambda_{end} - \lambda_{start}) \tag{6-5}$$

$$R_i' = R_{start} + K \times (\lambda_i - \lambda_{start}) \tag{6-6}$$

$$C_i = R_i/R_i' \tag{6-7}$$

式中，K 为吸收起点和终点的斜率；R_i' 为波段 i 处的包络线反射率；R_{start} 为吸收起点的光谱反射率；R_{end} 为吸收终点的光谱反射率；λ_i 为波段 i 处的波长；λ_{start} 为吸收起点的波长；λ_{end} 为吸收终点的波长；C_i 为包络线去除光谱曲线在波段 i 处的反射率；R_i 为原始光谱曲线在波段 i 处的反射率。

去包络线后的光谱曲线可以提取其波段深度（*BD*）、波段深度比（*BDR*）、归一化面积波段指数（*NBDI*）等的吸收特征（王奕涵，2015），用于植被叶绿素含量进行反演估算，如式（6-8）~式（6-10）：

$$BD = 1 - C_i \tag{6-8}$$

$$BDR = BD - BD_{max} \tag{6-9}$$

$$NBDI = (BD - BD_{max})/(BD + BD_{max}) \tag{6-10}$$

从图 6-6 可以看出竹柳、油桐、湿地松三种植被的去包络线曲线走势基本一致，但也存在一定的光谱差异。第一个强吸收特征区间是在 350~500nm 波段范围，该范围的三者差异较明显，湿地松的吸收强度最大，反射率最低，为 0. 2205，对应的波长位置在 491nm。其次是油桐，其反射率值为 0. 2742，对应的波长位置也在 491nm。吸收强度最弱的是竹柳，其反射率值最高，为 0. 3926，对

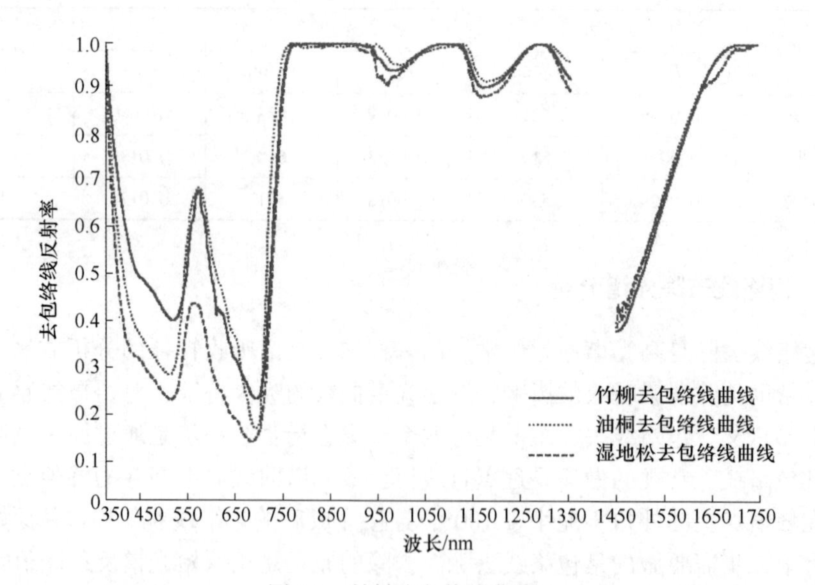

图 6-6　植被去包络线曲线

应的波长位置在497nm，相比湿地松和油桐其吸收谷向长波方向偏移了6nm；在510~560nm波段属于绿峰区间，由于植被自身叶绿素的影响导致这一区间内的反射率升高，吸收特征减弱。竹柳和油桐的反射率值及位置都非常相近，反射率分别为0.6769和0.6845，位置分别为551nm和553nm，在这一波段区间内难以把两者区分开来，但是能够与湿地松区分，湿地松的反射率为0.4300，位置在540nm，与竹柳和油桐的位置差值在10nm左右。在黄边560~640nm范围同样竹柳与油桐难以区分，湿地松较好区分。第二个强吸收特征的区间在波段640~680nm范围，也是吸收程度最强的区域。该区域对应原始光谱曲线是属于红谷范围，是由于植被光合作用对红光强吸收作用导致的反射率较低。三种稀土矿区复垦地植被的吸收强度从强到弱排序：湿地松>油桐>竹柳，三者的去包络线反射率值分别是0.1280、0.1577和0.2224，位置分别在668nm、676nm和676nm。从波长680nm以后竹柳、油桐和湿地松的去包络线光谱曲线走势基本差别不大，且较难区分，在930~1000nm和1130~1230nm范围还有两个小的吸收特征区间，但吸收程度明显减弱。

6.3 矿区复垦植被叶绿素含量监测

6.3.1 植被叶绿素含量反演方法

6.3.1.1 单变量回归法

单变量回归法是运用相关分析技术研究自变量 x 与因变量 y 之间彼此依托的定量联系，是描述样本数据集中或离散的趋势。本章通过单变量回归分析探讨各光谱特征参数与植被叶绿素含量之间的相关性，提取达到0.01极显著检验水平的光谱特征参数作为自变量 x，测取的叶绿素作为因变量 y，构建单变量回归模型（蒋金豹，2010），具体如式（6-11）~式（6-15）：

简单线性模型：
$$y = a + bx \tag{6-11}$$
对数模型：
$$y = a + b \times \ln(x) \tag{6-12}$$
抛物线模型：
$$y = a + bx + cx^2 \tag{6-13}$$
幂函数模型：
$$y = ax^b \tag{6-14}$$
指数模型：
$$y = a \times \exp(bx) \tag{6-15}$$
式中，a、b、c 分别为回归系数。

6.3.1.2 逐步回归法

由于高光谱数据具有波段数多、光谱信息较为丰富的特点，对波段间的冗余度和相关性会存在较大的影响，变量间的共线性关系会使得植被生化参数反演效果不佳。为解决植被叶绿素含量反演模型中的变量共线性问题，需要使用逐步回归法来进行统计建模（周超，2016）。逐步回归法是指建立的回归方程，筛选保

留下来的自变量 x 全都对因变量 y 影响明显。在所有考虑的自变量 x 中按明显程度由大到小逐一引进到回归方程中，被引进的自变量 x 有可能在下一个引进的新变量后被回归方程去除，始终确保回归方程中只有对因变量 y 影响明显的自变量 x，而不明显的自变量已经被去除（何晓群，2007）。

本章首先通过相关分析筛选出达到 0.01 极显著水平的光谱特征参数，然后对每个参数进行假设检验，当某个参数对叶绿素含量影响不显著时，就剔除并重新建立不包含该参数的回归模型，最后挑选出具有明显影响的光谱特征参数作为自变量，建立最优的回归模型，具体如式（6-16）所示：

$$y = a_0 + a_1x_1 + a_2x_2 + a_3x_3 + \cdots + a_ix_i \tag{6-16}$$

式中，y 为植被叶绿素含量；x_i 为保留下来的各光谱特征参数；a_i 为回归系数。

6.3.1.3 模型精度检验

为了对竹柳、油桐、湿地松三种植被进行叶绿素含量反演效果分析，本章将采集的各类样本分为两组，建模样本 40 组，采用单变量回归法和逐步回归法分别构建植被叶绿素含量反演模型；查验样本 20 组，采用均方根误差 *RMSE* 和相对误差 *RE* 验证构建的模型其实测值与预测值的关联性如何，具体如式（6-17）和式（6-18）：

$$RMSE = \sqrt{\sum_{i=1}^{n} (y_i - y_j)^2 / n} \tag{6-17}$$

$$RE = \frac{1}{n}\sum_{i=1}^{n} \frac{|y_i - y_j|}{y_i} \times 100\% \tag{6-18}$$

式中，y_i 代表实测值；y_j 代表预测值；n 为样本的数量。

6.3.2 竹柳叶绿素含量高光谱反演分析

对竹柳原始光谱与叶绿素进行相关性分析，如图 6-7 所示。得出原始光谱与叶绿素的相关系数绝对值曲线一开始就达到了置信水平 0.05 的水平线上，在 631nm 处达到置信水平 0.01 水平线上的第一个峰值，在 697nm 处达到置信水平 0.01 水平线第二个峰值，且为最高峰，波长 766nm 以后的曲线几乎没有达到置信水平线上。

另外得出波段 350~714nm 范围达到了 $P<0.05$ 显著相关水平，其中波段范围 350~577nm、666~687nm、708~714nm 介于 $P<0.05$ 显著相关水平与 $P<0.01$ 极显著相关水平之间，在 578~665nm 和 688~707nm 范围原始光谱与叶绿素含量都到达了 $P<0.01$ 极显著相关且出现两个峰值点，波段 578~665nm 范围的峰值点在波长 631nm 处，相关系数为 −0.510，波段 688 ~ 707nm 范围的峰值点在波长 697nm 处，是相关系数绝对值最大值，为−0.517。依据该相关系数曲线选取反演模型的候选光谱特征参数为：R_{617}、R_{631}、R_{697}。

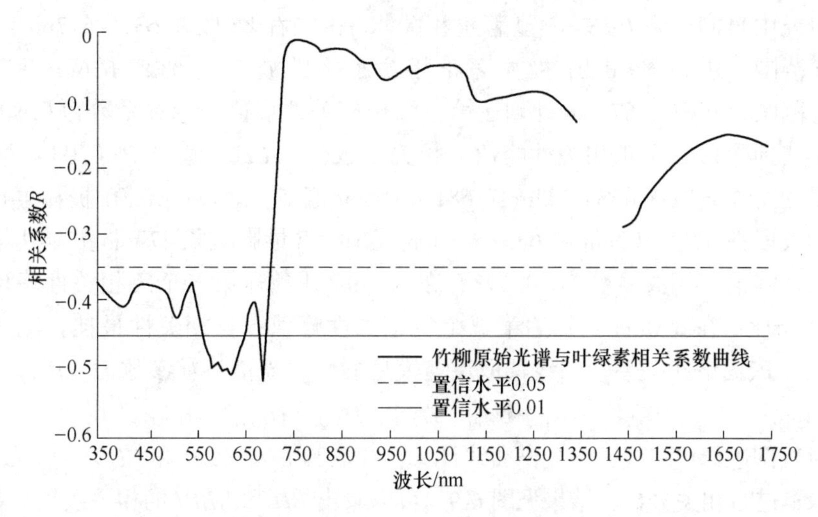

图 6-7 竹柳原始光谱曲线与叶绿素含量之间的相关性

而竹柳一阶导光谱与叶绿素含量的相关系数曲线既有呈正相关关系，亦有呈负相关关系，如图 6-8 所示。可以看出，波长 427nm 处到达第一个正相关性峰值，但相关系数不高，为 0. 252。随后从波长 428nm 处开始减小，到波长 439nm 处相关系数转为负值。在波长 479nm 处达到第一个负相关性峰值，随后从波长 480nm 处开始减小，同样地，在波长 544nm 处达到第二个正相关性峰值，但相关系数较低，为 0. 204。接着从波长 545nm 处开始减小，在 554nm 处达到第二个负相关性峰值。在 671nm 处达到正相关性最高峰值，且高出置信水平 0. 01 水平线。同样高出 0. 01 水平线的峰值所对应的位置还有 690nm 和 741nm。

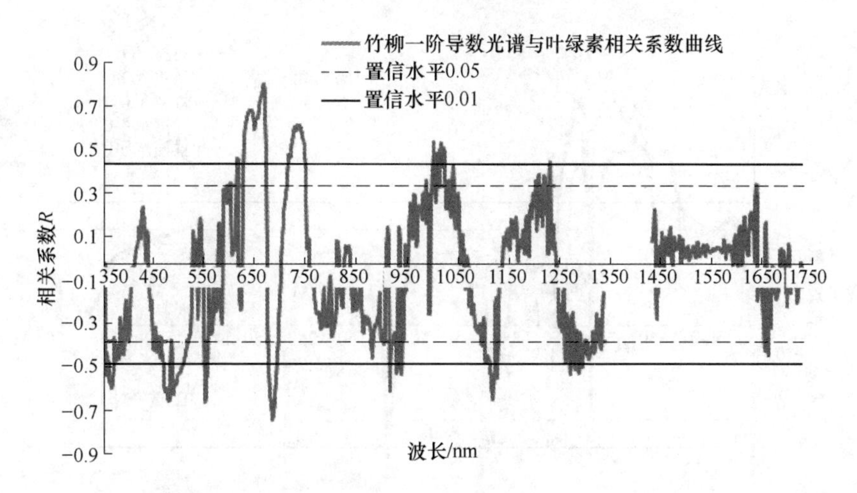

图 6-8 竹柳一阶导数光谱曲线与叶绿素含量之间的相关性

研究中竹柳达到 $P<0.05$ 显著正相关水平的主要波段在 631～677nm、719～755nm 范围，达到 $P<0.01$ 极显著正相关水平的波段在 632～676nm 和 726～753nm 范围，其中在 671nm 处到达第一个正相关性峰值，相关系数为 0.805；在 741nm 处到达第二个正相关性峰值，相关系数为 0.622。通过 $P<0.05$ 显著负相关水平的主要波段在 453～523nm、681～700nm 范围，通过 $P<0.01$ 极显著负相关水平的波段在 470～502nm 和 682～697nm 范围，其中在波长 479nm 处到达第一个负相关性峰值，相关系数为-0.513；在 554nm 处到达第二个负相关性峰值，其值为-0.618；在 690nm 处到达第三个负相关性峰值，且相关性最佳，值达到了-0.696。依据该相关系数曲线选取反演模型的候选光谱特征参数为：R_{617}、R_{631}、R_{697}、D_{479}、D_{554}、D_{647}、D_{671}、D_{690}、D_{741}、D_{922}、D_{1009}、D_{1128}。

对竹柳进行包络线去除光谱曲线计算，提取其 *BD*、*BDR* 和 *NBDI* 的吸收特征，与叶绿素进行相关分析，结果见图 6-9。可以看出 *BD* 和 *NBDI* 的相关系数基本走向较为一致，与 *BDR* 有较大差别。*BD* 和 *NBDI* 在波长 379nm 达到了正的 0.05 置信水平线；*BDR* 从 351nm 开始直接到达负的 0.01 置信水平线，在 354nm 达到峰值。在 506～621nm 区间三者的相关系数曲线走势一致，但曲线高低有所差异。在 506～564nm 范围 *BD* 与 *NBDI* 基本重叠，高于 *BDR*；在 565～621nm 范围 *BD* 与 *BDR* 基本重叠，低于 *NBDI*。在 675～685nm 区间 *BDR* 和 *NBDI* 的相关系数值极为相近，在波长 679nm 处两者都达到了相关系数最低点，分别为-0.355 和-0.351，而 *BD* 对应位置的相关系数值为 0.431。从波长 737nm 以后 *BD* 和 *NBDI* 的相关系数值较为相近，在 1086nm 处到达负的 0.01 置信水平线，其余波段基本达不到 0.05 置信水平线，而 *BDR* 相关系数绝大部分只能到负的 0.05 置信水平线。

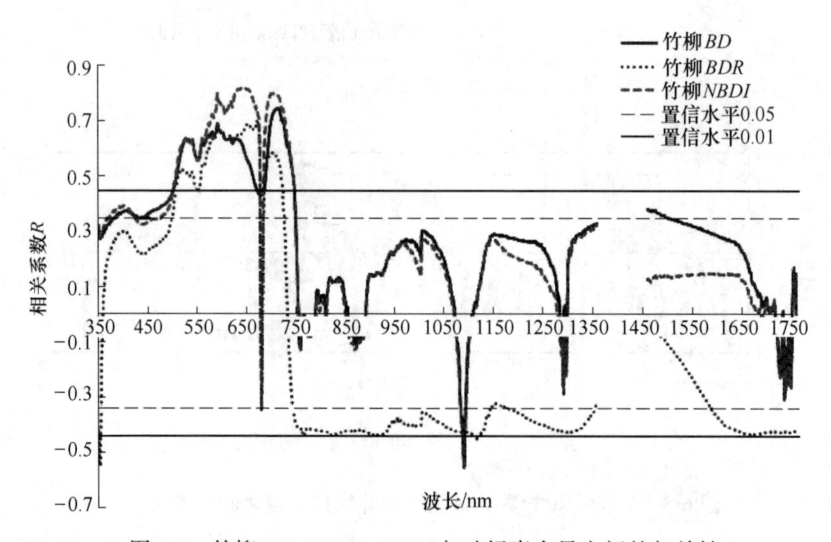

图 6-9　竹柳 *BD*、*BDR*、*NBDI* 与叶绿素含量之间的相关性

竹柳 BD、$NBDI$ 通过 $P<0.05$ 显著正相关的波段主要在 379~746nm 范围之内，BDR 通过 $P<0.05$ 显著正相关的波段主要在 496~723nm 范围。其中 BD 通过 $P<0.01$ 极显著正相关水平的波段范围在 510~661nm 和 689~743nm，相关系数峰值点分别在 528nm、590nm 和 712nm 处，其值分别为 0.641、0.694 和 0.749；BDR 通过 $P<0.01$ 极显著正相关的波段范围在 512~676nm 和 686~719nm，相关系数峰值点分别在 521nm、589nm、671nm 和 702nm 处，其值分别为 0.526、0.678、0.705 和 0.586；$NBDI$ 通过 $P<0.01$ 极显著正相关的波段范围在 507~677nm 和 684~742nm，相关系数峰值点分别在 528nm、590nm、642nm 和 704nm 处，其值分别为 0.635、0.804、0.825 和 0.805。竹柳 BD 和 $NBDI$ 通过 $P<0.05$ 显著负相关的波段在 1079~1089nm，两者在 1086nm 处达到负的 0.01 置信水平线，其值相应为-0.564 和-0.570；BDR 通过 $P<0.05$ 显著负相关的波段分别在 746~1336nm、1598~1750nm，通过 $P<0.01$ 极显著负相关的区间在 350~354nm，其最大值为-0.561，位置在 354nm 处。依据该相关系数曲线选取反演模型的候选光谱特征参数为：BD_{528}、BD_{590}、BD_{712}、BD_{1086}、BDR_{354}、BDR_{521}、BDR_{589}、BDR_{671}、BDR_{702}、$NBDI_{528}$、$NBDI_{590}$、$NBDI_{642}$、$NBDI_{704}$、$NBDI_{1086}$。

根据以上分析筛选出来的竹柳原始、一阶导数、去包络线敏感波段汇总见表 6-6。

表 6-6 竹柳敏感波段与叶绿素含量的相关性

光谱特征参数	相关系数	光谱特征参数	相关系数
R_{617}	-0.503①	BD_{590}	0.694①
R_{631}	-0.510①	BD_{712}	0.749①
R_{697}	-0.517①	BD_{1086}	-0.564①
D_{479}	-0.513①	BDR_{354}	-0.561①
D_{554}	-0.618①	BDR_{521}	0.526①
D_{647}	0.688①	BDR_{589}	0.678①
D_{671}	0.805①	BDR_{671}	0.705①
D_{690}	-0.696①	BDR_{702}	0.586①
D_{741}	0.622①	$NBDI_{528}$	0.635①
D_{922}	-0.565①	$NBDI_{590}$	0.804①
D_{1009}	0.548①	$NBDI_{642}$	0.825①
D_{1128}	-0.605①	$NBDI_{704}$	0.805①
BD_{528}	0.641①	$NBDI_{1086}$	-0.570①

①代表极显著水平（$P<0.01$）（$r_{0.01}=\pm0.449$）。

将所测取的竹柳叶绿素与提取的三边参数、绿峰、红谷、植被指数进行相关分析，结果见表 6-7 和表 6-8。本书选择相关系数达到极显著相关水平（$P<0.01$）的三边参数、植被指数作为叶绿素含量反演模型的候选光谱参数。

表 6-7　竹柳三边参数与叶绿素含量的相关性

光谱特征参数	相关系数	光谱特征参数	相关系数
D_b	−0.007	λ_g	−0.449①
λ_b	0.461①	R_r	−0.406①
SD_b	−0.322	λ_v	−0.670②
D_y	−0.121	SD_r/SD_b	0.675②
λ_y	−0.186	SD_r/SD_y	−0.275
SD_y	0.015	R_g/R_r	0.164
D_r	0.091	$(SD_r-SD_b)/(SD_r+SD_b)$	0.681②
λ_r	0.612②	$(SD_r-SD_y)/(SD_r+SD_y)$	−0.280
SD_r	0.143	$(R_g-R_r)/(R_g+R_r)$	0.199
R_g	−0.375①		

①代表显著水平（$P<0.05$）（$r_{0.05}=\pm0.349$）；
②代表极显著水平（$P<0.01$）（$r_{0.01}=\pm0.449$）。

表 6-8　竹柳植被指数与叶绿素含量的相关性

光谱特征参数	相关系数	光谱特征参数	相关系数
DD	0.807②	*RENDVI*	0.475②
REP	0.782②	*SIPI*	0.463②
OSAVI	0.402①	*TCI*	−0.766②
TVI	−0.031	*MCARI*	−0.406①
mND_{705}	0.766②	*NPCI*	−0.088
mSR_{705}	0.636②	*NPQI*	0.450①
RVSI	0.009		

①代表显著水平（$P<0.05$）（$r_{0.05}=\pm0.349$）；
②代表极显著水平（$P<0.01$）（$r_{0.01}=\pm0.449$）。

6.3.2.1　单变量回归模型的构建

以表 6-6～表 6-8 中的参数作为备选特征参数，利用单变量回归分析技术，构建单变量叶绿素含量反演模型，见表 6-9。本章选择 R^2 大于 0.630 的参数模型进行精度检验。

表 6-9 基于光谱特征参数的竹柳叶绿素含量单变量反演模型

光谱特征参数	模型									
	$y = a + bx$		$y = a + b \times \ln(x)$		$y = a + bx + cx^2$		$y = ax^b$		$y = a \times \exp(bx)$	
	R^2	F	R^2	F	R^2	F	R^2	F	R^2	F
R_{617}	0. 254	9. 509	0. 183	6. 261	0. 389	8. 583	0. 208	7. 338	0. 290	11. 440
R_{631}	0. 260	9. 827	0. 184	6. 296	0. 397	8. 890	0. 209	7. 395	0. 298	11. 864
R_{697}	0. 267	10. 201	0. 200	6. 998	0. 380	8. 287	0. 224	8. 086	0. 301	12. 084
D_{479}	0. 263	9. 993	0. 237	8. 705	0. 278	5. 207	0. 268	10. 274	0. 302	12. 142
D_{554}	0. 382	17. 308	—	—	0. 384	8. 414	—	—	0. 359	15. 705
D_{647}	0. 474	25. 229	—	—	0. 474	12. 176	—	—	0. 528	31. 281
D_{671}	0. 648	51. 467	—	—	0. 656	25. 720	—	—	0. 668	56. 294
D_{690}	0. 484	26. 252	0. 443	22. 260	0. 494	13. 159	0. 470	24. 879	0. 528	31. 278
D_{741}	0. 387	17. 661	0. 412	19. 593	0. 415	9. 590	0. 392	18. 043	0. 362	15. 857
D_{922}	0. 320	13. 162	—	—	0. 328	6. 581	—	—	0. 295	11. 716
D_{1009}	0. 300	12. 021	0. 316	12. 920	0. 342	7. 029	0. 328	13. 662	0. 310	12. 604
D_{1128}	0. 366	16. 135	—	—	0. 368	7. 867	—	—	0. 355	15. 438
BD_{528}	0. 411	19. 544	0. 436	21. 609	0. 443	10. 742	0. 500	27. 992	0. 463	24. 117
BD_{590}	0. 482	26. 080	0. 498	27. 735	0. 505	13. 792	0. 537	32. 529	0. 513	29. 554
BD_{712}	0. 561	35. 818	0. 572	37. 358	0. 570	13. 865	0. 599	41. 804	0. 577	38. 129
BD_{1086}	0. 318	13. 042	—	—	0. 321	6. 378	—	—	0. 376	16. 852
BDR_{354}	0. 315	12. 858	—	—	0. 327	6. 569	—	—	0. 324	13. 389
BDR_{521}	0. 277	10. 731	—	—	0. 385	8. 453	—	—	0. 319	13. 124
BDR_{589}	0. 460	23. 880	—	—	0. 553	16. 730	—	—	0. 473	25. 181
BDR_{671}	0. 496	27. 599	—	—	0. 497	13. 320	—	—	0. 499	27. 873
BDR_{702}	0. 344	14. 664	—	—	0. 600	20. 284	—	—	0. 338	14. 268
$NBDI_{528}$	0. 403	18. 903	—	—	0. 415	9. 565	—	—	0. 465	24. 377
$NBDI_{590}$	0. 647	51. 298	—	—	0. 652	25. 348	—	—	0. 691	62. 629
$NBDI_{642}$	0. 681	59. 724	—	—	0. 687	29. 631	—	—	0. 710	68. 716
$NBDI_{704}$	0. 649	51. 704	—	—	0. 651	25. 198	—	—	0. 667	55. 995
$NBDI_{1086}$	0. 324	13. 443	—	—	0. 324	13. 443	—	—	0. 388	17. 765
λ_r	0. 374	16. 734	0. 374	16. 749	0. 374	16. 734	0. 374	16. 708	0. 373	16. 691
λ_v	0. 449	22. 815	0. 449	22. 801	0. 449	22. 828	0. 444	22. 330	0. 444	22. 348
SD_r/SD_b	0. 455	23. 383	0. 462	24. 078	0. 459	11. 467	0. 492	27. 123	0. 477	25. 521
$(SD_r - SD_b)/(SD_r + SD_b)$	0. 463	24. 168	0. 463	24. 134	0. 463	11. 652	0. 501	28. 092	0. 499	27. 837

续表 6-9

光谱特征参数	模型									
	$y = a + bx$		$y = a + b \times \ln(x)$		$y = a + bx + cx^2$		$y = ax^b$		$y = a \times \exp(bx)$	
	R^2	F	R^2	F	R^2	F	R^2	F	R^2	F
DD	0.651	52.268	—	—	0.664	26.622	—	—	0.644	50.713
REP	0.612	44.115	0.612	44.150	0.612	44.115	0.643	50.354	0.642	50.271
mND_{705}	0.587	39.859	0.586	39.678	0.588	19.259	0.590	40.357	0.585	39.449
mSR_{705}	0.404	19.012	0.444	22.389	0.470	11.962	0.464	24.240	0.414	19.765
RENDVI	0.226	8.176	0.235	8.623	0.292	5.557	0.255	9.599	0.244	9.039
SIPI	0.215	7.656	0.226	8.182	0.314	6.184	0.255	9.561	0.241	8.869
TCI	0.586	39.642	0.581	38.898	0.586	19.137	0.605	42.797	0.617	45.196

注：—代表光谱特征参数包含非正数值，无法计算对应的模型（下同）。

6.3.2.2 竹柳逐步回归模型的构建

选取与竹柳叶绿素含量达到 $P<0.01$ 极显著相关的光谱特征参数，分别建立三边参数、植被指数、敏感波段与叶绿素的逐步回归方程。模型的准则要求入选的光谱特征参数进入 F 的概率要小于 0.05，大于 0.10 则删除该参数。另外，入选的光谱参数其回归系数相伴概率 *Sig* 小于 0.05，模型才能通过一致性显著检验。结果见表 6-10。本章选择 R^2 大于 0.630 的参数模型进行精度检验，其中编号 2、7 是单变量模型，选择的模型类别参照表 6-10。

表 6-10　基于光谱特征参数的竹柳叶绿素含量逐步回归模型

编号	入选的光谱特征参数	模型表达式	R^2	*Sig*
1	$(SD_r - SD_b)/(SD_r + SD_b)$ λ_r	$y = 57.714x_{(SDr-SDb)/(SDr+SDb)} + 0.227x_{\lambda r} - 170.571$	0.631	0.000 0.002
2	*DD*	$y = 98.309x_{DD} + 28.858$	0.651	0.000
3	R_{697}	$y = -63.924x_{R697} - 39.980$	0.267	0.000
4	D_{671} D_{1128}	$y = 29497.679x_{D671} - 4354.932x_{D1128} + 31.850$	0.751	0.000 0.002
5	BD_{712} BD_{1086}	$y = 36.478x_{BD712} - 2806.512x_{BD1086} + 19.193$	0.653	0.000 0.013
6	BDR_{671} BDR_{354} BDR_{521}	$y = 1177.004x_{BDR671} - 82.315x_{BD354} + 28.431x_{BD521} - 16.168$	0.650	0.005 0.020 0.023
7	$NBDI_{642}$	$y = 239.742x_{NBDI642} + 44.482$	0.681	0.000

续表 6-10

<table>
<tr><th>编号</th><th>入选的光谱特征参数</th><th>模型表达式</th><th>R^2</th><th>Sig</th></tr>
<tr><td rowspan="3">8</td><td>D_{671}</td><td rowspan="3">$y = 438.930x_{NBDI642} - 8727.518x_{D671} - 46.733x_{BD590} + 28040.501x_{D992} + 74.885$</td><td rowspan="3">0.836</td><td>0.001</td></tr>
<tr><td>BD_{590}</td><td>0.002</td></tr>
<tr><td>D_{992}</td><td>0.002</td></tr>
</table>

6.3.2.3 模型精度检验

采用式（6-17）和式（6-18）对选择出来的单变量反演模型和逐步回归模型进行精度检验，结果如表 6-11 所示。另外图 6-10 显示了竹柳叶绿素含量实测值与预测值的分布情况，从中得知编号（k）的逐步回归模型预测效果较其他反演模型好，且误差较小，可以作为离子稀土矿区复垦地竹柳叶绿素含量最佳反演模型。

表 6-11 竹柳叶绿素单变量及逐步回归反演模型精度分析

<table>
<tr><th colspan="2">模型表达式</th><th>预测 R^2</th><th>RMSE</th><th>RE/%</th></tr>
<tr><td rowspan="6">单变量
反演模型</td><td>$y = 39.617e^{1111.8x}_{D671}$</td><td>0.614</td><td>6.385</td><td>19.60</td></tr>
<tr><td>$y = 49.061e^{2.877x}_{NBDI590}$</td><td>0.767</td><td>6.290</td><td>17.66</td></tr>
<tr><td>$y = 46.956e^{7.5888x}_{NBDI642}$</td><td>0.780</td><td>5.024</td><td>14.31</td></tr>
<tr><td>$y = 51.327e^{2.2279x}_{NBDI704}$</td><td>0.770</td><td>5.466</td><td>16.47</td></tr>
<tr><td>$y = 98.309x_{DD} + 28.858$</td><td>0.763</td><td>5.878</td><td>17.15</td></tr>
<tr><td>$y = 1 \times 10^{-112} x_{REP}^{39.718}$</td><td>0.774</td><td>8.247</td><td>23.01</td></tr>
<tr><td rowspan="5">逐步回归模型</td><td>$y = 57.714x_{(SD_r-SD_b)/(SD_r+SD_b)} + 0.227x_{\lambda r} - 170.571$</td><td>0.683</td><td>6.330</td><td>18.34</td></tr>
<tr><td>$y = 29497.679x_{D671} - 4354.932x_{D1128} + 31.850$</td><td>0.690</td><td>6.292</td><td>18.12</td></tr>
<tr><td>$y = 36.478x_{BD712} - 2806.512x_{BD1086} + 19.193$</td><td>0.661</td><td>6.708</td><td>18.11</td></tr>
<tr><td>$y = 1177.004x_{BDR671} - 82.315x_{BD354} + 28.431x_{BD521} - 16.168$</td><td>0.794</td><td>5.860</td><td>14.45</td></tr>
<tr><td>$y = 438.930x_{NBDI642} - 8727.518x_{D671} - 46.733x_{BD590} + 28040.501x_{D992} + 74.885$</td><td>0.823</td><td>2.915</td><td>8.75</td></tr>
</table>

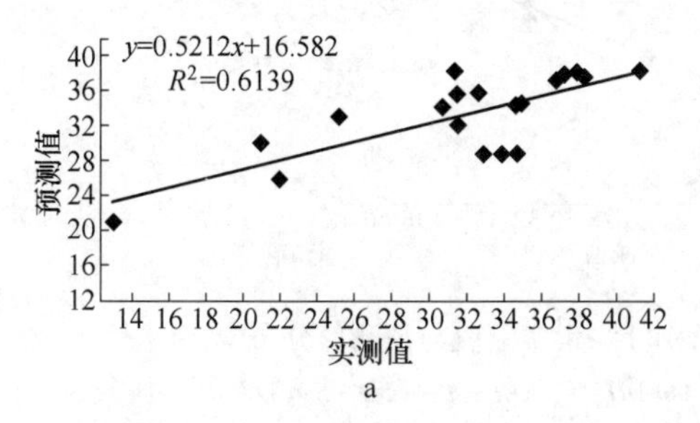

a

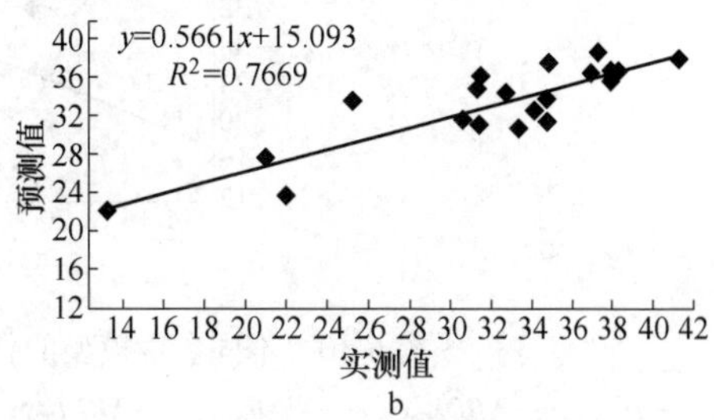

b

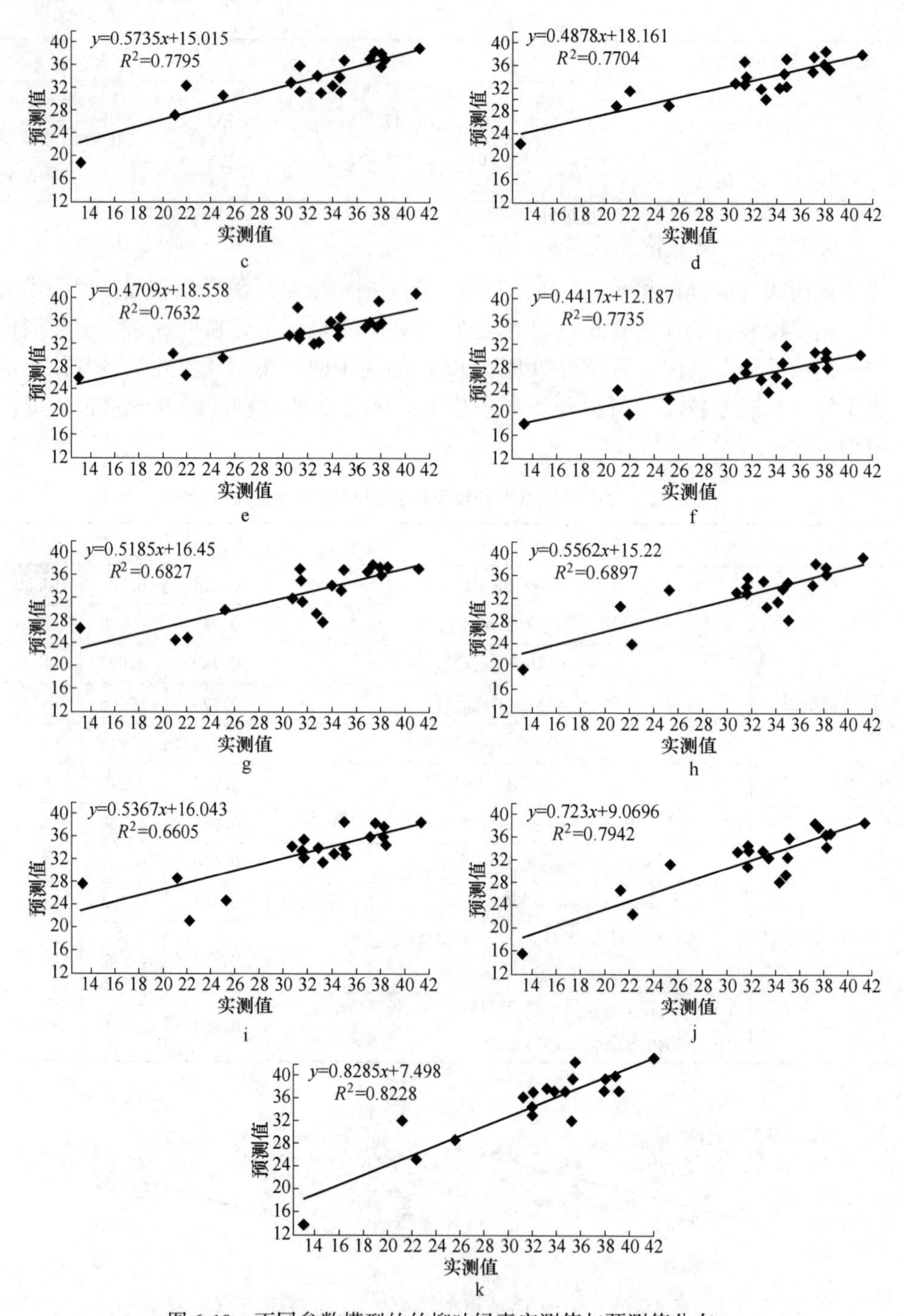

图 6-10　不同参数模型的竹柳叶绿素实测值与预测值分布

a—D_{671}；b—$NBDI_{590}$；c—$NBDI_{642}$；d—$NBDI_{704}$；e—DD；f—REP；g—$(SD_r-SD_b)/(SD_r+SD_b)$ 和 λ_r；h—D_{671} 和 D_{1128}；i—BD_{712} 和 BD_{1086}；j—BDR_{671}、BDR_{354} 和 BDR_{521}；k—$NBDI_{642}$、D_{671}、BD_{590} 和 D_{992}

6.3.3 油桐叶绿素含量高光谱反演分析

从图 6-11 可以看出曲线先增大后减小，再增大然后减小，波长 774nm 以后的曲线几乎处于平缓状态。除了 350~495nm、757~889nm、1016~1111nm 波段范围达不到显著相关外，其余波段都达到了 $P<0.05$ 显著相关。其中，波段 496~508nm、668~688nm、729~747nm 范围介于 $P<0.05$ 显著相关与 $P<0.01$ 极显著相关之间。在 509~667nm 和 689~726nm 范围原始光谱与叶绿素含量的相关性都达到了 $P<0.01$ 极显著相关且出现两个峰值点，分别在 612nm 处，相关系数是-0.698；在 696nm 处，相关系数达到了-0.710，为相关系数最大值。因此筛选出来的敏感波段为：R_{606}、R_{612}、R_{693}、R_{696}，作为反演模型的候选光谱特征参数。

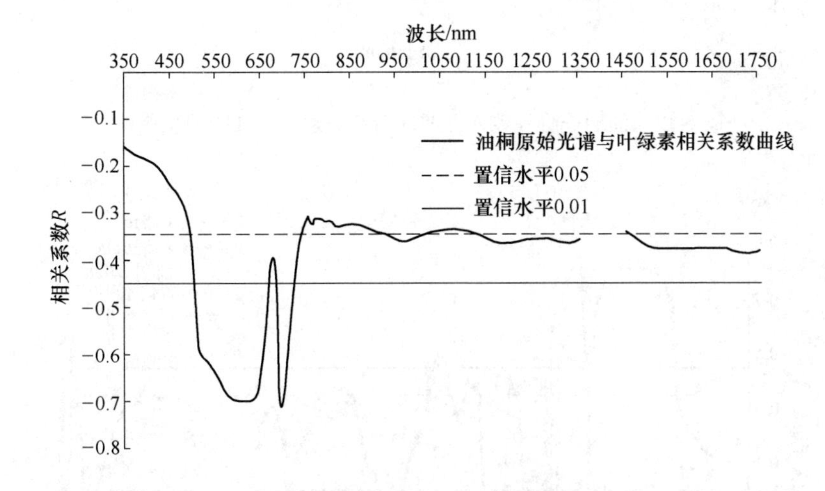

图 6-11 油桐原始光谱曲线与叶绿素含量之间的相关性

油桐一阶导数光谱与叶绿素相关系数曲线如图 6-12 所示。油桐通过 $P<0.05$ 显著正相关的主要波段在 572~676nm、714~765nm 范围之内，通过 $P<0.01$ 极显著正相关水平的波段在 579~675nm 和 718~756nm 范围之内，其中在 666nm 处到达第一个正相关性峰值，且相关性最好，相关系数为 0.810；在 734nm 到达第二个正相关性峰值，相关系数为 0.687。通过 $P<0.01$ 极显著负相关水平的波段在 439~558nm 和 678~701nm 范围，其中 475nm 到达第一个负相关性峰值，相关系数为-0.791；在 688nm 处到达第二个负相关性峰值，且相关性最高，其值是-0.804。根据油桐一阶导数光谱筛选出的敏感波段 D_{475}、D_{554}、D_{621}、D_{666}、D_{688}、D_{734}、D_{1350}，作为反演模型的候选光谱特征参数。

接着对油桐 *BD*、*BDR* 和 *NBDI* 与叶绿素含量进行相关性分析，结果如图6-13 所示。可以看出油桐 *BD* 和 *NBDI* 的相关系数基本走向较为一致，与 *BDR* 有较大差别。350~500nm 波段范围 *BD*、*BDR*、*NBDI* 三者的相关系数变化区别较大，

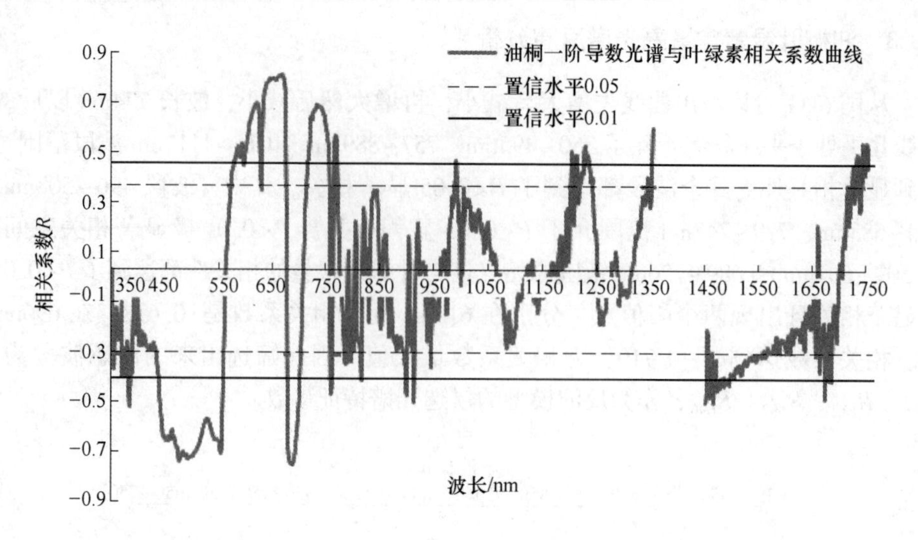

图 6-12　油桐一阶导数光谱曲线与叶绿素含量之间的相关性

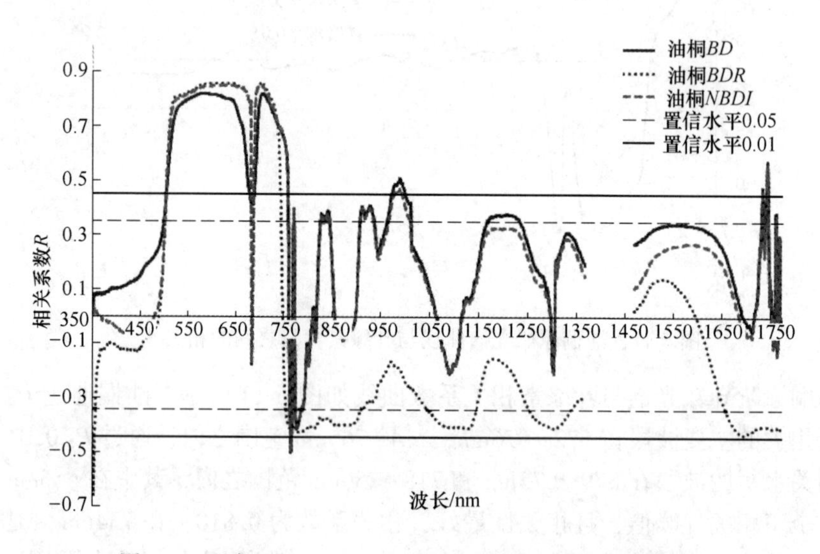

图 6-13　油桐 *BD*、*BDR*、*NBDI* 与叶绿素含量之间的相关性

BD 的相关系数在波长 496nm 达到了正的 0.05 置信水平线；*BDR* 从 351nm 开始直接到达负的 0.01 置信水平线，在 353nm 达到峰值后在波长 499nm 处达到了正的 0.05 置信水平线；*NBDI* 的相关系数曲线先减小，在 438nm 达到相关系数最低值，后逐步增加，同样在 499nm 处到达正的 0.05 置信水平线。在 500~760nm 区间范围三者的相关系数曲线存在两两重叠（或相近）部分，在波段500~735nm 范围油桐 *BDR* 和 *NBDI* 的相关系数值极为相近，波长 677nm 处两者都达到了相关

系数最低点，分别为-0.182 和-0.180，而 *BD* 对应位置的相关系数值为 0.413；在波段 735~760nm 是 *NBDI* 和 *BD* 的相关系数值较为相近，在波长 758nm 到达负的 0.01 置信水平线，而 *BDR* 只到达负的 0.05 置信水平线。从 760nm 开始都 1750nm 结束，油桐 *BD* 和 *NBDI* 绝大部分的波段与叶绿素的相关性都达不到 0.01 置信水平，*BDR* 仅有少部分波段与叶绿素的相关性达到 0.05 置信水平。

油桐 *BD*、*BDR*、*NBDI* 通过 $P<0.05$ 显著正相关的波段主要在 499~752nm 范围，其中 *BD* 通过 $P<0.01$ 极显著相关峰值点分别在 580nm 和 698nm 处，其值均为 0.823；*BDR* 通过 $P<0.01$ 极显著正相关峰值点分别在 613nm 和 695nm 处，其值分别为 0.862 和 0.863；*NBDI* 通过 $P<0.01$ 极显著正相关峰值点分别在 634nm 和 695nm 处，其值分别为 0.854 和 0.856。油桐 *BD* 和 *NBDI* 通过 $P<0.05$ 显著负相关在波长 758nm 达到负的 0.01 置信水平线，其值对应为-0.505 和-0.501；*BDR* 通过 $P<0.05$ 显著负相关只有波段 351~354nm 达到 $P<0.01$ 极显著负相关，相关系数最大值为-0.669，位置在 353nm 处。选择与叶绿素相关性较好的波段作为反演模型的候选光谱特征参数，具体为：BD_{580}、BD_{698}、BD_{758}、BDR_{353}、BDR_{613}、BDR_{695}、$NBDI_{634}$、$NBDI_{695}$、$NBDI_{758}$。

根据以上分析筛选出来的油桐原始、一阶导数、去包络线敏感波段汇总见表 6-12。

表 6-12 油桐敏感波段与叶绿素含量的相关性

光谱特征参数	相关系数	光谱特征参数	相关系数
R_{606}	-0.697①	D_{1350}	0.592①
R_{612}	-0.698①	BD_{580}	0.823①
R_{693}	-0.699①	BD_{698}	0.823①
R_{696}	-0.710①	BD_{758}	-0.505①
D_{475}	-0.791①	BDR_{353}	-0.669①
D_{554}	-0.760①	BDR_{613}	0.862①
D_{621}	0.695①	BDR_{695}	0.863①
D_{666}	0.810①	$NBDI_{634}$	0.854①
D_{688}	-0.804①	$NBDI_{695}$	0.856①
D_{734}	0.687①	$NBDI_{758}$	-0.501①

①代表极显著水平（$P<0.01$）$r_{0.01}=\pm0.449$）。

对油桐叶绿素含量与提取的三边参数、绿峰、红谷、植被指数进行相关分析，结果见表 6-13 和表 6-14。选择相关系数到达极显著相关水平（$P<0.01$）的三边参数、植被指数作为油桐叶绿素含量反演模型的候选光谱参数。

表 6-13　油桐三边参数与叶绿素含量的相关性

光谱特征参数	相关系数	光谱特征参数	相关系数
D_b	−0.641②	λ_g	−0.735②
λ_b	0.808②	R_r	−0.406①
SD_b	−0.699②	λ_v	−0.723②
D_y	0.612②	SD_r/SD_b	0.780②
λ_y	−0.785②	SD_r/SD_y	−0.666②
SD_y	0.543②	R_g/R_r	−0.499②
D_r	−0.524②	$(SD_r-SD_b)/(SD_r+SD_b)$	0.816②
λ_r	0.584②	$(SD_r-SD_y)/(SD_r+SD_y)$	−0.685②
SD_r	−0.287	$(R_g-R_r)/(R_g+R_r)$	−0.498②
R_g	−0.644②		

①代表显著水平（$P<0.05$）（$r_{0.05}=\pm0.349$）；

②代表极显著水平（$P<0.01$）（$r_{0.01}=\pm0.449$）。

表 6-14　油桐植被指数与叶绿素含量的相关性

光谱特征参数	相关系数	光谱特征参数	相关系数
DD	0.784②	*RENDVI*	0.429①
REP	0.826②	*SIPI*	0.293
OSAVI	0.110	*TCI*	−0.818②
TVI	−0.500②	*MCARI*	−0.766②
mND_{705}	0.822②	*NPCI*	−0.746②
mSR_{705}	0.712②	*NPQI*	0.225
RVSI	0.268		

①代表显著水平（$P<0.05$）（$r_{0.05}=\pm0.349$）；

②代表极显著水平（$P<0.01$）（$r_{0.01}=\pm0.449$）。

6.3.3.1　油桐单变量反演模型的构建

选择达到 $P<0.01$ 极显著相关的参数构建油桐单变量叶绿素含量反演模型，见表 6-15。本章选择 R^2 大于 0.680 的参数模型进行精度检验。

表 6-15　基于光谱特征参数的油桐叶绿素含量单变量反演模型

光谱特征参数	模型									
	$y=a+bx$		$y=a+b\times\ln(x)$		$y=a+bx+cx^2$		$y=ax^b$		$y=a\times\exp(bx)$	
	R^2	F	R^2	F	R^2	F	R^2	F	R^2	F
R_{606}	0.486	26.506	0.508	28.871	0.515	14.341	0.487	26.567	0.467	24.498
R_{612}	0.488	26.657	0.509	28.981	0.516	14.397	0.488	26.717	0.469	24.685
R_{693}	0.489	26.765	0.508	28.891	0.516	14.371	0.487	26.621	0.469	24.750

续表 6-15

光谱特征参数	模型									
	$y = a + bx$		$y = a + b \times \ln(x)$		$y = a + bx + cx^2$		$y = ax^b$		$y=a\times\exp(bx)$	
	R^2	F	R^2	F	R^2	F	R^2	F	R^2	F
R_{696}	0.504	28.476	0.525	30.947	0.533	15.412	0.503	28.335	0.483	26.208
D_{475}	0.626	46.771	—	—	0.626	22.634	—	—	0.621	45.966
D_{554}	0.577	38.221	—	—	0.584	18.953	—	—	0.583	39.140
D_{621}	0.484	26.212	—	—	0.537	15.681	—	—	0.459	23.728
D_{666}	0.655	53.248	—	—	0.706	32.429	—	—	0.658	53.786
D_{688}	0.647	51.233	0.682	60.122	0.699	31.323	0.665	55.654	0.637	49.190
D_{734}	0.471	24.963	0.508	28.923	0.534	15.446	0.517	29.986	0.479	25.695
D_{1350}	0.350	15.074	—	—	0.352	7.333	—	—	0.336	14.155
BD_{580}	0.677	58.700	0.680	59.444	0.682	28.971	0.677	58.753	0.672	57.463
BD_{698}	0.678	58.915	0.679	59.249	0.681	28.765	0.676	58.501	0.673	57.612
BD_{758}	0.255	9.592	—	—	0.385	8.455	—	—	0.240	8.854
BDR_{353}	0.447	22.626	—	—	0.449	22.814	—	—	0.441	22.120
BDR_{613}	0.713	61.148	—	—	0.714	39.220	—	—	0.716	62.253
BDR_{695}	0.716	61.300	—	—	0.717	39.796	—	—	0.718	62.378
$NBDI_{634}$	0.701	55.531	—	—	0.706	30.584	—	—	0.706	58.076
$NBDI_{695}$	0.702	56.649	—	—	0.708	33.076	—	—	0.704	57.372
$NBDI_{758}$	0.251	9.399	—	—	0.252	9.454	—	—	0.237	8.686
D_b	0.411	19.503	0.439	21.948	0.454	11.203	0.412	19.622	0.383	17.415
λ_b	0.653	52.668	0.653	52.683	0.654	52.668	0.635	48.685	0.635	48.667
SD_b	0.489	26.817	0.519	30.181	0.531	15.288	0.491	27.041	0.463	24.108
D_y	0.375	16.790	—	—	0.396	8.845	—	—	0.354	15.348
λ_y	0.616	44.913	0.616	44.932	0.616	44.913	0.625	46.631	0.625	46.614
SD_y	0.294	11.679	—	—	0.332	6.719	—	—	0.267	10.204
D_r	0.275	10.620	0.298	11.869	0.312	6.135	0.272	10.445	0.250	9.315
λ_r	0.341	14.459	0.343	14.645	0.341	14.459	0.350	15.062	0.347	14.864
R_g	0.415	19.824	0.437	21.753	0.444	10.801	0.413	19.679	0.390	17.906
λ_g	0.540	32.897	0.540	32.888	0.540	32.906	0.571	37.276	0.571	37.295
λ_v	0.523	30.667	0.522	30.616	0.523	30.717	0.542	33.151	0.543	33.210

续表 6-15

光谱特征参数	模型									
	$y = a + bx$		$y = a + b \times \ln(x)$		$y = a + bx + cx^2$		$y = ax^b$		$y = a \times \exp(bx)$	
	R^2	F	R^2	F	R^2	F	R^2	F	R^2	F
SD_r/SD_b	0.608	43.515	0.647	51.257	0.691	30.186	0.631	47.787	0.592	40.561
SD_r/SD_y	0.444	22.364	—	—	0.489	12.912	—	—	0.425	20.659
R_g/R_r	0.249	9.307	0.250	9.347	0.252	4.537	0.249	9.274	0.248	9.219
$(SD_r-SD_b)/(SD_r+SD_b)$	0.666	55.734	0.670	56.724	0.675	28.086	0.655	53.068	0.650	52.068
$(SD_r-SD_y)/(SD_r+SD_y)$	0.469	24.757	0.470	24.833	0.471	12.005	0.447	22.611	0.446	22.517
$(R_g-R_r)/(R_g+R_r)$	0.248	9.245	0.242	8.948	0.252	4.552	0.241	8.900	0.247	9.182
DD	0.614	44.565	—	—	0.614	21.502			0.603	42.504
REP	0.682	60.038	0.682	59.945	0.682	60.128	0.675	58.149	0.675	58.216
TVI	0.250	9.356	0.264	10.018	0.273	5.070	0.237	8.700	0.224	8.100
mND_{705}	0.676	58.362	0.688	61.831	0.696	30.910	0.681	59.818	0.665	55.648
mSR_{705}	0.508	28.865	0.536	32.379	0.570	17.909	0.524	30.811	0.495	27.436
TCI	0.669	56.642	0.672	57.315	0.675	28.007	0.663	55.125	0.663	55.020
$MCARI$	0.586	39.659	0.661	54.576	0.690	30.020	0.637	49.239	0.571	37.199
$NPCI$	0.557	35.183	0.473	25.176	0.560	17.200	0.475	25.338	0.561	35.805

6.3.3.2　油桐逐步回归模型的构建

根据提取的与油桐叶绿素达到 $P<0.01$ 极显著相关的光谱特征参数，分别建立三边参数、植被指数、敏感波段与叶绿素的逐步回归方程，结果见表 6-16。本章选择 R^2 大于 0.680 的参数模型进行精度检验，其中编号 2、6、7 是单变量模型，选择的模型类别参照表 6-15。

表 6-16　基于光谱特征参数的油桐叶绿素含量逐步回归模型

编号	入选的光谱特征参数	模型表达式	R^2	*Sig*
1	$(SD_r-SD_b)/(SD_r+SD_b)$　λ_v	$y=49.1x_{(SD_r-SD_b)/(SD_r+SD_b)}-1.16x_{\lambda v}+776.646$	0.726	0.000
				0.002
2	*REP*	$y=1.169x_{REP}-803.112$	0.682	0.000
3	R_{696}	$y=-85.746x_{R696}-41.377$	0.504	0.000
4	D_{666}	$y=8629.805x_{D666}+38.101$	0.655	0.000
5	BD_{698}	$y=49.175x_{BD698}-1.641$	0.678	0.000
6	BDR_{695}	$y=78.01x_{BDR695}+43.118$	0.716	0.000
7	$NBDI_{695}$	$y=110.867x_{NBDI695}+41.780$	0.704	0.000
8	BDR_{695}	$y=67.802x_{BDR695}+9801.014x_{D1350}+49.528$	0.791	0.000
	D_{1350}			0.021

6.3.3.3　模型精度检验

采用 *RMSE* 和 *RE* 对选择出来的油桐单变量反演模型和逐步回归模型进行精度检验，结果如表 6-17 所示。图 6-14 显示了油桐叶绿素含量实测值与预测值的分布情况，从中发现编号（*i*）的逐步回归模型预测效果比其他反演模型都好，且误差较低，可以作为离子稀土矿区复垦地油桐叶绿素含量最佳反演模型。

表 6-17　油桐叶绿素单变量及逐步回归反演模型精度分析

模型表达式		预测 R^2	*RMSE*	*RE*/%
单变量反演模型	$y=-7.641\ln(x_{D_{688}})-11.895$	0.735	3.506	10.27
	$y=27.448\ln(x_{BD_{580}})+44.79$	0.761	3.396	9.47
	$y=46.086e^{2.4253x}_{BDR_{613}}$	0.808	2.965	8.21
	$y=45.384e^{2.5584x}_{BDR_{695}}$	0.809	2.982	8.76
	$y=42.561e^{4.4644x}_{NBDI_{634}}$	0.798	3.062	8.35
	$y=43.446e^{3.6383x}_{NBDI_{695}}$	0.797	3.014	9.19
	$y=0.0313x_{REP}{}^2-43.499x_{REP}+15131$	0.798	3.558	8.73
	$y=18.695\ln(x_{mND_{705}})+48.271$	0.804	3.067	9.25
逐步回归模型	$y=49.1x_{(SD_r-SD_b)/(SD_r+SD_b)}-1.16x_{\lambda v}+776.646$	0.830	2.798	7.78
	$y=67.802x_{BDR_{695}}+9801.014x_{D1350}+49.528$	0.766	3.269	9.30

6.3.4　湿地松叶绿素含量高光谱反演分析

湿地松原始光谱与叶绿素相关分析如图 6-15 所示，可以看出原始光谱反射

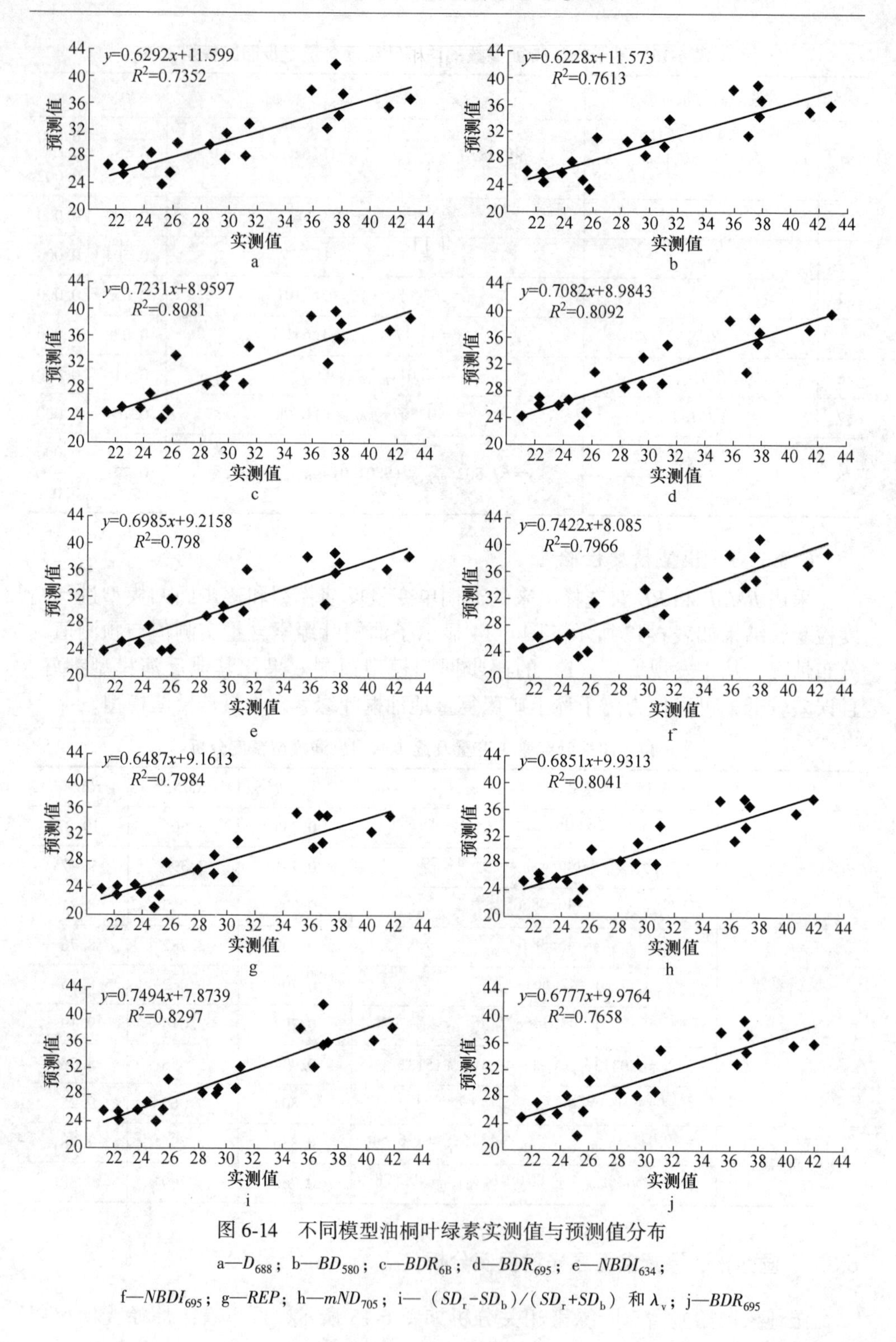

图 6-14　不同模型油桐叶绿素实测值与预测值分布

a—D_{688}；b—BD_{580}；c—BDR_{6B}；d—BDR_{695}；e—$NBDI_{634}$；

f—$NBDI_{695}$；g—REP；h—mND_{705}；i—（SD_r-SD_b）/（SD_r+SD_b）和 λ_v；j—BDR_{695}

率与叶绿素含量的相关系数曲线整体呈正相关。除了 350~513nm 波段范围达不到显著相关，其余波段都达到了 $P<0.05$ 显著相关水平以上。其中，波段 514~692nm 和 1488~1750nm 范围介于 $P<0.05$ 显著相关水平与 $P<0.01$ 极显著相关水平之间，1488nm 以后的波段比较贴近于 0.01 置信水平线上。在 693~1350nm 和 1450~1487nm 区间都到达 $P<0.01$ 极显著相关水平，出现了 4 个较为突出的峰值点，分别位于 762nm、817nm、932nm 和 1116nm 处，且相关系数都能达到 0.66 以上。基于上述分析选择的候选特征参数有：R_{762}、R_{817}、R_{932}、R_{1116}。

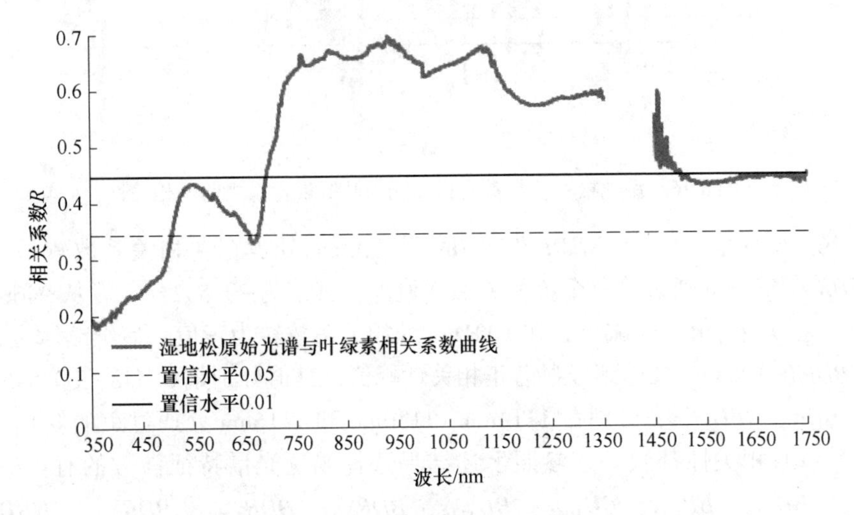

图 6-15 湿地松原始光谱曲线与叶绿素含量之间的相关性

而湿地松一阶导数光谱与叶绿素含量的相关系数曲线如图 6-16 所示。首先 390nm 处达到第一个正相关性峰值，后在 480nm 处达到第二个正相关性峰值，且都通过了 0.01 置信水平线，两个位置所对应的相关系数分别为 0.643 和 0.673。接着在波段 553~634nm 处开始负增长，分别在 594nm 和 634nm 处达到两个负相关性较高的峰值点，且都达到了负的 0.01 置信水平线，其值对应是-0.624 和-0.602。然后从波段 670~718nm 范围开始新一轮的正增长，在 718nm 处达到第三个正相关性峰值。后从 719nm 开始出现无规律的正负交替震荡，在波长位置 877nm、954nm、1153nm、1252nm 和 1657nm 处都达到了 0.01 置信水平。基于此选出候选一阶导数光谱特征参数有：D_{390}、D_{480}、D_{594}、D_{634}、D_{718}、D_{877}、D_{954}、D_{1153}、D_{1252}、D_{1657}。

接着对湿地松 *BD*、*BDR* 和 *NBDI* 与叶绿素进行相关性分析，结果如图 6-17 所示。可以看出湿地松 *BD* 和 *NBDI* 的相关系数曲线基本走向较为一致，与 *BDR* 相比有较明显差别。*BD* 和 *NBDI* 在 762nm 形成了两个负相关峰值点，分别为-0.511和-0.512；在 818nm 处达到第二个负相关系数峰值，分别为-0.518 和

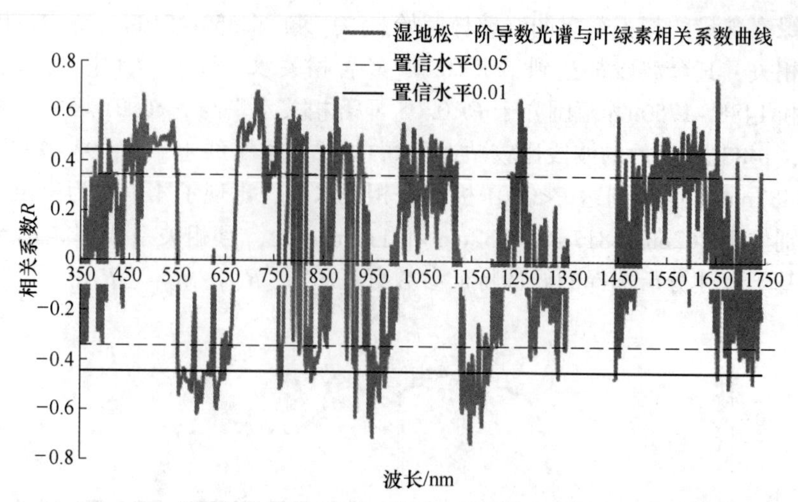

图 6-16　湿地松一阶导数光谱曲线与叶绿素含量之间的相关性

−0.516。同样地，*BD* 和 *NBDI* 在 897nm 和 932nm 处也存在相关系数较高值点，而 *BDR* 在 945nm 通过第一个负相关性峰值点，其值为−0.532。三者从 946nm 开始相关系数绝对值迅速减小，在 1001nm 处相关系数转为正值，后继续增大，*BD* 和 *NBDI* 在 1065nm 处达到极显著正相关性峰值，其值分别是 0.548 和 0.545。后 *BD*、*BDR*、*NBDI* 三者分别在 1116nm、1130nm 和 1116nm 处通过负的 0.01 置信水平线，且相关性都较好。参照上述结果选择候选光谱特征参数的有：BD_{762}、BD_{818}、BD_{879}、BD_{932}、BD_{1065}、BD_{1116}、BDR_{945}、BDR_{1130}、BDR_{1456}、$NBDI_{762}$、$NBDI_{818}$、$NBDI_{879}$、$NBDI_{932}$、$NBDI_{1065}$、$NBDI_{1116}$。

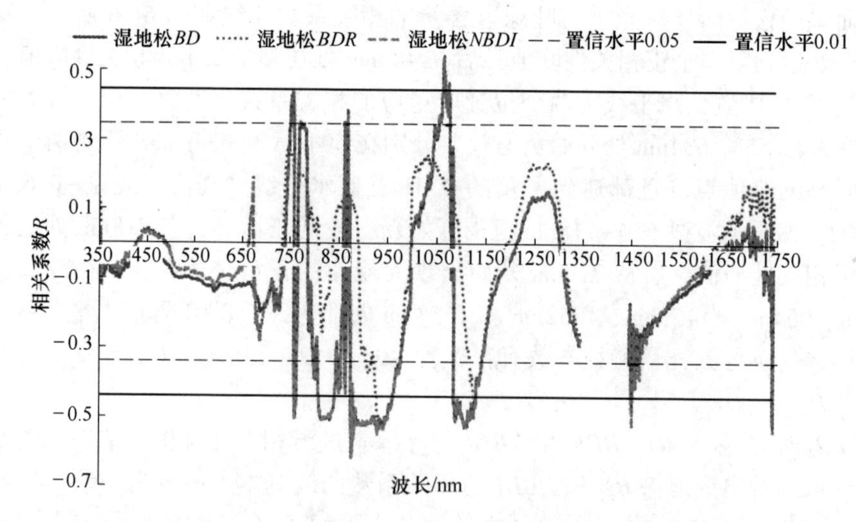

图 6-17　湿地松 *BD*、*BDR*、*NBDI* 与叶绿素含量之间的相关性

根据以上分析筛选出来的湿地松原始、一阶导数、去包络线敏感波段汇总见表6-18。

表 6-18 湿地松敏感波段与叶绿素含量的相关性

光谱特征参数	相关系数	光谱特征参数	相关系数
R_{762}	0.666①	BD_{818}	−0.518①
R_{817}	0.673①	BD_{879}	−0.626①
R_{932}	0.695①	BD_{932}	−0.554①
R_{1116}	0.678①	BD_{1065}	0.548①
D_{390}	0.643①	BD_{1116}	−0.536①
D_{480}	0.673①	BDR_{945}	−0.532①
D_{594}	−0.624①	BDR_{1130}	−0.464①
D_{634}	−0.602①	BDR_{1456}	−0.528①
D_{718}	0.685①	$NBDI_{762}$	−0.512①
D_{877}	0.664①	$NBDI_{818}$	−0.516①
D_{954}	−0.716①	$NBDI_{879}$	−0.627①
D_{1153}	−0.739①	$NBDI_{932}$	−0.557①
D_{1252}	0.657①	$NBDI_{1065}$	0.545①
D_{1657}	0.743①	$NBDI_{1116}$	−0.538①
BD_{762}	−0.511①		

①代表极显著水平（$P<0.01$）$r_{0.01}=\pm0.449$。

对湿地松叶绿素含量与提取的三边参数、绿峰、红谷、植被指数进行相关性分析，结果见表6-19和表6-20。其中选择相关系数达到极显著相关（$P<0.01$）的三边参数和植被指数作为反演模型的候选参数。

表 6-19 湿地松三边参数与叶绿素含量的相关性

光谱特征参数	相关系数	光谱特征参数	相关系数
D_b	0.491②	λ_g	−0.056
λ_b	−0.495②	R_r	0.338
SD_b	0.494②	λ_v	−0.199
D_y	−0.479②	SD_r/SD_b	−0.147
λ_y	0.332	SD_r/SD_y	−0.108
SD_y	−0.491②	R_g/R_r	−0.114
D_r	0.629②	$(SD_r-SD_b)/(SD_r+SD_b)$	−0.106
λ_r	−0.482②	$(SD_r-SD_y)/(SD_r+SD_y)$	0.061
SD_r	0.673②	$(R_g-R_r)/(R_g+R_r)$	−0.113
R_g	0.437①		

①代表显著水平（$P<0.05$）（$r_{0.05}=\pm0.349$）；

②代表极显著水平（$P<0.01$）（$r_{0.01}=\pm0.449$）。

表 6-20　湿地松植被指数与叶绿素含量的相关性

光谱特征参数	相关系数	光谱特征参数	相关系数
DD	0. 125	*RENDVI*	−0. 165
REP	−0. 183	*SIPI*	0. 090
OSAVI	0. 526①	*TCI*	0. 130
TVI	0. 638①	*MCARI*	0. 539①
mND_{705}	−0. 222	*NPCI*	0. 217
mSR_{705}	−0. 165	*NPQI*	0. 201
RVSI	−0. 641①		

①代表极显著水平（P<0. 01）$r_{0.01}$ = ±0. 449。

6. 3. 4. 1　湿地松单变量反演模型的构建

同理选择 P<0. 01 参数构建单变量反演模型，并用 R^2>0. 45 参数模型检验精度，见表 6-21。

表 6-21　基于光谱特征参数的湿地松叶绿素含量单变量反演模型

光谱特征参数	模型									
	$y = a + bx$		$y = a + b \times \ln(x)$		$y = a + bx + cx^2$		$y = ax^b$		$y=a\times\exp(bx)$	
	R^2	F	R^2	F	R^2	F	R^2	F	R^2	F
R_{762}	0. 444	14. 371	0. 433	13. 763	0. 462	7. 308	0. 425	13. 278	0. 435	13. 860
R_{817}	0. 453	14. 880	0. 442	14. 231	0. 474	7. 653	0. 433	13. 745	0. 444	14. 362
R_{932}	0. 483	16. 830	0. 471	16. 050	0. 495	8. 321	0. 465	15. 645	0. 477	16. 387
R_{1116}	0. 460	15. 307	0. 446	14. 513	0. 497	8. 384	0. 438	14. 004	0. 450	14. 733
D_{390}	0. 414	12. 721	—	—	0. 417	6. 081	—	—	0. 429	13. 507
D_{480}	0. 453	14. 916	0. 401	12. 033	0. 478	7. 781	0. 378	10. 935	0. 428	13. 445
D_{594}	0. 389	11. 475	—	—	0. 395	5. 557	—	—	0. 387	11. 375
D_{634}	0. 363	10. 250	—	—	0. 376	5. 122	—	—	0. 365	10. 338
D_{718}	0. 469	15. 891	0. 467	15. 758	0. 469	7. 515	0. 458	15. 210	0. 459	15. 296
D_{877}	0. 441	14. 186	—	—	0. 441	6. 706	—	—	0. 435	13. 867
D_{954}	0. 531	18. 942	—	—	0. 537	9. 850	—	—	0. 481	16. 669
D_{1153}	0. 547	21. 709	—	—	0. 553	10. 499	—	—	0. 544	21. 510

续表 6-21

光谱特征参数	模型									
	$y = a + bx$		$y = a + b \times \ln(x)$		$y = a + bx + cx^2$		$y = ax^b$		$y = a \times \exp(bx)$	
	R^2	F	R^2	F	R^2	F	R^2	F	R^2	F
D_{1252}	0.432	13.685	0.381	11.086	0.449	6.915	0.381	11.069	0.430	13.597
D_{1657}	0.552	22.208	—	—	0.565	11.038	—	—	0.552	22.194
BD_{762}	0.261	6.354	—	—	0.269	6.535	—	—	0.264	6.450
BD_{818}	0.268	6.592	0.239	5.661	0.268	3.113	0.244	5.803	0.270	6.667
BD_{879}	0.392	11.614	—	—	0.392	5.490	—	—	0.401	12.046
BD_{932}	0.307	7.979	0.296	7.581	0.309	3.800	0.299	7.683	0.312	8.145
BD_{1065}	0.301	7.733	0.300	7.703	0.323	4.062	0.316	8.320	0.309	8.056
BD_{1116}	0.288	7.265	0.153	3.261	0.296	7.573	0.151	3.194	0.285	7.160
BDR_{945}	0.283	7.107	—	—	0.287	3.413	—	—	0.285	7.182
BDR_{1130}	0.215	4.935	—	—	0.230	2.540	—	—	0.214	4.905
BDR_{1456}	0.279	6.950	—	—	0.315	3.918	—	—	0.272	6.724
$NBDI_{762}$	0.262	6.386	—	—	0.263	7.014	—	—	0.265	6.477
$NBDI_{818}$	0.267	6.548	—	—	0.267	3.093	—	—	0.269	6.626
$NBDI_{879}$	0.394	11.683	—	—	0.394	11.683	—	—	0.402	12.122
$NBDI_{932}$	0.311	8.106	—	—	0.311	3.832	—	—	0.315	8.275
$NBDI_{1065}$	0.297	7.606	—		-0.298	7.625	—	—	0.306	7.921
$NBDI_{1116}$	0.289	7.326	—	—	0.295	7.555	—	—	0.286	7.216
D_b	0.241	5.709	0.239	5.652	0.241	2.698	0.228	5.315	0.231	5.402
λ_b	0.245	5.849	0.245	5.850	0.245	5.849	0.255	6.155	0.255	6.154
SD_b	0.245	5.825	0.245	5.842	0.245	2.755	0.234	5.503	0.234	5.494
D_y	0.230	5.372	—	—	0.230	2.539	—	—	0.223	5.172
SD_y	0.241	5.715	—	—	0.241	2.705	—	—	0.232	5.431
D_r	0.395	11.760	0.390	11.525	0.397	5.603	0.382	11.130	0.386	11.335
λ_r	0.233	5.462	0.233	5.463	0.233	5.462	0.226	5.243	0.226	5.241
SD_r	0.453	14.926	0.442	14.261	0.478	7.772	0.432	13.689	0.443	14.303
$OSAVI$	0.277	6.891	0.276	6.867	0.278	3.279	0.266	6.538	0.267	6.554
TVI	0.407	12.379	0.392	11.598	0.485	8.006	0.379	11.002	0.395	11.750
$RVSI$	0.411	12.579	—	—	0.453	7.039	—	—	0.402	12.089
$MCARI$	0.290	7.354	0.296	7.561	0.296	3.570	0.280	6.990	0.270	6.660

6.3.4.2　湿地松逐步回归模型的构建

选择达到 $P<0.01$ 极显著相关的光谱特征参数，分别建立三边参数、植被指数、敏感波段与叶绿素的逐步回归方程，结果见表 6-22。本章选择 R^2 大于 0.450 的反演模型进行精度检验，其中编号 1、3 是单变量模型，选择的模型类别参照表 6-21。

表 6-22　基于光谱特征参数的湿地松叶绿素含量逐步回归模型

编号	入选光谱特征参数	模型表达式	R^2	*Sig*
1	SD_r	$y=55.608x_{SD_r}-1.578$	0.453	0.001
2	$RVSI$	$y=-44.724x_{RVSI}+0.764$	0.411	0.002
3	R_{932}	$y=46.180x_{R_{696}}+2.754$	0.483	0.001
4	D_{1657}	$y=18565.053x_{D_{1657}}+25778.557x_{D_{1252}}+109478.452x_{D_{480}}+10.220$	0.835	0.002
	D_{1252}			0.001
5	D_{480}	$y=-6112.076x_{BD_{879}}+31.216$	0.392	0.005
	BD_{879}			0.003
6	BDR_{945}	$y=-57.628x_{BDR_{945}}-18.930$	0.283	0.016
7	$NBDI_{879}$	$y=-2870.006x_{NBDI_{879}}-2838.772$	0.394	0.003

6.3.4.3　模型精度检验

采用 *RMSE* 和 *RE* 对选择出来的单变量反演模型和逐步回归模型进行精度检验，结果见表 6-23。另外从图 6-18 可以看出逐步回归模型的叶绿素实测值与预测值的分布要比单变量模型集中，编号（*j*）的逐步回归模型预测效果比其他反演模型都要好，且误差最小，可以作为离子稀土矿区复垦地湿地松叶绿素含量最佳反演模型。

表 6-23　湿地松叶绿素单变量及逐步回归反演模型精度分析

模型表达式		预测 R^2	*RMSE*	*RE*/%
单变量反演模型	$y=48.681x_{R_{817}}+0.1063$	0.526	3.440	11.36
	$y=46.18x_{R_{932}}+2.754$	0.555	3.315	11.04
	$y=48.249x_{R_{1116}}+0.7072$	0.540	3.331	10.46
	$y=186915x_{D_{480}}+15.221$	0.463	3.570	11.80
	$y=1968x_{D_{718}}+4.4276$	0.582	3.169	10.33
	$y=-4751.5x_{D_{954}}+22.686$	0.614	3.013	10.72
	$y=-6017.3x_{D_{1153}}+18.883$	0.569	3.217	9.90
	$y=38039x_{D_{1657}}+21.703$	0.559	3.242	10.59
	$y=55.608x_{SD_r}-1.578$	0.456	3.628	11.77
逐步回归模型	$y=18565.053x_{D_{1657}}+25778.557x_{D_{1252}}+109478.452x_{D_{480}}+10.220$	0.847	2.153	6.77

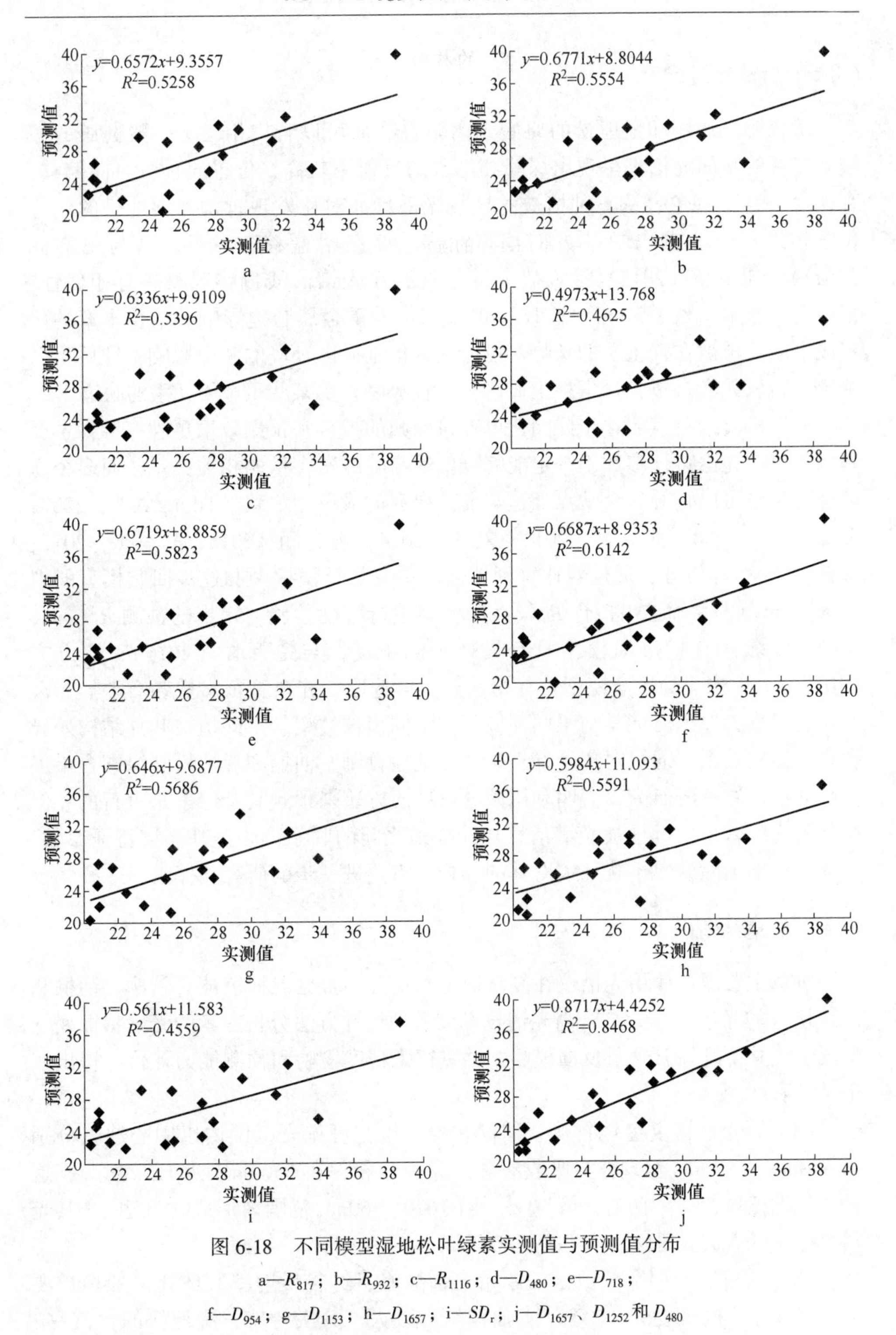

图 6-18 不同模型湿地松叶绿素实测值与预测值分布

a—R_{817}；b—R_{932}；c—R_{1116}；d—D_{480}；e—D_{718}；

f—D_{954}；g—D_{1153}；h—D_{1657}；i—SD_r；j—D_{1657}、D_{1252}和D_{480}

6.3.5　分析与讨论

从竹柳、油桐和湿地松的原始光谱峰谷特征可以看出相较于一般健康的植被，三者的叶面光谱都呈现出绿峰和红谷的反射率较高，位置向长波方向偏移，存在“红移”现象；从三种植被的导数光谱特征对比发现竹柳和湿地松的红边位置相近，而油桐向短波方向偏移较多，存在“蓝移”现象，这与王奕涵（2015）、胡军杰（2012）等人研究的植被存在光谱曲线偏移现象具有相似性，植被光谱产生“红移”和“蓝移”现象都是受重金属胁迫影响。结合本章的研究成果以及植被在稀土矿的长势，可能受到稀土矿区环境的胁迫影响，往后可以测定重金属元素含量，探索稀土矿区植被长势是否受某些重金属元素的胁迫。

模型检验结果表明逐步回归比单变量回归的拟合和预测效果更胜一筹，主要是因为单个光谱特征参数不一定能完全反映与叶绿素含量的相关关系，而多个光谱特征参数可以弥补这个缺点，这与前人研究的成果相一致（Tilling A K，2007；Smith K L，2004；张宣宣，2014；刘辉，2014；王奕涵，2015；胡军杰，2012；石韧，2008）。另外，通过对比每种植被的单变量反演模型和逐步回归模型的拟合 R^2 分布范围，筛选出拟合 R^2 较高的模型进行精度检验，得出的预测 R^2 较高，构建的叶绿素含量反演模型具有最佳预测精度，与楚万林（2016）、贾方方（2017）等人构建的反演模型具有相似点，但选取的光谱特征参数各有差异，没有统一标准，原因可能是与不同环境下、不同植被类型、不同植被叶片结构差异存在一定的关系。通过对离子稀土矿区复垦地竹柳、油桐和湿地松叶绿素含量进行高光谱遥感反演研究，表明利用该分析反演方法来预测其叶绿素是可行的。但是如何更深入地发掘植被光谱信息与叶绿素之间的联系，改进其光谱特征参数，最大限度地消除外界干扰环境对其的影响，需要进一步的研究和探索。

6.4　本章小结

本章主要通过使用光谱仪在复垦地上采集三种常见混种植被（竹柳、油桐和湿地松）的光谱信息，结合高光谱技术和数理统计方法分析三者的光谱特征变化情况，建立了叶绿素含量反演模型，并进行了精度检验和预测能力评价。得出如下结论：

（1）稀土矿区复垦地竹柳、油桐和湿地松在可见光范围内以中心波长分别为450nm和670nm呈现蓝光吸收谷和红光吸收谷，在550nm处形成反射峰，这是常见的植被特征“两谷一峰”。另外在670~760nm范围内形成“红边”，其光谱反射率随着波长迅速上升并高达0.4以上。

（2）竹柳、油桐、湿地松的原始光谱绿峰、红谷反射率整体比一般植被要高，且发生不同程度的“红移”，油桐红移较大，其次竹柳，湿地松的“红移”

现象不明显。油桐的红边位置与竹柳和湿地松的相比向短波方向偏移 23~24nm，结合其长势发生“蓝移”现象。初步可以断定油桐受到某些因素的影响致使其光谱曲线发生变化，反映在其长势上，不排除是受稀土矿区环境的胁迫影响。

（3）基于 $NBDI_{642}$、D_{671}、BD_{590} 和 D_{992} 四个光谱特征参数构建的竹柳叶绿素含量逐步回归反演模型最佳拟合 R_2 为 0.836，最高预测 R_2 为 0.823，*RMSE* 是 2.915，*RE* 是 8.75%；基于（SD_r-SD_b）/（SD_r+SD_b）和 λ_v 两个光谱特征参数构建的油桐叶绿素含量逐步回归反演模型效果最佳，拟合 R_2 为 0.726，最高预测 R_2 为 0.830，*RMSE* 为 2.798，*RE* 为 7.78%；基于 D_{1657}、D_{1252} 和 D_{480} 三个光谱特征参数构建的湿地松叶绿素含量逐步回归反演模型最佳拟合 R_2 为 0.835，最高预测 R_2 为 0.847，*RMSE* 和相对误差 *RE* 分别为 2.153 和 6.77%。

（4）三种复垦植被构建的模型其光谱特征参数各异，反演模型各不相同，表明不同植被尽管生长于同一环境，但是对环境胁迫的响应程度存在较大差异，没有通用的标准模型，分析每一类复垦植被的光谱特征并对其叶绿素含量进行遥感反演模型构建是必要且必须的，能够为离子型稀土矿区复垦植被的大范围生长过程监测提供理论基础。

7 稀土开采高分遥感监测

本章以赣南寻乌县河岭稀土矿和定南县的岭北稀土矿作为研究区域，根据稀土矿开采特点，以 Pleiades 影像和航拍高分影像为基础数据，进行稀土开采的遥感识别方法研究。首先，结合稀土矿点开采工艺和实地考察情况，构建以沉淀池为中心的稀土开采矿点的遥感影像解译标志，以综合加权均值方差法和最大面积法作为本书的影像的最优分割尺度选择方法；然后，根据稀土矿点地物特征及其空间分布特征，研究地物分类规则，地物空间关系，构建矿点的高分影像识别方法路线；最后，运用该方法对两种影像进行稀土矿点识别，为稀土行业自动化和智能化监测提供技术支持。

7.1 数据来源与分析

7.1.1 试验区选择

赣州素有“稀土王国”之称，稀土资源分布面积达到 6000 多平方公里，占全市面积 15.2%，涉及全市 18 个县（市区），其中主要以龙南、定南、寻乌等县为主。由于不同开采工艺对应不同的遥感影像特征，为了使得矿点高分遥感识别方法具有通用性，本章选择赣州定南县岭北和寻乌县河岭稀土矿区某矿点作为试验区，构建矿点高分遥感识别方法并进行验证。岭北稀土矿区自 2002 年后，逐步推广原地浸矿工艺，当前以原地浸矿工艺为主。河岭稀土矿区由于其赋存的特点，山体中稀土矿埋藏较浅，山体平缓，利于大型机械开挖，构建堆浸池，其以池浸工艺为主。它们地理位置如图 7-1 所示。

7.1.2 遥感数据来源及处理

当前高空间分辨率遥感数据来源主要分为两类：卫星影像与航拍影像。卫星影像成图面积大，含信息丰富，通常有多个波段，拍摄面域广，获取速度快，而且易于购买，价格低廉，是进行稀土开采监测的理想数据源。但南方稀土矿区常年多雨、云雾，极大限制了其应用。卫星影像自身是从地球外部拍摄的影像，多

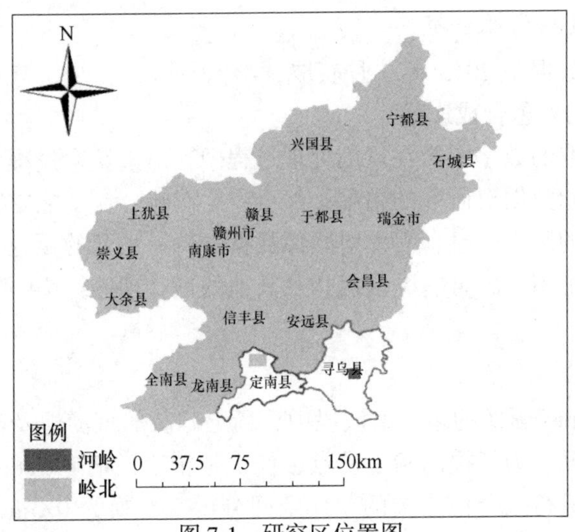

图 7-1 研究区位置图

云、多雾的天气获取影像不清晰，导致该区域的可用卫星影像一直是比较少。而航拍影像近几年逐渐成熟，航拍影像分辨率高，图像稳定，拍摄方便，效率高，在中国南方获得普遍应用，但该影像只含有三个波段。

考虑到稀土矿区的实际情况及数据的可获取性，本实验在岭北矿区选择法国 Pleiades 高分影像数据作为矿点识别数据源；寻乌河岭稀土矿区，选择航拍影像作为实验数据源。两种数据影像由于空间分辨率较高，稀土矿点地物细节信息丰富，为稀土矿点识别提供了可行性。

7.1.2.1 Pleiades 影像数据

Pleiades 卫星是 SPOT 卫星家族后来发射的卫星。Pleiades 影像由全色和多光谱影像组成，本章运用的 Pleiades 影像的获取时间为 2013 年 10 月 31 日 3 点 3 分 5 秒。Pleiades 影像具体参数如表 7-1 所示。

表 7-1 Pleiades 卫星数据参数

成像时间	2013 年 10 月 31 日
空间分辨率	全色 0.5m 多光谱 2m
光谱范围	全色 480~830nm 蓝 430~550nm 绿 490~610nm 红 600~720nm 近红外 750~950nm
轨道高度	694km
重访周期	1 天（双星做模式）
星下点幅宽	20km
轨道类型	太阳同步
精　度	4.5mCE90

7.1.2.2　航拍影像数据

该航拍影像数据于 2013 年 3 月获取，影像具有红、绿、蓝三个波段，空间分辨率为 0.5m 的彩色合成影像。

遥感技术获取的数字图像在运用处理过程中，由于获取过程受到多方面的因素影响，运用原始数据对研究的精度必然会产生影响。为了能够提高研究成果的精度，获取更多的影像信息，需先对影像数据进行一系列的预处理。除了基本预处理外，主要包括图像融合、图像裁切及其他的预处理等，增强影像信息提取的精度。

A　图像融合

由于在 Pleiades 影像的多光谱波段中，稀土矿区的沉淀池及高位池的边界模糊、识别精度较低；为了提高稀土矿点影像识别精度，把 Pleiades 影像的全色影像与多光谱影像进行融合使影像的整体空间分辨率变换为 0.5m，融合后的影像既保留矿区地物的光谱特性，又提高了沉淀池的识别精度，有利于影像中稀土矿点的信息提取。根据 ENVI 中影像融合的方法，如 CN 变换、Brovey 变换、Gram-Schmidt Pan 变换、HSV 变换、PC Spectral 变换，本章根据这些提供的方法进行对比分析，比较融合后的效果，最后选择 HSV 变换对 Pleiades 影像进行融合处理，具体如图 7-2 所示。

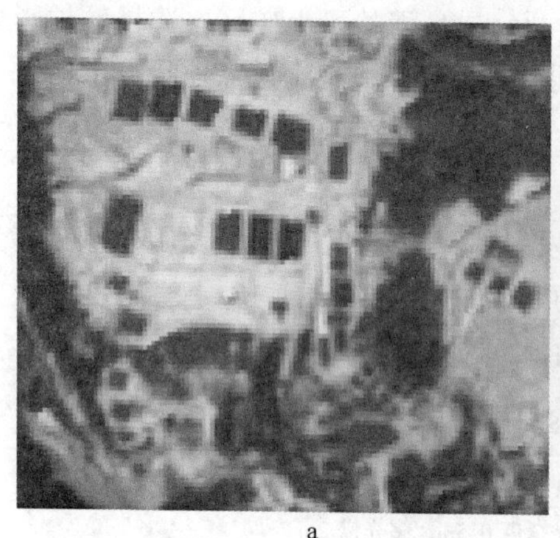
a

b

图 7-2　图像融合影像
a—原始影像；b—HSV 融合后影像

B　图像裁剪

对影像进行预处理操作后，选取具有代表性的一块区域进行实验，对两种影像进行裁剪，裁剪后的影像为研究区域，如图 7-3 和图 7-4 所示。

图 7-3 裁剪后的航拍影像

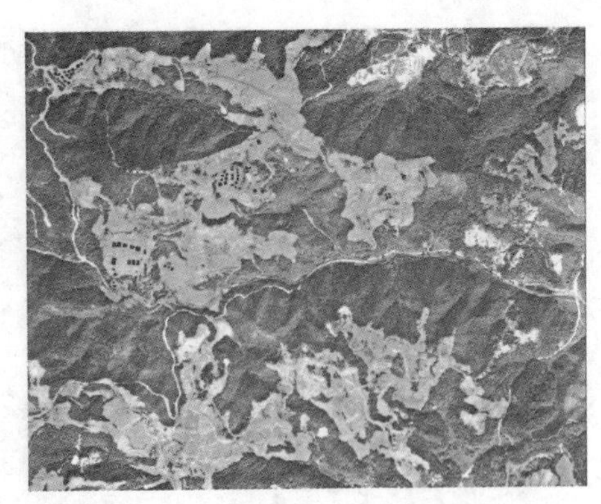
图 7-4 Pleiades 裁剪后的影像

C 其他预处理

针对研究区域航拍影像，为提高稀土矿点中沉淀池的分割精度，对地物边缘进行去噪处理，采用边缘 3D 滤波（edge 3d filter）方法对航拍影像第一主成分波段进行处理，平滑尺度因子（smoothing scalefactor）为 0.8、二维内核大小（2D Kernel Size）为 3，生成新 3D 滤波波段参与影像分割，3D 滤波锐化结果如图 7-5 所示。

图 7-5 3D 滤波锐化效果图

对 Pleiades 影像融合后，形成 R、G、B、NIR 四个波段，为了提高植被的色彩真实性，NIR 波段用 G 波段显示（如图 7-6 所示），来增加林地对象与非林地对象的光谱差异，并为后面实验的非林地提取作铺垫。航拍影像预处理后，形成 R、G、B、3D 四个波段，对新生成的 3D 滤波波段同样采用 G 波段显示，新生成的 3D 滤波波段中沉淀池及高位池的边与相邻地物的光谱特征差异增强，且边界识别度提高。

7.1.3 稀土矿区遥感影像解译标志

影像解译标志是直接或间接的反映和表现目标地物信息的遥感影像的各种特征，它是关联现实目标地物与遥感影像对象的桥梁。各种目标地物在影像上的标志各有差异。故通过对遥感影像中各种地物特征进行分析、总结等建立目标地物的影像解译标志，达到对遥感影像上对象判断的目的。

离子型稀土开采均是将矿体运用解析液进行分离，开采的过程中沉淀池都含

a

b

图 7-6　植被自然色彩加强

a—NIR 未用 G 波段显示；b—NIR 用 G 波段显示

有液体。所以无论是池浸工艺，还是堆浸工艺，离子型稀土开采整个过程都和水关系密切，由于池浸工艺几乎被淘汰，故这里不做考虑。对于原地浸矿工艺，在地表会有数量不等的高位池和沉淀池。高位池有圆形、方形等较为规则形状，一般位于山顶，周围伴有注液井。沉淀池多为圆形，极少数为方形，大小较为一致，且集中分布。对于正在开采的矿点，由于池中有浸矿液体，在不同传感器波段组合下，会呈现特别的颜色，可以作为正在开采中的原地浸矿影像特征。对于堆浸工艺，一般会选择一个相对平坦的大块空地作为堆浸场，堆浸场被分成许多较为规整排列的长方形格子，正在开采中的格子由于有浸矿液体，而且，在矿区边缘同样会有形状规整的沉淀池，沉淀池含有沉淀剂，在不同传感器上波段合成后也会呈现特别的颜色，是稀土矿堆浸开采工艺的影像识别标志。

通过实地勘察岭北和河岭稀土矿区，得到航拍影像和 Pleiades 高分影像的矿区标志性地物特征分别如图 7-7 和图 7-8 所示。

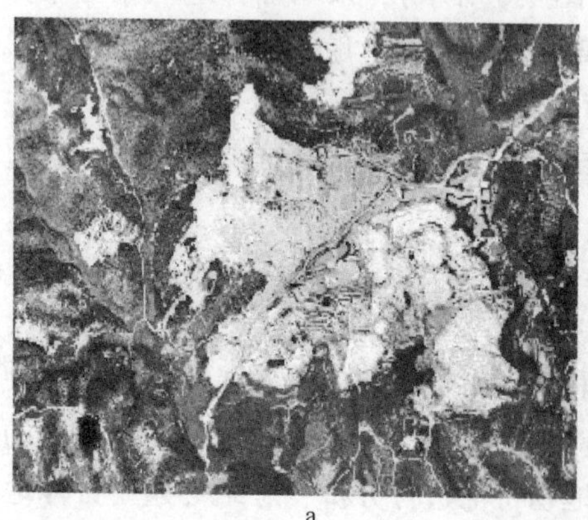

a

b

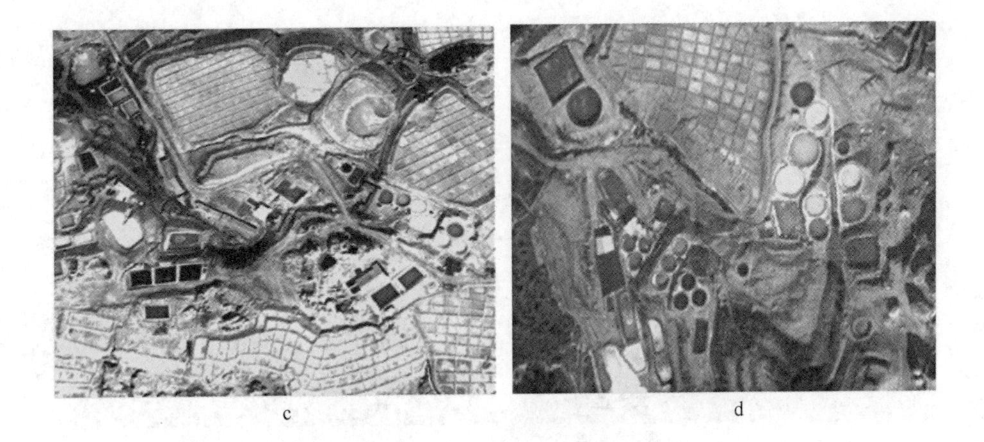

c d

图 7-7 稀土矿区标志性地物航拍影像图
a—航拍影像矿点示意图；b—航拍影像上废弃的堆浸场；
c—航拍影像上使用中的堆浸场；d—航拍影像上使用的沉淀池

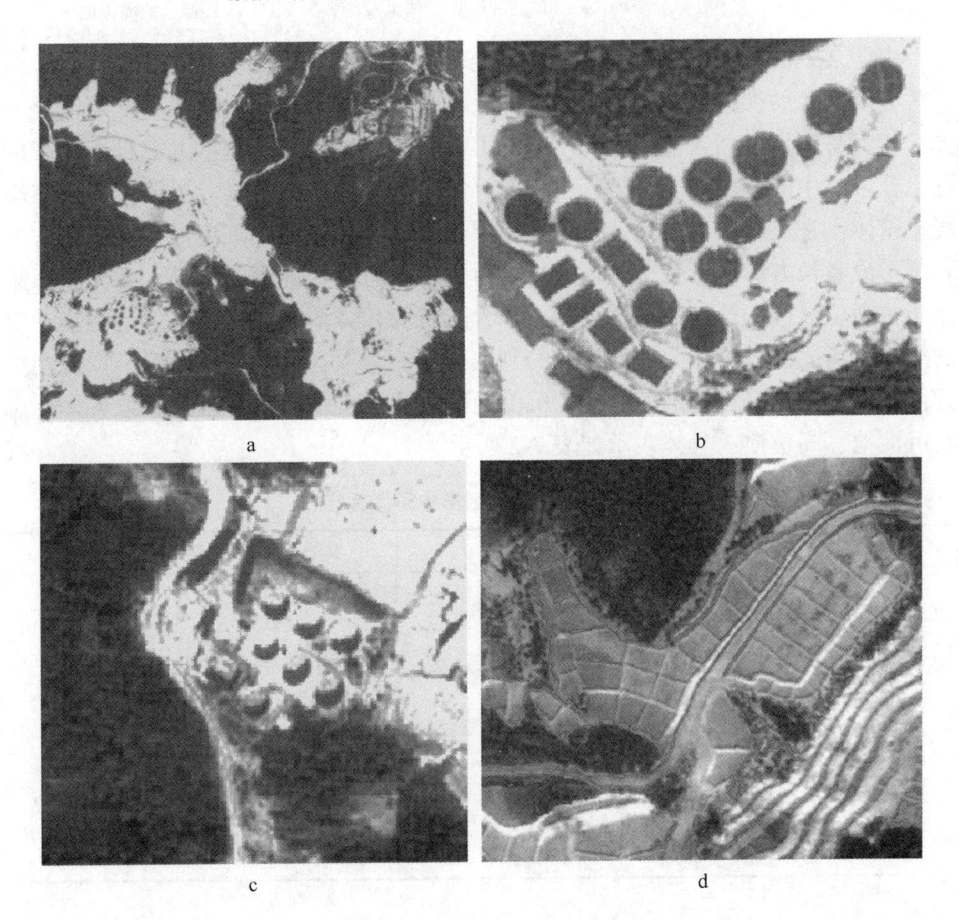

a b c d

e

f

图 7-8　稀土矿区标志性地物 Pleiades 影像图

a—Pleiades 影像矿点图；b—使用中的沉淀池；c—废弃的沉淀池；
d—Pleiades 影像上废弃堆浸场；e—Pleiades 影像上的堆浸场；f—Pleiades 影像上的高位池

由图 7-7 和图 7-8 可知，稀土矿区由于长期以来的池浸、堆浸工艺，导致在矿区产生大片的裸露地表，具有明显的人工开挖痕迹，与普通自然裸地有明显差异，较容易识别；而当前的原地浸矿和堆浸稀土开采方式，基本上也是在原来的稀土开采产生的裸露地表上进行，正在开采中的稀土矿堆浸场、沉淀池由于注满浸矿液体，在遥感影像上呈蓝黑色，与裸地颜色差异明显；沉淀池和浸矿池一般有圆形或者长方形，形状较为规整，与自然坑塘有明显的形状差异，且一般聚集分布；高位池位于植被覆盖较高的山顶，形状为长方形或圆形，与沉淀池在一定的空间距离之内，可作为原地浸矿的判别依据。为了在后面矿点遥感影像识别的方便，本章把堆浸工艺的浸矿池、沉淀池统称为沉淀池，故矿区的影像解译标志有沉淀池、高位池；具体表示如表 7-2 所示。

表 7-2　稀土矿区影像解译标志

目标地物	对于影像特征	颜色	形状及位置
沉淀池（浸矿池）		紫色、紫黑色	分布密集、形状规整、一般为圆形、长方形
		蓝色、蓝黑色	
高位池		蓝色、蓝黑色	位于注液井区山顶部，成圆形或长方形

7.2 矿区影像多尺度分割方法

7.2.1 多尺度分割

在遥感学中，尺度运用空间、光谱、时间尺度来对影像表达，如影像中不同的地物都有不同的尺度来表达。在高分辨率遥感影像中，稀土矿区各种地物的信息差异表现得越来越明显，林地、裸地、沉淀池等目标地物的光谱信息、面积、形状等信息都不同，如果用一种分割尺度是不能够精确地对所有地物进行分类提取，若使用一种尺度，必定会出现地物信息丢失，分割不准的现象。矿区各种地物分类的精度取决于影像分割的效果，也是面向对象的信息提取的前提。故在矿区影像对象分类过程中运用多种尺度对林地、沉淀池等进行分割，对于不同矿区地物应运用对应的分割尺度。

7.2.2 多尺度分割影响因素

7.2.2.1 区域异质性标准

区域异质性 f 是由光谱异质性和形状异质性的权重和表示，其计算公式为：

$$f = w_{\text{color}} \times h_{\text{color}} + w_{\text{shape}} \times h_{\text{shape}} \tag{7-1}$$

$$w_{\text{color}} + w_{\text{shape}} = 1 \tag{7-2}$$

式中，f 为区域异质性值；h_{color} 为对象光谱异质性；h_{shape} 为对象形状异质性；w_{color} 为光谱异质性权重；w_{shape} 为形状异质性权重，两个权重的取值范围 0~1 之间。

7.2.2.2 对象光谱异质性（光谱因子）标准

光谱因子是描述对象内各像元之间的光谱差异性，其计算公式为：

$$h_{\text{color}} = \sum_{k}^{N} w_k \times \sigma_k \tag{7-3}$$

式中，w_k 表示第 k 波段光谱的权重；σ_k 表示第 k 波段光谱值的标准差；N 表示波段数。

7.2.2.3 对象形状异质性（形状因子）标准

形状因子是表示对象形状的差异性，由紧致度和光滑度加权和来表示。

$$h_{\text{shape}} = w_{\text{com}} \times h_{\text{compact}} + w_{\text{smooth}} \times h_{\text{smooth}} \tag{7-4}$$

式中，w_{com} 表示紧致度的权重；h_{compact} 表示紧致度；w_{smooth} 表示光滑度权重；h_{smooth} 表示光滑度。

$$w_{\text{com}} + w_{\text{smooth}} = 1 \tag{7-5}$$

$$h_{\text{compact}} = l / \sqrt{n} \tag{7-6}$$

$$h_{\text{smooth}} = l/b \tag{7-7}$$

式中，l 表示对象轮廓边界的长度；n 表示对象的面积；b 表示对象最小外包矩形的周长。

7.2.2.4 合并区域异质性准则

若两个对象进行合并，得到的合并对象的区域异质性计算公式如下：

$$h_{\text{color}}^{a} = \sum_{k}^{N} w_k [n^a \times \sigma_k^a - (n_{a1} \times \sigma_k^{a1} + n_{a2} \times \sigma_k^{a2})] \tag{7-8}$$

$$h'_{\text{shape}} = w_{\text{com}} \times h_{\text{compact}}^{a} + w_{\text{smooth}} \times h_{\text{smooth}}^{a} \tag{7-9}$$

$$h_{\text{compact}}^{a} = n^a \frac{l}{l^a} \sqrt{n^a} - \left(n_{a1} l_{a1} / \sqrt{n_{a1}} + n_{a2} l_{a2} / \sqrt{n_{a2}}\right) \tag{7-10}$$

$$h_{\text{smooth}}^{a} = n^a l^a / b^a - \left(\frac{n_{a1} l_{a1}}{b_{a1}} + \frac{n_{a2} l_{a2}}{b_{a2}}\right) \tag{7-11}$$

在式（7-8）~式（7-11）中，$a1$ 、$a2$ 表示合并前的两个对象；a 表示为合并后的对象，其余与上面公式代表含义一样。

权重参数表示影像在分割时，各个异质性所占有的权重比例，在一般的情况下，当影像对象的光谱颜色差有较大的明显差异时，光谱异质性所占有的权重比较大，但是对于目标地物形状比较规则的情况下，为了对影像分割后保持对象形状的完整性，形状比重也会提高。在对形状异质性表示时，紧致度与平滑度的权重值设置根据具体的目标地物的形状来设置。如果地物形状饱满（比如矿区中的沉淀池），则紧致度权重可设置较大；若地物的边界光滑（比如道路），则光滑度参数较大。

影像分割后的分割质量不仅与分割的尺度选择、均质性因子有关，而且与影像各波段在影像分割时所占的比重有关。不同的目标地物在不同的影像图层中所表现的信息含量是不同的，如针对边界比较明显的地物，其图层的识别度较其他图层更明显，那么在分割时，则针对这种地物分割，该波段比重就可以设置的更高些，其分割后的结果会更好；而对于某地的信息提取贡献较少的图层赋予权重更低或为零。

根据影像各波段之间存在一定的相关性，通过计算影像各波段统计协方差矩阵式（7-13）和相关性统计矩阵式（7-15）进行判断。波段之间相关性越大，表示贡献度相似，那么权重值设置相同；波段统计协方差越大，表示贡献度越大，那么权重值设置越大。依据该规则，将波段权重根据贡献大小分为三类，分别赋值为 3、2、1，锐化波段由光谱波段的主成分波段衍生而来，权重取中间值 2。依据现实情况总体考虑，选取最优的波段权重组合对影像分割。如本章采用 Pleiades 影像进行稀土矿识别，第 4 波段（NIR）对沉淀池的识别贡献最大，该波段权重设置最高。

设 $f(i,j)$ 和 $g(i,j)$ 是大小为 $M \times N$ 的两幅影像，则它们之间的协方差计算公式为：

$$s_{\mathrm{fg}}^2 = s_{\mathrm{gf}}^2 = \frac{1}{MN}\sum_{i=0}^{M-1}\sum_{j=0}^{N-1}[f(i,j) - \bar{f}][g(i,j) - \bar{g}] \tag{7-12}$$

协方差矩阵为 $\sum$ ，A 为波段数，其计算公式如下：

$$\sum = \begin{bmatrix} s_{11}^2 & s_{12}^2 & \cdots & s_{1A}^2 \\ s_{21}^2 & s_{22}^2 & \cdots & s_{2A}^2 \\ \vdots & \vdots & & \vdots \\ s_{A1}^2 & s_{A2}^2 & \cdots & s_{AA}^2 \end{bmatrix} \tag{7-13}$$

相关性为 r_{fg} ，其计算公式如下：

$$r_{\mathrm{fg}} = \frac{s_{\mathrm{fg}}^2}{s_{\mathrm{ff}} \quad s_{\mathrm{gg}}} \tag{7-14}$$

相关性统计矩阵为 $\boldsymbol{R}$，A 为波段数，其计算公式如下：

$$\boldsymbol{R} = \begin{bmatrix} 1 & r_{12} & \cdots & r_{1A} \\ r_{21} & 1 & \cdots & r_{2A} \\ \vdots & \vdots & & \vdots \\ r_{A1} & r_{A2} & \cdots & 1 \end{bmatrix} \tag{7-15}$$

7.2.3 最优分割尺度的选择

各种目标地物在影像中对应的尺度是有差异的。当某尺度阈值分割影像得到的多边形能正好对目标地物的特点表达清楚，能用一个或多个对象表达地物，表达的过程中，对象多边形完整，边界清楚，并且在对象分割层中对象光谱差异性较小，这个合适的目标地物分割的阈值即最优分割尺度（何敏，2009）。

最优分割尺度的确定是影像分割后目标地物的空间分布结构是否能够很好地反映的基础，最优分割尺度的选择也是当今面向对象分割的研究热点。许多专家学者通过一系列的实验，基于不同的准则提出了一些分割方法。如于欢等根据矢量距离指数选择法提出一种确定地物的最佳分割尺度（于欢，2010）；黄慧萍等根据尺度大小与目标尺寸之间的关系，以对象最大面积法确定地物的最优分割尺度（黄慧萍，2003）；Wookcock 与 Strahler 提出了一种局部方差方法（Woodcock C E，1987）；汪云甲等提出的邻域绝对均值差分法（RMAS），取得较好的效果，但没有考虑影像各波段在分割时的影响（张俊，2009）。

7.2.3.1 最大面积法

该方法的原理是：在面向对象的影像分割过程时，以递增的方式设置不同的分割尺度阈值进行分割，相对应会得到不同尺度下影像对象的最大面积值；然后，以 X 轴代表尺度阈值、Y 轴代表对象最大面积值，建立对象的最大面积随分割尺度的增加而变化的曲线图；通过目视观察哪种地物或哪几种地物的最大面积对应下影像分割效果最好，最后得出各种地物的最优分割尺度所对应的 X 值。最大面积法得出的曲线图是一个呈现阶梯状形态的关系图，即该方法得出的最优尺度值不是一个断点值，而是一个区间值。

7.2.3.2　均值方差法

在影像地物信息提取时，不同尺度分割的影像对象中包含的各种属性信息是不同的。其中影像对象的均值方差值随尺度阈值变化最有规律，影像分割层中对象的均值方差会随纯对象数与相邻对象的光谱差异变大而增大。当尺度阈值对应着均值方差达到最大时，该尺度为目标地物最佳分割尺度（孙燕霞，2013）。其计算公式如下：

$$c_{kt} = \frac{1}{n} \sum_{i=1}^{n} c_{kti} \tag{7-16}$$

式中，c_{kt} 代表某一对象的亮度均值；c_{kti} 表示第 k 波段上对象内第 t 个像元的光谱亮度值；n 表示对象的像元个数。

$$\bar{c}_k = \frac{1}{m} \sum_{t=1}^{m} c_{kt} \tag{7-17}$$

式中，$\bar{c}_k$ 表示单个影像在 k 波段的分割对象像元光谱亮度均值；m 为影像中分割对象的总个数。

$$S^2 = \frac{1}{m} \sum_{t=1}^{m} (c_{kt} - \bar{c}_k)^2 \tag{7-18}$$

式中，S^2 为方差；c_{kt} 为单个对象在第 k 波段的亮度均值；$\bar{c}_k$ 为影像中所有对象在第 k 波段的亮度均值；m 为影像中对象个数的总和。

7.2.3.3　综合加权均值方差和最大面积法

最大面积法较适用于同种地物的面积较为均匀，对于面积相差较大的对象分割效果较差；而均值方差法计算出来的最优尺度没有利用影像各波段权重的不同的特点，而且尺度为一个单值。朱红春根据它们的不足提出把影像各波段在多尺度分割中所占有的影响加入评定因子，并建立分割结果与分割过程的关系，提出综合法（朱红春，2015）。该方法的原理是，在面向对象的影像多尺度分割过程中，首先根据影像目标地物的特征，设置分割因子，获取影像波段权重组合；然后以尺度从小到大，取一定步长，分割影像，计算影像各单个波段的均值方差；并依据波段权重设置的阈值组合计算出不同尺度下对象的加权均值方差值，绘制出对应曲线图，根据曲线峰值对应的尺度位置，初步确定出各地物分割时对应的最佳尺度值。同时，计算各个尺度下影像对象的最大面积与分割尺度的关系，绘制曲线图。然后，对两种曲线图进行叠加，选择最优尺度。其中，该方法考虑到各个波段权重不同，根据上述方法计算的各个波段权重，采用式（7-19）获得该分割尺度下的加权均值方差。

$$s^2 = \sum_{k=1}^{N} \omega_k s_k^2 \tag{7-19}$$

式中，N 表示影像波段总数目；ω_k 表示影像第 k 波段权重。

目前针对稀土矿区地物影像分割方法的研究较少，部分学者进行研究，如袁秀华运用面向对象的与邻域绝对均值差分方差比方法对稀土矿区进行地物影像分割，但该方法没有运用影像的不同波段对分割效果差异的不同（袁秀华，2013）。稀土矿区分布在山区里，结合三种稀土开采的方式，对稀土矿区的识别提取关键在于沉淀池的提取，同理，在影像分割中，沉淀池的分割效果差异是稀土矿的识别精度的关键。因沉淀池具有独特的形状特征、光谱特征等，本章根据现有的几类影像分割方法对稀土矿区影像地物进行分割实验研究，并进行对比分析，选择最适合稀土矿区的沉淀池的分割方法。

7.2.4 多尺度分割实验

本实验以 Pleiades 遥感影像为实验数据，对数据进行预处理后，以最大面积法、均值方差法、综合法分别对 Pleiades 影像进行多尺度分割。对影像进行以 15 为尺度起点，150 为尺度终点，5 为步长，进行多尺度分割。本章主要对沉淀池进行识别，故在分割前，设置对象异质性因子阈值，光谱因子为 0.6，紧致度因子为 0.8。以最大面积法和均值方差法得出的不同尺度下的关系图，如图 7-9 和图 7-10 所示。

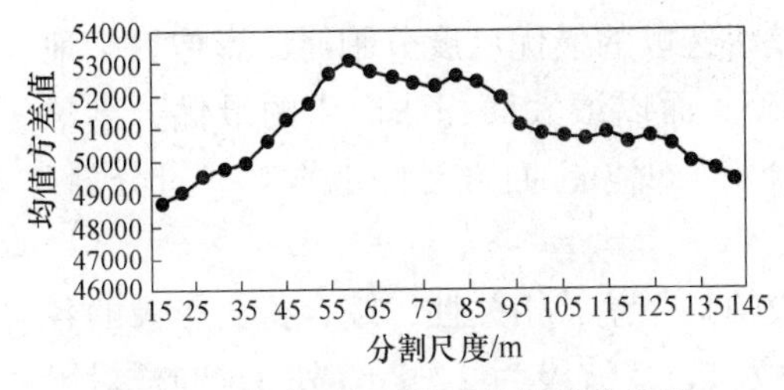

图 7-9 不同尺度下的对象均值方差图

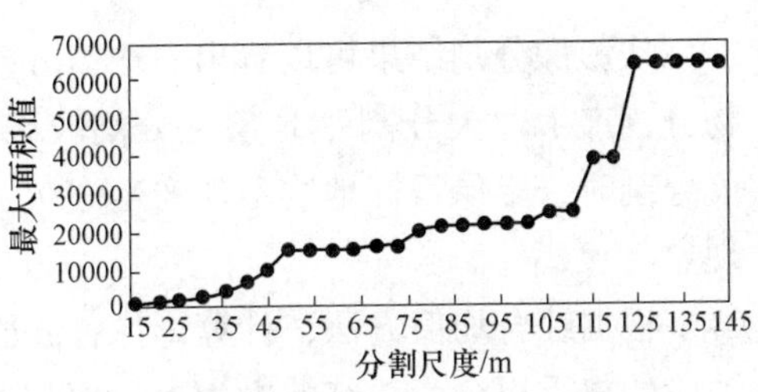

图 7-10 不同尺度下的对象最大面积关系图

根据图 7-9 和图 7-10 所示，均值方差法对应的沉淀池的最佳分割尺度分别为 60，最大面积法对应的沉淀池的最佳分割尺度区间为 50~75，根据实验表明，尺度为 75 时，沉淀池分割效果最好。根据所选的尺度，对应得分割效果如图 7-11 和图 7-12 所示。

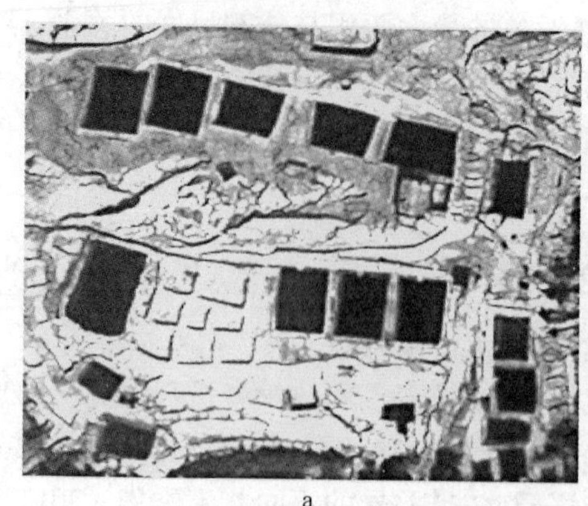
a

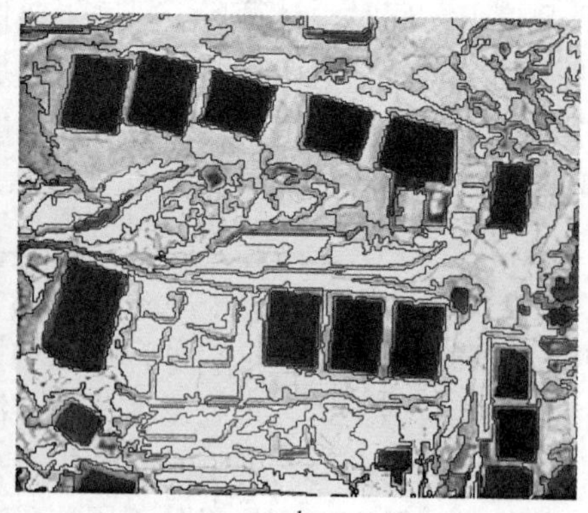
b

图 7-11　均值方差法最优尺度分割图

a—原始影像；b—尺度为 60 分割后的影像

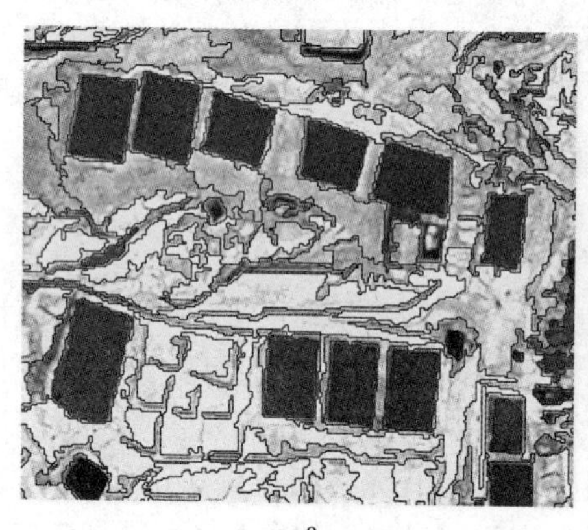
a

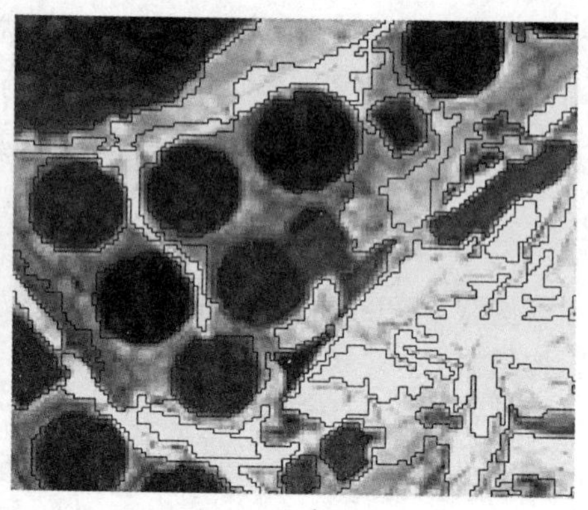
b

图 7-12　最大面积法最优尺度分割图

a—尺度为 75 的方形沉淀池分割；b—尺度为 75 的圆形沉淀池分割

从影像分割结果可以看出，均值方差法选取的最优尺度分割时，影像目标地物分割产生“欠分割”现象，分割较破碎。而以最大面积法产生的最优分割尺度分割时，影像目标地物不仅产生“欠分割”现象，而且有些地物有“过分割”现象。

根据综合均值方法，计算影像各波段的斜方差、相关性，综合得出影像的各波段的权重组合为，红波段为 1、绿波段为 1、蓝波段为 2、近红外 3。同样对影像进行以 15 为尺度起点，150 为尺度终点，5 为步长，设置多尺度分割。光谱因子为 0. 6，紧致度因子为 0. 8。根据得出的影像加权均值方差与最大面积的关系（如图 7-13 所示），以尺度为 65 对影像进行分割，分割效果如图 7-14 所示。

根据影像目标地物的分割结果分析，沉淀池的分割能正好把沉淀池表达出来，分割较饱满。综上所述，在综合法下影像的多尺度分割效果最佳，故本章采

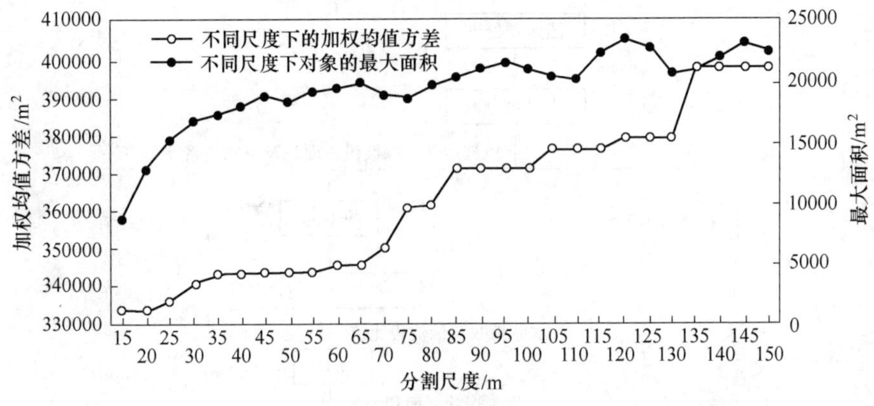

图 7-13 不同分割尺度下加权均值方差和最大面积折线图

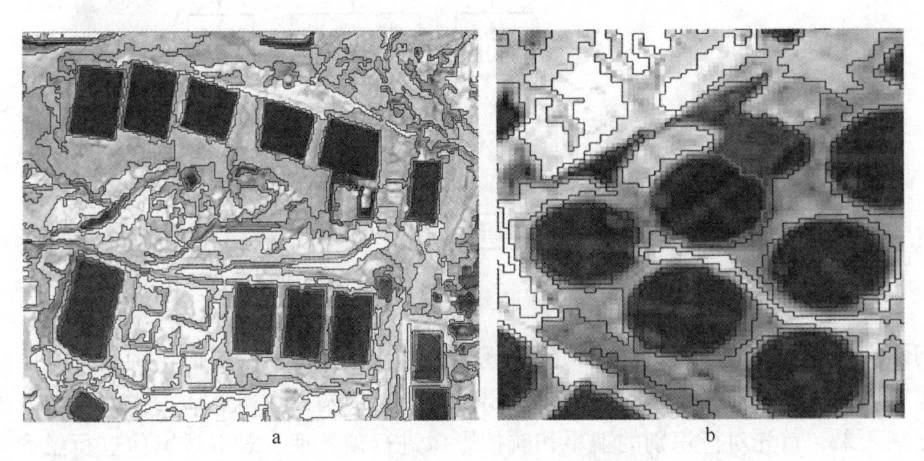

图 7-14 综合法最优分割尺度效果图

a—尺度为 65 的方形沉淀池分割；b—尺度为 65 的圆形沉淀池分割

用综合加权均值方差与最大面积法，作为本章遥感影像的最优多尺度分割方法。

7.3 稀土矿点识别方法构建

7.3.1 方法技术路线

面向对象方法是一种智能化的高分辨率遥感影像对象分类识别的方法，对于影像上的稀土矿点分类识别，利用面向对象的方法进行分割，分类提取。根据稀土矿区的独特地物（沉淀池）具有规则的形状、边界、开采中的沉淀池中的水体特征及空间位置关系等特征，构建稀土矿点影像识别方法路线，具体如图 7-15 所示。

总体思路为利用面向对象的方法进行多尺度分割，然后依据矿点地物特征，

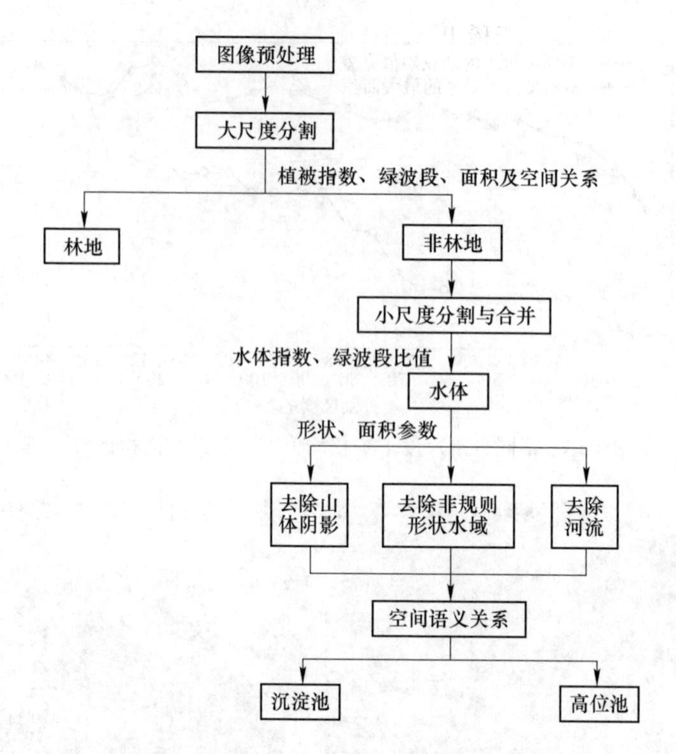

图 7-15　矿点开采高分遥感影像识别技术路线图

构建不同尺度下的矿区目标地物分类规则，进行分类提取，提取出稀土开采中的独有地物沉淀池与高位池，从而识别出正在开采中的稀土矿点。为了获得较好的分割效果，首先对待识别的卫星和航拍影像进行预处理。对卫星影像进行融合以增强稀土矿区地物的识别精度。同时对航拍影像采用主成分分析方法获取第 1 主成分并采用边缘 3D 滤波方法进行边缘锐化处理，获得锐化后的新的波段与原有波段一起参与影像分割；然后，依据稀土矿区地物特点，构建不同特征地物的最佳分割尺度和相对应尺度的地物分类规则。根据非林地最佳分割尺度对影像进行分割，提取非林地图层。分类规则的构建除了考虑地物的光谱波段信息外，还充分利用其不同地物类型的形状、面积特征，同时，考虑到航拍影像只有红、绿、蓝三波段，加入绿波段比值参数作为航拍影像 *NDVI* 植被指数的替代，参与分类规则的构建；对小尺度分割影像根据分割对象光谱值差异，对光谱差异较小对象进行合并，以方便面积参数参与计算。然后在分类得到的裸地类中再进一步进行小尺度影像分割，利用水体指数和绿波段比值分别对卫星和航拍影像中提取裸地中的水体。然后根据稀土矿点沉淀池和高位池一般为圆形和方形，形状较为规则、面积大小较为一致的特征，从小尺度分割的水体上去除掉山体阴影、河流和其他非规则形状及面积与沉淀池差异较大的水体，获得疑似矿点沉淀池和高位池；最后，根据沉淀池位于稀土开采裸露地表之上，同时空间集聚分布，高位池在沉淀池一定范围之内的地物空间分布特征，构建沉淀池和高位池的空间语义关系，识别出沉淀池与高位池，从而获得正在开采的矿点位置分布及规模，实现对矿点开采状况的监测。

7.3.2 矿点对象分类规则构建

遥感影像是复杂现实世界的虚拟表达方式，根据离子型稀土矿点开采工艺模式，正在开采中的堆浸与原地浸矿一般都有注入液体的采矿必备设施，如沉淀池及原地浸矿的注液池，根据水体光谱特性及沉淀池、注液池形状、面积和空间分布特征，构建分类规则，进行稀土开采矿点沉淀池和注液池的识别，进而识别出正在开采的稀土矿点及规模，具体影像中矿区地物的分类解析过程图，如图 7-16 所示。

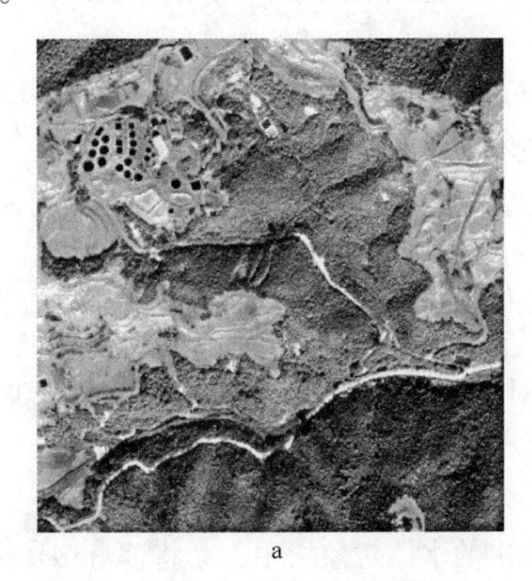

a

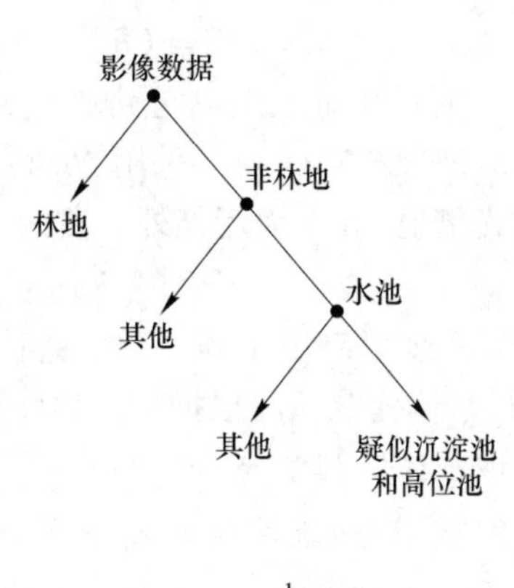

b

图 7-16 矿区分类解析图

a—矿区影像图；b—矿区分类树

矿区各类地物具体分类规则如下所述。

7.3.2.1 非林地分类提取规则

由于稀土矿区主要位于丘陵山区，林地非常多，而稀土矿点一般位于裸露地表之上，因此在大尺度分割后，提取出林地，从而获得非林地的边界范围。对于卫星高分遥感影像数据，一般具有多个波段值，选择归一化植被指数（*NDVI*）进行林地和非林地提取。*NDVI* 计算公式如下：

$$NDVI = (R_{nir} - R_{red}) / (R_{nir} + R_{red}) \tag{7-20}$$

式中，R_{nir} 表示近红外波段；R_{red} 表示红波段，分别对应 Pleiades 影像的第 4、3 波段。

由于航拍遥感影像只有红、绿、蓝三波段，所以对林地提取不能直接使用

NDVI，考虑到绿波段对植被敏感，采用对绿波段设定阈值方法（Green_Value）提取林地，但有较少部分水体会误提取为林地，尽管数量较小，如果是沉淀池被误提取，会直接导致矿点漏判。所以采用此方法提取林地时，对于被非林地所包围的面积较小林地对象，通过给定面积阈值及空间位置包含关系，使其划分为非林地。

为更合理选取阈值，采用隶属度函数的模糊分类方法，对 *NDVI*、绿波段阈值、面积等参数通过给定阈值范围，进行地物提取，最终得到非林地区域。

7.3.2.2　水体分类提取规则

在大尺度分割分类后得到的非林地区域，由于稀土矿区开采过程中，沉淀池及高位池中都含有液体，而且形状、大小比较规则，故对得到的非林地区域进行小尺度分割，得到与沉淀池大小相识的影像对象。然后对得到的影像对象分割层采用水体指数（*NDWI*）和绿波段比值（*Green_Ratio*）提取水体对象，具体计算如式（7-21）和式（7-22）所示。

$$NDWI = (R_{green} - R_{nir})/(R_{green} + R_{nir}) \tag{7-21}$$

式（7-21）主要针对卫星高分辨率遥感影像，由于近红外波段水体反射率非常低，而在绿波段相对较高，采用 *NDWI* 具有较好的水体提取效果，其中 R_{green} 为绿波段的光谱值，R_{nir} 为近红外波段的光谱值。

$$Green\_\ Ratio = R/(R + B + G) \tag{7-22}$$

式（7-22）主要针对航拍高分辨率遥感影像，由于影像只含有 3 个波段无法运用 *NDWI* 进行水体提取，故根据矿区地物对绿波段比值的变化规律，采用绿波段比值指数提取水体，其中 *R*、*G*、*B* 分别代表航拍影像红绿蓝三个波段。

7.3.2.3　疑似沉淀池及高位池分类规则

通过采用 *NDWI* 和 *Green_Ratio* 提取出的水体对象层中，会将部分山体阴影、河流、湖泊、水库、池塘等一起提取出来。由于沉淀池及高位池为独立集中分布，沉淀池旁边一般均为裸地，与水体光谱值差异较大。而河流、湖泊、水库等大的水体在小尺度分割下，会分成许多小的对象，对象间光谱差异较小，根据光谱相近程度设置最大光谱差异值（maximum spectral difference，MASD）进行合并，使光谱差异较小且相邻的河流、湖泊等影像对象组成较大区域的对象，然后根据面积大小及形状规则将河流、湖泊、水库及大面积的自然水体去除；另外，由于离子型稀土矿区主要位于丘陵山区，山体阴影大量存在且光谱值和水体较为接近，但通过上述的 MASD 合并，山体阴影面积一般较大，且边界极不规则，可以通过面积大小及形状因子进行去除；考虑到稀土矿区中沉淀池及高位池形状多为圆形或者长方形，形状较为规则，选择形状因子进行排除其他干扰地物，运用椭圆拟合度（elliptic fit）与矩形拟合度（rectangular fit）排除形状不规则的水体对象，根据实际沉淀池的长宽比（length/width）排除光滑度较大的水体对象，通过分类，得出与沉淀池和高位池的形状、大小相似的疑似沉淀池及高位池。

7.3.3 矿区地物空间关系构建

由于影像中地物的光谱与形态特征往往是相似的，而影像信息提取的结果通常会含有混合对象，导致误分结果。如传统信息提取目标的方法，运用形状、光谱和外观特征进行影像目标识别，取得的结果较难令人满意，这往往是忽略了场景与目标之间的空间关系；通过对影像中的目标地物及它们之间的空间关系的定量计算，可以提高目标的解译精度（冯卫东，2013）。

在本章对矿点识别过程中，通过对水体对象进行分类后，得到一定大小，形状规则的水体，但这些水体仍然有可能是与沉淀池及高位池面积形状较为接近的水塘或其他地物，需要进一步的识别。对于稀土矿点的沉淀池来说，空间分布上均是高度集中，且一般在非林地区域，而高位池位于区域较高处，一般为山顶，且与沉淀池在一定空间范围之内，方便浸矿液体的收集，故可从其空间分布特征构建空间分布的语义关系，进而提取沉淀池和高位池。

点群的分布热点与密度特征是空间分析统计领域的热门问题，其中，核密度分析方法被广泛应用于地理现象的空间分布聚集区域探测（禹文豪，2015）。本章采用该方法对提取出的形状较为规则水池进行集聚区域探测。

首先，对提取出的形状较为规则的水池面对象提取其重心，将面对象转化为点对象，得到形状较为规则水池点群，每个点有其相应的空间位置坐标，然后采用核密度分析方法对水池点群进行分析。核密度分析法的原理是以 P 点为圆心，衰减阈值 h 为半径，统计以 P、h 为圆的范围内水池点群分布的数量，并除以圆的面积。P 点为圆心的水池点群核密度计算公式如下所示。

$$P(x) = \frac{1}{nh}\sum_{i=1}^{n}\left\{K\left[\frac{d(x,\ x_i)}{h}\right]\right\} \tag{7-23}$$

式中，h 表示距离阈值；n 表示距离尺度范围 h 内所包含的水池点群数量；$d(x,\ x_i)$ 表示 P 点到 h 范围内的第 i 个水池的欧式距离；K（·）表示核密度函数，控制着计算 $P(x)$ 在点 x 的值时所用数据点的个数和利用的程度，核密度函数有多种表达方法，本研究选择高斯函数作为核密度函数，如下式所示。

$$K(t) = \frac{1}{\sqrt{2\pi}}e^{-\frac{1}{2}t^2} \tag{7-24}$$

通过核密度分析，探测出形状较为规则水池点群的集聚区域，并以该区域作一定距离缓冲，该距离范围内形状规则水池即为沉淀池。高位池也是以水池点群的集聚区域对外做一定距离缓冲，具体缓冲值大小依据矿区地形特点给定，识别出沉淀池，如图 7-17 所示。

a

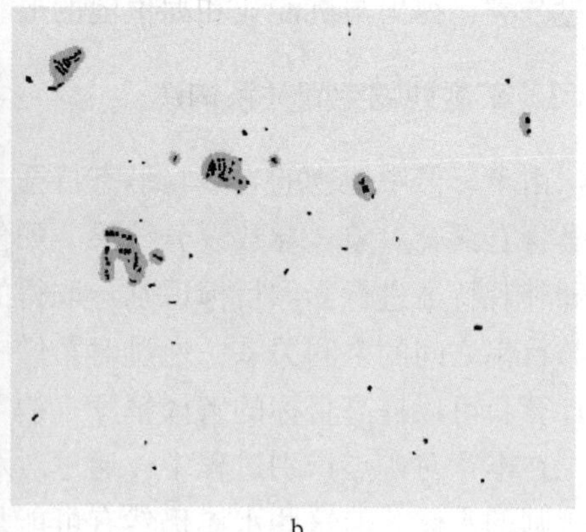
b

图 7-17　核密度分析出沉淀池

a—原始影像图；b—获取沉淀池与高位池

7.3.4　模糊分类技术

对于现实世界的复杂化很难运用精确性进行描述与处理，在 1965 年美国学者扎德（Lotfi Zadeh）提出模糊数学的概念来描述差异的中间过渡问题（Azizzadeh L，1965）。影像中稀土矿点的地物特征是复杂的，在分类的过程中并不能通过硬分类区分开来，而模糊分类方法的运用是通过隶属函数来确定那些本身不清晰、界限不分明的对象的最终模糊归属类别，进而确定对象的模糊集合（陈慕杰，2011）。故本章运用模糊分类对 Pleiades 和航拍影像中非林地、沉淀池及高位池进行分类。

模糊分类是一种模糊逻辑推理过程，是典型的软分类方法，该分类过程包含模糊化、模糊逻辑推理、反模糊化三部分（曾志远，2004；宋永宏，2006）。遥感影像的模糊分类过程是把地表复杂的地物信息，运用模糊分类技术把遥感影像中像元代表的地物信息的不确定性和多解性，以及地物本身具有一定的不确定性，通过把像元所属的类型特征值向模糊值转化，转换为 0 和 1 之间的模糊值，然后通过隶属函数计算类别特征的隶属度来明确地物的归属类别，最后分类反映出来（Benz U C，2004）。这种对复杂的地物特征描述，描述过程是精确的、是可以调整的。常用的模糊隶属度函数曲线图如表 7-3 所示。在稀土矿点影像模糊分类过程中，根据矿点识别方法的路线，结合模糊分类的特征，把影像中各种复杂的地物组合成每一个类别。根据每种地物的特征建立一个或多个相对应的隶属度函数，通过设置每种地物的隶属度函数及其模糊取值范围来对影像进行信息分类。

本章运用 Pleiades 影像及航拍影像进行稀土矿点的识别，由于影像的不同，相同地物对应的影像对象的光谱特征、几何特征有差异，同样，地物分类的模糊隶属度函数及其取值范围也是有差异的。根据矿点识别技术路线，在大尺度影像分割后，把影像分割成多个对象，对象之间的光谱值是连续的。根据矿区地物分类规则，对 Pleiades 影像，则采用对象的 *NDVI* 值进行非林地提取，通过设置对象的模糊隶属度的取值范围，当小于某阈值区间时，则为非林地。同样，对于航拍影像，则采用绿波段值来设置对象的取值范围提取非林地，当对象的绿波段值大于某阈值区间时，模糊分类结果为非林地。在水体分类时，对象的光谱复杂，但与相邻地物间光谱值差异较大，故当 Pleiades 影像中对象的 *NDWI* 及航拍影像中对象的绿波段比值大于某阈值区间时，影像分类提取水体；在提取的小尺度水体对象层中，河流、湖泊等对象光谱差异小，通过设置相邻最大光谱差异值，进行对象合并，然后根据沉淀池的形状特征，采用对象的椭圆拟合度与矩形拟合度的分类特征，当模糊值大于某阈值区间时，排除不规则对象；并根据矿区沉淀池与高位池的面积大小是较集中的，采用全范围隶属度函数设置最小面积值与最大面积值进行提取沉淀池与高位池。对于矿点影像识别过程中，地物模糊分类函数及其函数值的取值范围要根据具体情况而定，但模糊分类对地物特征无明显界定地物进行分类的过程是有效的。本章通过模糊分类技术，设置隶属度函数及其取值范围，对遥感影像中矿区各类地物对象进行分类信息提取，最后分类得出影像中的沉淀池及高位池。

表 7-3 常见模糊隶属度函数曲线图

函数斜率	说 明	函数斜率	说 明
	线性小于		模糊小于
	线性大于		模糊大于
	布尔小于		线性范围
	布尔大于		线性范围（反向）
	单值		近似高斯
	全范围		大致范围

7.4 稀土矿点遥感监测实验

7.4.1 岭北稀土矿区 Pleiades 卫星影像监测

以赣州市定南县岭北稀土矿的 Pleiades 卫星影像为例，对影像进行融合后得到分辨率为 0.5m 的融合影像，然后根据本章提出的稀土矿区高分卫星遥感影像识别的方法对 Pleiades 影像进行稀土开采矿点识别。

7.4.1.1　波段权重的设置

针对 Pleiades 影像中稀土矿区地物在不同波段的表达不同，在分割前采用影像波段权重计算方法，计算出 Pleiades 影像各波段统计协方差矩阵及相关性矩阵如表 7-4 和表 7-5 所示。

表 7-4　Pleiades 影像各波段统计协方差矩阵

协方差	波段 1	波段 2	波段 3	波段 4
波段 1	22423.34	24506.77	32314.21	29917.36
波段 2	24506.77	27653.73	37543.59	35097.87
波段 3	32314.20	37543.59	53767.54	47368.59
波段 4	29917.36	35097.88	47368.59	75561.74

表 7-5　Pleiades 各波段相关性统计矩阵

相关性	波段 1	波段 2	波段 3	波段 4
波段 1	1.000	0.988	0.958	0.838
波段 2	0.988	1.0008	0.987	0.861
波段 3	0.958	0.987	1.000	0.840
波段 4	0.838	0.861	0.840	1.000

结合表 7-4 和表 7-5 可知，方差最大的为波段 4，其次为波段 3，波段 1 和波段 2 值相差不大，远小于波段 3。从相关系数来看，波段 4 与波段 1、波段 2 及波段 3 相关性相对较小，而波段 1 与波段 2 具有最大的相关性。综合权衡，对 Pleiades 的 1～4 波段权重取值分别为 1、1、2、3。

7.4.1.2　最优分割尺度的设置

根据得到的影像各波段权重的组合，对影像进行以 15 为尺度起点，240 为尺度终点，5 为步长，并设置影像的形状因子权重和光谱因子权重，进行多尺度分割。由于影像主要是对沉淀池进行分割识别提取，影像中沉淀池的光谱与周边对象差异明显，而且形状规则，按照区域异质性设置准则，故在其权重的设置时，以光谱因子为主，取值为 0.6，形状异质性为 0.4，精致度为 0.8。最后得到的分割尺度分别与对象的加权均值方差和最大面积的变化规律图如图 7-18 所示。

由图 7-18 可以看出，从尺度 45 开始，不同尺度下的最大面积曲线构成一系列明显的阶梯状平台，每个平台步长范围理论上对应矿区某种特定地物的分割尺度域；而由加权均值方差曲线可以看出，其峰值对应的分割尺度值分别为 45、65、95、120、145、185，而与之对应的最大面积曲线阶梯状尺度范围为 45～50、55～65、85～120、135～165、170～195，结合矿区地物特征，确定在 135～165 尺

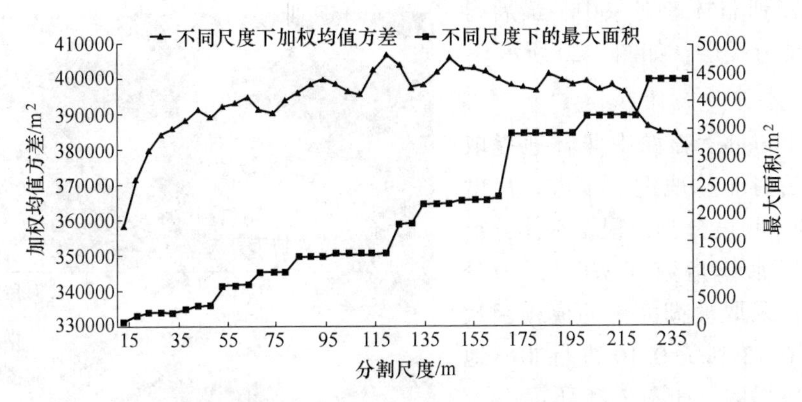

图 7-18 不同分割尺度下加权均值方差和最大面积折线图

度范围适合分割林地及非林地，55~65 尺度范围适合分割矿区沉淀池及高位池，通过微调，最终确定 63、142 为沉淀池及林地的最佳分割尺度。具体分割效果如图 7-19 所示。

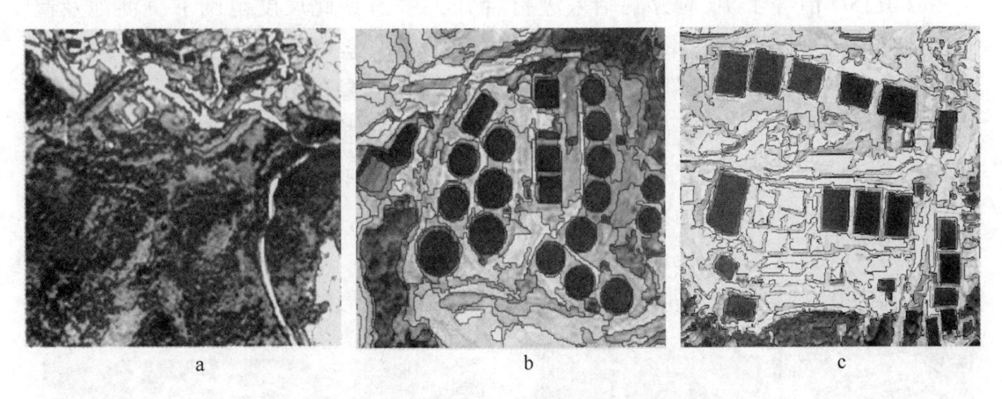

图 7-19 Pleiades 影像分割效果图

a—林地、非林地分割；b—圆形沉淀池分割；c—方形沉淀池分割

由图 7-19 可以看出，图 7-19a 中，采用 142 的大尺度分割林地，分割对象尽管由许多对象组成，但是没有与其他地物混合也没有太破碎，能够较好地描述林地的边界形状；图 7-19b、c 中，采用 63 的小尺度分割，能够非常完整的分割出方形和圆形的沉淀池形状，充分说明最优尺度的选择是合理的。

A Pleiades 影像非林地的提取

确定稀土矿区各种地物的最优尺度后，以最佳尺度为 142、形状异质性值为 0.2、紧致度异质性值为 0.6，对 Pleiades 影像进行分割，根据上述非林地分类规则，以归一化植被指数（*NDVI*）为分类特征，选择模糊值小于的隶属度值范围为 0.345 到 0.352，对非林地进行提取。由于沉淀池的植被指数值与林地相近，会导致误分，使得部分沉淀池不在非林地图层中，故对被非林地对象包含的其他对象合并到非林地对象中，最后得出非林地分类层，如图 7-20 所示。

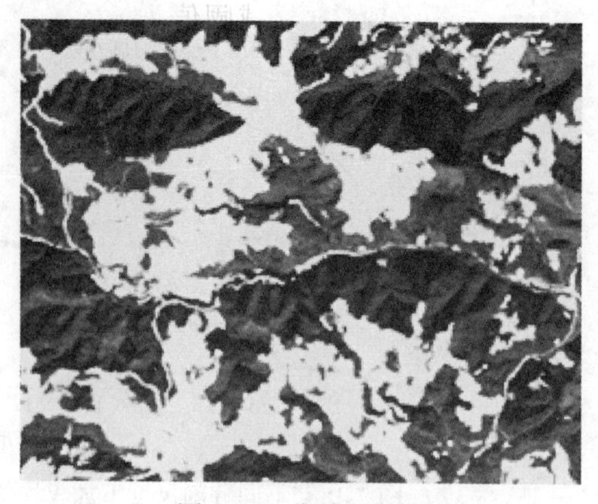

图 7-20　非林地提取

B　水体分类提取

对 Pleiades 影像中非林地提取后，然后对非林地进一步进行尺度为 43 的小尺度分割，根据水体分类规则，以水体指数（*NDWI*）为分类特征，采取模糊大于的模糊函数值为负 0.12 到负 0.10 进行非林地中的水体提取，如图 7-21 所示。

C　疑似沉淀池及高位池提取

根据疑似沉淀池及高位池提取规则中，对采用 *NDWI* 提取出的水体对象层中，包含部分山体阴影、湖泊、池塘等，以 *MASD* 值等于 10 对分割结果进行合并，考虑到此尺度范围下沉淀池及高位池具有较为规则形状，形状异质性值调整为 0.4、紧致度异质性值调整为 0.8，对水体对象层进行尺度分割，得到以沉淀池为分割对象的分割尺度层。得到分割尺度层后，以椭圆拟合度（elliptic fit）为分类特征，模糊函数为大于的函数值为 0.75 到 0.78，以矩形拟合度（rectangular fit）为分类特征，采用模糊函数为大于的函数值为 0.8 到 0.82，以面积（area）为分类特征，采用全范围函数并取值为 70 到 100，以长宽比（length/width）指数为分类特征，根据模糊函数为小于的函数值范围为 0.23 到 0.25 进行分类得到形状似圆或矩形的水体。如图 7-22 所示。

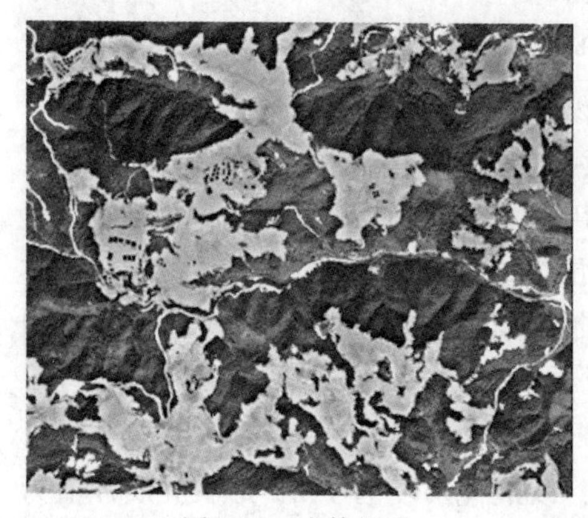

图 7-21　水体提取

图 7-22　规则水体提取结果部分图

D　基于空间关系提取沉淀池及高位池

根据稀土矿区沉淀池及高位池的空间关系对所得到的疑似沉淀池及高位池进

行再分类，核密度距离衰减阈值为50m，设置缓冲距离200m，获得沉淀池；在300~500m范围内，获得高位池。具体Pleiades影像上矿区地物提取规则参数如表7-6所示，沉淀池及高位池提取效果如图7-23所示。

表7-6 Pleiades影像上矿区地物提取规则参数

影像层次	地物类别	分类特征	模糊函数	函数值
Level_ 142	林地	*NDVI*	大于	[0.345, 0.352]
	非林地	*NDVI*	小于	[0.345, 0.352]
Level_ 63	水体	*MASD*	等于	10
		NDWI	大于	[-0.12, -0.10]
	一定大小、形状规则水池	elliptic fit	大于	[0.75, 0.78]
		rectangular fit	大于	[0.8, 0.82]
		area	全范围	[70、1100]
		length/width	小于	[0.23, 0.25]
	沉淀池	衰减阈值	等于	25
		缓冲距离	等于	50
	高位池	缓冲距离	区间	[300, 500]

从表7-6可以看出，通过植被指数，能较好区分林地和非林地，缩小了沉淀池及高位池的识别范围；在图7-23中，通过形状及面积规则获得了形状较为规则的水体，但是一些形状较为规则的水塘会分到里面；在图7-23a、b中，根据沉淀池在空间上集聚分布的特征，采用核密度分析方法，获得了集聚区域，从而识别出沉淀池；从图7-23c、d中可以看出，能够很好地提取沉淀池，在图7-23e中，利用高位池与沉淀池的位置关系，提取出高位池。

7.4.2 河岭稀土矿区航拍影像监测

本实验中，以寻乌县河岭稀土矿航拍影像为例，进行稀土开采高分航拍遥感影像识别方法验证。对矿区影像采用边缘3D滤波方法对航拍影像第1主成分波段进行处理。

7.4.2.1 波段权重的设置

根据影像波段权重计算方法，针对航拍影像中稀土矿区地物在不同波段的表达不同，在分割前同样运用影像波段权重计算方法，构建矿区航拍影像各波段统计协方差矩阵和相关性矩阵，如表7-7和表7-8所示。通过表7-7和表7-8可知，方差从大到小排列为波段1、波段2、波段3，相关性为波段1与波段2、波段2与波段3相关性近似，波段1与波段3相关性较小。综合权衡，对航拍影像RGB

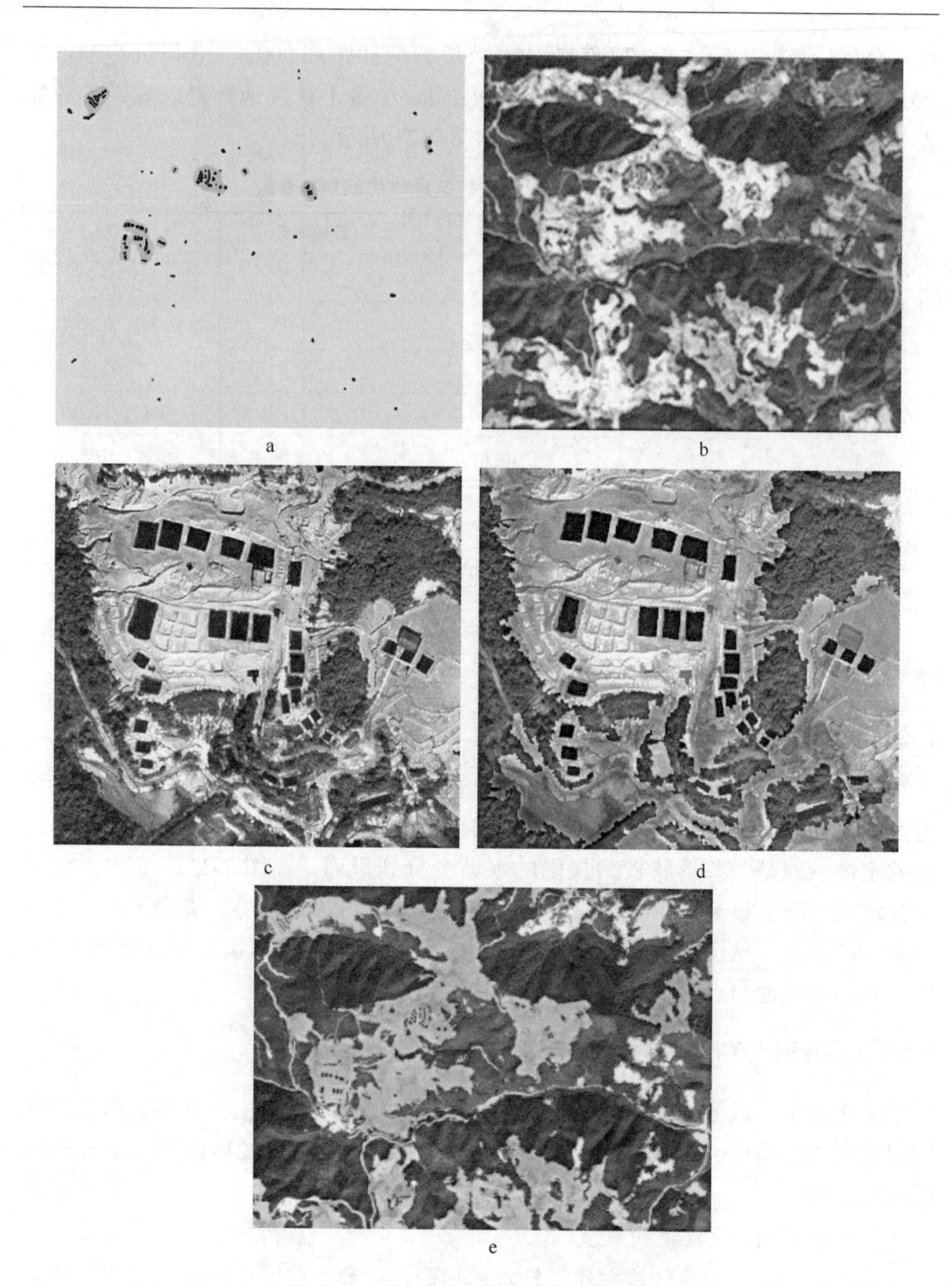

图 7-23　Pleiades 影像地物提取效果图

a—核密度计算；b—核密度结果；c—原始影像；
d—沉淀池、高位池提取局部图；e—沉淀池、高位池提取全图

波段及 3D 滤波波段权重取值分别为 3、2、1、2。

表 7-7 航拍影像各波段统计协方差矩阵

协方差	波段 1	波段 2	波段 3
波段 1	3701.71	3128.79	2766.91
波段 2	3128.79	2719.41	2437.26
波段 3	2766.91	2437.26	2232.34

表 7-8 航拍影像各波段相关性统计矩阵

相关性	波段 1	波段 2	波段 3
波段 1	1.000	0.986	0.962
波段 2	0.986	1.000	0.989
波段 3	0.963	0.989	1.000

7.4.2.2 最优分割尺度的设置

同样，根据航拍影像各波段权重的值，以 15 为尺度起点，200 为尺度终点，以 5 为步长，以光谱异质性为主，取值为 0.8，精致度为 0.6，进行多尺度的分割，然后根据综合加权均值方差和最大面积法，得出林地的最佳尺度为 95，沉淀池的最佳尺度为 39，具体分割效果如图 7-24 所示。

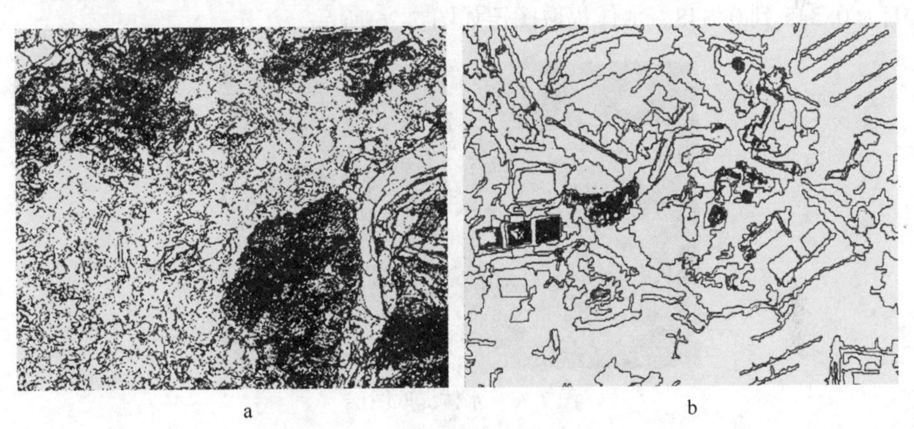

a　　　　b

图 7-24 航拍影像分割效果图

a—分割尺度为 95；b—分割尺度为 39

A 航拍影像非林地提取

根据确定的林地最优尺度为 95，形状异质性值为 0.2、紧致度因子为 0.6 对航拍影像进行分割，得到分割结果影像后根据航拍影像林地提取规则，采用绿波段设置阈值法（*Green_Value*），并用模糊函数为大于的函数值为 115 到 118 进行非林地提取，根据河岭稀土矿区附近存在果林现状，在获得非林地分类图层中会包含面积较小的林地对象，故运用面积指数，采用模糊函数为小于的函数值为2250到2560排除干扰项，最终获取的非林地分类图如图7-25所示。

图7-25　航拍影像非林地分类图

B　非林地中水体提取

在对航拍影像提取非林地图层后，然后对非林地以39为尺度、0.4为形状因子、0.8为紧致度因子进行再分割，根据航拍影像中水体的分类规则，运用绿波段比值（*Green_Ratio*）分类特征对水体对象进行提取，模糊函数为大于的函数值范围为0.345到0.348。水体提取图层如图7-26所示。

图7-26　水体提取图层

C　疑似沉淀池及高位池提取

同样根据疑似沉淀池及高位池提取规则中，对采用绿波段比值提取出的水体对象层中，包含部分山体阴影、河流、湖泊、池塘等，以*MASD*值等于8对分割结果进行合并，考虑到此尺度范围下沉淀池及高位池具有较为规则形状，形状异质性值调整为0.4、紧致度异质性值调整为0.8，对水体对象层进行尺度分割，得到的以沉淀池为分割对象的分割尺度层。得到分割结果影像后，以椭圆拟合度（elliptic fit）为分类特征，模糊函数为大于的函数值为0.675到0.68，以矩形拟合度（rectangular fit）为分类特征，采用模糊函数为大于的函数值为 0.79 到 0.81，以面积（area）为分类特征，采用全范围函数并取值为 300 到 2810，以长宽比（length/width）指数为分类特征，根据模糊函数为小于的函数值范围为 2.1 到 2.3 进行分类得到形状似圆或矩形的水体，如图 7-27 所示。

a

b

图 7-27 规则水体提取图

a—水体提取局部图；b—水体提取全局图

D 基于空间关系提取沉淀池及高位池

同样根据稀土矿区沉淀池及高位池的空间关系对所得到的疑似沉淀池及高位池进行再分类，核密度距离衰减阈值设置为 30m，设置缓冲距离 80m，获得沉淀池。具体航拍影像上矿区地物提取规则参数如表 7-9 所示，沉淀池及高位池提取效果如图 7-28 所示。

表 7-9 航拍影像上矿区地物提取规则参数

影像层次	地物类别	分类特征	模糊函数	函数值
Level_95	林地	*Green_Value*	小于	[115，118]
		Area	小于	[2550，2560]
Level_39	水体	*MASD*	等于	8
		Green_Ratio	大于	[0.345，0.348]
	一定大小、形状规则水池	*elliptic fit*	大于	[0.67，0.68]
		rectangular fit	大于	[0.79，0.81]
		area	全范围	[300，2810]
	沉淀池	length/width	小于	[2.1，2.3]
		衰减阈值	等于	30
		缓冲距离	等于	80

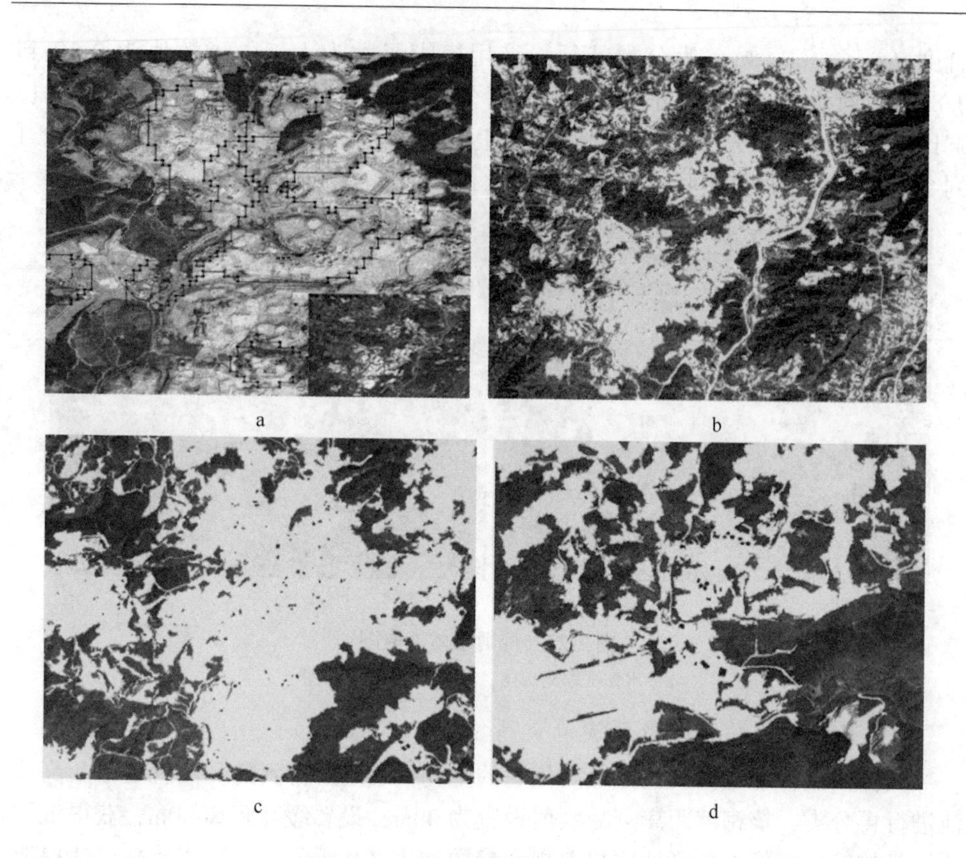

图 7-28　航拍影像地物提取效果图

a—核密度分析全局-局部对比图；b—沉淀池提取全局图；
c—沉淀池提取局部图 1；d—沉淀池提取局部图 2

由图 7-28 可以看出，提取出的非林地主要为稀土开采的裸地、河流及道路，边界较为吻合；从图 7-28a、b 可以看出，通过形状及面积参数从水体中提取出的形状较为规则水池，大部分为堆浸池，但也有极少部分其他地类对象，提取出的形状较为规则水池出现在河流中间；采用核密度分析方法，生成形状规则水池聚集区域，并通过空间语义关系提取出沉淀池，取出的沉淀池符合现实沉淀池的空间分布特征，具有较高的准确性。

7.4.3　精度分析与评价

提取出两个稀土矿区的高位池和沉淀池，从而识别出稀土开采状态。为了对识别结果准确性进行检验，分别对两幅矿区影像，采用目视解译的方法统计出两个稀土矿区正在开采沉淀池数以及高位池数目，然后和提取结果进行对比分析，结果如表 7-10 所示。

表 7-10 影像识别结果评价

矿区	地物类别	目视解译	影像识别结果			识别结果评价		
			识别数目	误分	漏分	准确度/%	误分率/%	漏分率/%
岭北矿区	沉淀池	103	101	4	6	94.17	3.88	5.83
	高位池	5	3	0	2	60.00	0	40
河岭矿区	沉淀池	301	278	7	30	90.03	2.99	9.97
	高位池	0	0	0	0			

表 7-10 可以看出，采用本章方法对于沉淀池的识别在两个矿区准确度都非常高，分别达到 94.17% 和 90.03%；对于高位池的识别准确率较低，仅达到 60%，主要原因为高位池与沉淀池的具体距离关系较难确定，高位池一般位于山顶，便于注入洗矿母液，而沉淀池一般位于山脚或半山坡，便于收集母液，沉淀池与高位池距离关系与具体地形有关，较难有一个准确值界定其空间距离范围。但高位池的识别对于整个矿点监测来说，不是特别重要，只要准确识别出对应矿点的沉淀池，就能够判断是否在进行稀土开采，高位池仅是一个辅助判断开采类型的依据，对于稀土是否在开采的判断意义不大，故其识别结果不会影响对整个稀土矿区开采的监测。

相比岭北矿区，河岭矿区识别精度相对低一些，主要是数据类型的原因。Pleiades 卫星影像由于有多个波段参与识别，能够方便构建植被指数（*NDVI*）及水体指数（*NDWI*）参与信息提取，其提取效果要优于只有三个波段的航拍影像。误分的沉淀池主要是在正在开采矿点附近的含有少量积水的废弃沉淀池，其光谱值与使用中的沉淀池较为接近，在水体提取的时候被提取了出来，而形状面积与沉淀池一致，导致无法区分；沉淀池被漏分在两个矿区有不同原因，岭北矿区主要是稀土开采工艺的原因，由于原地浸矿对植被破坏较小，一般沉淀池靠近山体植被，个别沉淀池附近植被较为茂密，导致在影像第一次分割时被提取到植被区域，导致漏分。而河岭矿区漏分较多，主要原因为航拍影像只有 RGB 三个波段，采用绿波段比值（*Green_Ratio*）代替水体指数（*NDWI*）提取水体，其效果较差，会导致少数水体被漏分，从而影响提取效果。

7.5 本章小结

针对南方离子型稀土非法开采屡禁不止及监管困难的难题，充分利用遥感技术空中监测范围广、不受交通条件限制的特点，研究了面向对象的离子型稀土开采高分辨率遥感影像识别方法及对方法的可行性及准确性进行检验，可以得出如下结论：

（1）总结两种稀土开采工艺的共同特点，开采中的稀土矿点都有集中分布的注满浸矿液或稀土母液的沉淀池，在影像上沉淀池与高位池具有明显的颜色、形状和空间分布特征，可以作为稀土开采识别标志。

（2）在统一的面向对象的高分影像识别路线框架下，针对航拍和卫星遥感影像的不同光谱波段特性，分别构建了各自的地物信息分类提取规则，并借鉴点群分析方法，采用核密度分析技术构建了矿点沉淀池空间分布的语义关系，保证了矿点识别的准确性，使得识别方法能够针对卫片和航片，具有可行性和普遍性。

（3）构建面向对象的高分遥感影像沉淀池识别方法，通过沉淀池的识别而达到稀土矿点开采过程的监测。两个矿区的实际应用表明，对于沉淀池的识别分别达到94. 17%和90. 03%，具有较高准确度，证明了技术方法的准确性。针对卫片和航片两种影像稀土开采识别的应用实践，表明航拍影像的识别精度比卫星影像精度要低。

参考文献

[1] 李恒凯 . 南方稀土矿区开采与环境影响遥感监测与评估研究 [D]. 北京：中国矿业大学，2016.

[2] 肖燕飞 . 离子吸附型稀土矿镁盐体系绿色高效浸取技术研究 [D]. 沈阳：东北大学，2015.

[3] 黄成敏，王成善 . 风化成土过程中稀土元素地球化学特征 [J]. 稀土，2002，23（5）：46~49.

[4] 王登红，赵芝，于扬，等 . 离子吸附型稀土资源研究进展、存在问题及今后研究方向 [J]. 岩矿测试，2013，32（5）：797~802.

[5] 王永志，吴延意 . 离子吸附型稀土矿堆法浸出工艺 [P]. 中国：89102377，1989.

[6] 汤巧忠，李茂楠 . 离子吸附型稀土矿原地浸析采矿方法 [J]. 矿业研究与开发，1997，17（2）：1~4.

[7] 卢能进 . 离子型稀土尾矿及其综合治理 [J]. 江西冶金，1988，9（8）：14~16.

[8] 罗冠文 . 南方离子型稀土生产状况及发展对策 [J]. 矿产保护与利用，1989，（6）：10~12.

[9] 贺伦燕，王似男 . 我国南方离子吸附型稀土矿 [J]. 稀土，1989，10（1）：39~44.

[10] 陈志澄，黄丽玫，陈达慧 . 开采离子型稀土矿床对环境水质影响的研究 [J]. 广东医药学院学报，1992，8（2）：1~4.

[11] 涂翠琴，张宝山 . 寻乌县稀土尾砂堆积场地复垦试验 [J]. 冶金矿山设计与建设，1995，27（2）：55~59.

[12] 陈振金，郑大增 . 稀土尾矿场土地复垦技术研究 [J]. 上海环境科学，1998，17（9）：29~31.

[13] 许炼烽，刘明义，凌垣华 . 稀土矿开采对土地资源的影响及植被恢复 [J]. 农村生态环境，1999，15（1）：14~17.

[14] 汤洵忠，李茂楠 . 离子吸附型稀土矿原地浸析采矿法 [J]. 矿业研究与开发，1997，17（2）：1~4.

[15] 杜雯 . 离子型稀土原地浸矿工艺对环境影响的研究 [J]. 江西有色金属，2001，15（1）：41~45.

[16] 李春 . 原地浸矿新工艺在离子型稀土矿的推广应用 [J]. 有色金属科学与工程，2011，2（1）：63~67.

[17] 刘毅 . 稀土开采工艺改进后的水土流失现状和水土保持对策 [J]. 水利发展研究，2002，2（2）：30~32.

[18] 李天煜，熊治廷 . 南方离子型稀土矿开发中的资源环境问题与对策 [J]. 国土与自然资源研究，2003，（3）：42~44.

[19] 李永绣，张玲，周新木 . 南方离子型稀土的资源和环境保护性开采模式 [J]. 稀土，2010，31（2）：80~85.

[20] 罗才贵，罗仙平，苏佳，等 . 离子型稀土矿山环境问题及其治理方法 [J]. 金属矿山，

2014,（6）：91~97.

［21］刘文深，刘畅，王志威，等．离子型稀土矿尾砂地植被恢复障碍因子研究［J］．土壤学报，2015，52（4）：779~887.

［22］王瑜玲，刘少峰，李婧，等．基于高分辨率卫星遥感数据的稀土矿开采状况及地质灾害调查研究［J］．江西有色金属，2006，20（1）：10~14.

［23］雷国静，刘少峰，程三友．遥感在稀土矿区植被污染信息提取中的应用［J］．江西有色金属，2006，20（2）：1~5.

［24］王少军，宋启帆．空间信息支持下的江西定南稀土矿区泥石流危险性评价［J］．遥感信息，2012（1）：57~61.

［25］彭燕，何国金，曹辉．基于纹理的面向对象分类的稀土矿开采地信息提取［J］．科学技术与工程，2013，13（19）：5590~5597.

［26］代晶晶，王登红，陈郑辉，等．IKONOS 遥感数据在离子吸附型稀土矿区环境污染调查中的应用研究［J］．地球学报，2013，34（3）：354~360.

［27］代晶晶，王瑞江，王登红，等．基于 IKONOS 数据的赣南离子吸附型稀土矿非法开采监测研究［J］．地球学报，2014，35（4）：503~509.

［28］代晶晶，王瑞江，王登红．高空间分辨率遥感数据在离子吸附型稀土矿山调查中的应用［J］．遥感技术与应用，2014，29（6）：935~942.

［29］安志宏，聂洪峰，王昊，等．ZY-102C 星数据在矿山遥感监测中的应用研究与分析［J］．国土资源遥感，2015，27（2）：174~182.

［30］黄铁兰，黄华谷，朱俊凤．资源一号 02C 数据在稀土开采遥感监测中的应用与评价［J］．广东工业大学学报，2015，32（2）：32~37.

［31］吴亚楠，代晶晶，周萍．基于高空间分辨率遥感数据的稀土矿山监测研究［J］．中国稀土学报，2017，35（2）：262~271.

［32］李恒凯，熊云飞，吴立新．面向对象的离子吸附型稀土矿开采高分遥感影像识别方法［J］．稀土，2017，38（4）：38~49.

［33］代晶晶，吴亚楠，王登红，等．基于面向对象分类的稀土开采区遥感信息提取方法研究［J］．地球学报，2018，39（1）：111~118.

［34］王平，刘少峰．岭南稀土矿区土壤侵蚀状况分析［J］．中国水土保持，2008，21（1）：44~46.

［35］王陶，刘衍宏，王平，等．多源多时相遥感分类技术在赣州稀土矿区环境变化检测中的应用［J］．中国矿业，2009，18（11）：88~91.

［36］Peng Y，He G J，Jiang W. Eco-environment Quality Evaluation of Rare Earth Ore Mining Area Based on Remote Sensing Techniques［J］. Geo-Informatics in Resource Management and Sustainable Ecosystem. Springer Berlin Heidelberg，2013：246~257.

［37］张航，仲波，洪友堂，等．近 20 多年来赣州地区稀土矿区遥感动态监测［J］．遥感技术与应用，2015，30（2）：376~382.

［38］Wu B，Fang C，Yu L，et al. A fully automatic method to extract rare earth mining areas from Landsat Images［J］. Photogrammetric Engineering & Remote Sensing，2016，82（9）：729~

737.

[39] 熊恬苇，江丰，齐述华. 赣南6县稀土矿区分布及其植被恢复的遥感动态监测 [J]. 中国水土保持，2018 (1)：40~44.

[40] Walther C, Frei M. Detection and Monitoring of Small-Scale Mining Operations in the Eastern Democratic Republic of the Congo (DRC) Using Multi-Temporal, Multi-Sensor Remote Sensing Data [C]. EGU General Assembly Conference Abstracts. 2017, 19: 15413.

[41] Schmidt H, Glaesser C. Multitemporal analysis of satellite data and their use in the monitoring of the environmental impacts of open cast lignite mining areas in Eastern Germany [J]. International Journal of Remote Sensing, 1998, 19 (12): 2245~2260.

[42] Felinks B, Pilarski M, Wiegleb G. Vegetation survey in the former brown coal mining area of eastern Germany by integrating remote sensing and ground - based methods [J]. Applied Vegetation Science, 1998, 1 (2): 233~240.

[43] Almeida Filho R, Shimabukuro Y E. Digital processing of a Landsat TM time series for mapping and monitoring degraded areas caused by independent gold miners, Roraima State, Brazilian Amazon [J]. Remote Sensing of Environment, 2002, 79 (1): 42~50.

[44] Petja B M, Twumasi Y A, Tengbeh G T. The use of Remote Sensing to Detect Asbestos Mining Degradation in Mafefe and Mathabatha, South Africa [C] //Geoscience and Remote Sensing Symposium, 2006. IGARSS 2006. IEEE International Conference on. IEEE, 2006: 1591 ~ 1593.

[45] Lei S, Bian Z, Daniels J L, et al. Spatio~temporal variation of vegetation in an arid and vulnerable coal mining region [J]. Mining Science and Technology (China), 2010, 20 (3): 485~490.

[46] Erener A. Remote sensing of vegetation health for reclaimed areas of Seyitömer open cast coal mine [J]. International Journal of Coal Geology, 2011, 86 (1): 20~26.

[47] Sarp G. Determination of Vegetation Change Using Thematic Mapper Imagery in Afşin~Elbistan Lignite Basin; SE Turkey [J]. Procedia Technology, 2012, 1: 407~411.

[48] 黄家政，赵萍，郑刘根，等. 淮南矿区土地利用/覆盖时空变化特征及预测 [J]. 合肥工业大学学报（自然科学版），2014，37 (8)：981~986.

[49] 王藏姣，贾铎，雷少刚，等. 基于时间分割算法的半干旱矿区植被动态特征分析 [J]. 煤炭学报，2017，42 (2)：477~483.

[50] Lausch A, Biedermann F. Analysis of temporal changes in the lignite mining region south of Leipzig using GIS and landscape metrics [J]. Quantitative approaches to landscape ecology. UK~IALE, 2000: 71~81.

[51] Antwi E K, Krawczynski R, Wiegleb G. Detecting the effect of disturbance on habitat diversity and land cover change in a post-mining area using GIS [J]. Landscape and Urban Planning, 2008, 87 (1): 22~32.

[52] Yang J J. Detecting Landscape Changes Pre-and Post-Surface Coal Mining in Indiana, USA [J]. Geographic Information Sciences, 2008, 14 (1): 36~43.

[53] Newman M E, McLaren K P, Wilson B S. Use of object~oriented classification and fragmentation analysis (1985-2008) to identify important areas for conservation in Cockpit Country, Jamaica [J]. Environmental monitoring and assessment, 2011, 172 (1~4): 391~406.

[54] Fagiewicz K. Spatial processes of landscape transformation in mining areas (case study of opencast lignite mines in Morzysław, Niesłusz, Gosławice) [J]. Polish Journal of Environmental Studies, 2014, 23 (4): 1123~1136.

[55] Antwi E K, Boakye~Danquah J, Asabere S B, et al. Land cover transformation in two post~mining landscapes subjected to different ages of reclamation since dumping of spoils [J]. Springerplus, 2014, 3 (1): 702~724.

[56] Brom J, Nedbal V, Procházka J, et al. Changes in vegetation cover, moisture properties and surface temperature of a brown coal dump from 1984 to 2009 using satellite data analysis [J]. Ecological Engineering, 2012, 43: 45~52.

[57] Li J, Zipper C E, Donovan P F, et al. Reconstructing disturbance history for an intensively mined region by time-series analysis of Landsat imagery [J]. Environmental Monitoring and Assessment, 2015, 187 (9): 1~17.

[58] Zhao Y, Li X, Zhang P, et al. Effects of Vegetation Reclamation on Temperature and Humidity Properties of a Dumpsite: A Case Study in the Open Pit Coal Mine of Heidaigou [J]. Arid Land Research and Management, 2015, 29 (3): 375~381.

[59] Gillanders S N, Coops N C, Wulder M A, et al. Application of Landsat satellite imagery to monitor land - cover changes at the Athabasca Oil Sands, Alberta, Canada [J]. The Canadian Geographer/Le Géographecanadien, 2008, 52 (4): 466~485.

[60] Schmid T, Rico C, Rodríguez ~ Rastrero M, et al. Monitoring of the mercury mining site Almadén implementing remote sensing technologies [J]. Environmental research, 2013, 125: 92~102.

[61] Li N, Yan C Z, Xie J L. Remote sensing monitoring recent rapid increase of coal mining activity of an important energy base in northern China, a case study of Mu Us Sandy Land [J]. Resources, Conservation and Recycling, 2015, 94: 129~135.

[62] 李晶，李松，夏清．基于时序 NDVI 的露天煤矿区土地损毁与复垦过程特征分析 [J]. 农业工程学报，2015，31 (16)：251~257.

[63] 张世文，宁汇荣，许大亮，等．草原区露天煤矿植被覆盖度时空演变与驱动因素分析 [J]. 农业工程学报，2016，32 (17)：233~241.

[64] 谢苗苗，白中科，付梅臣，等．大型露天煤矿地表扰动的温度分异效应 [J]. 煤炭学报，2011，36 (4)：643~647.

[65] 邱文玮，侯湖平．基于 RS 的矿区生态扰动地表温度变化研究 [J]. 矿业研究与开发，2013 ，33 (2)：68~71.

[66] 姬洪亮，特依拜塔西甫拉提，师庆东，等．新疆水西沟煤田火区的动态监测 [J]. 测绘科学，2014，39 (3)：57~61.

[67] 周伟，白中科，袁春，等．东露天煤矿区采矿对土地利用和土壤侵蚀的影响预测 [J].

农业工程学报，2007，23（3）：55~60.
[68] 汪炜，汪云甲，张业．基于 GIS 和 RS 的矿区土壤侵蚀动态研究［J］．煤炭工程，2011，1（11）：120~122.
[69] 黄翌，汪云甲，王猛，等．黄土高原山地采煤沉陷对土壤侵蚀的影响［J］．农业工程学报，2014，30（1）：228~235.
[70] 毕如田，白中科，李华，等．大型露天煤矿区土地扰动的时空变化［J］．应用生态学报，2007，18（8）：1908~1912.
[71] 邱文玮，侯湖平．地形复杂矿区煤炭开采景观扰动研究［J］．中国矿业，2013，22（11）：50~53.
[72] 黄翌，汪云甲，田丰，等．煤炭开采对植被~土壤系统扰动的碳效应研究［J］．资源科学，2014，36（4）．
[73] 赵祥，刘素红，王安建，等．基于卫星遥感数据的江西德兴铜矿开采环境影响动态监测分析［J］．中国环境监测，2005，21（2）：68~74.
[74] 陈华丽，陈刚，李敬兰，等．湖北大冶矿区生态环境动态遥感监测［J］．资源科学，2004，26（5）：132~138.
[75] 林彰文，王凌，关学彬，等．文昌锆钛矿区生态格局变迁分析［J］．生态科学，2014，（4）：802~808.
[76] Dunn C E. Biogeochemistry as an aid to exploration for gold，platinum and palladium in the northern forests of Saskatchewan，Canada［J］. Journal of Geochemical Exploration，1986，25（1）：21~40.
[77] Xia Lu，Zhen Qi Hu，Li G. Quantitative inverse modeling of nitrogen content from hyperion data under stress of exhausted coal mining sites［J］. International Journal of Mining Science and Technology，2009，19（1）：31~35.
[78] Lévesque J，King D J. Spatial analysis of radiometric fractions from high-resolution multispectral imagery for modelling individual tree crown and forest canopy structure and health［J］. Remote Sensing of Environment，2003，84（4）：589~602.
[79] 陈圣波，周超，王晋年．黑龙江多金属矿区植物胁迫光谱及其与金属元素含量关系研究［J］．光谱学与光谱分析，2012，32（5）：1310~1315.
[80] 徐奥，马保东，李兴春，等．植物叶面铁尾矿粉尘光谱测试与定量反演实验［J］．国土资源遥感，2017，29（1）：164~169.
[81] 卢霞，刘少峰，郑礼全．矿区植被重金属胁迫高光谱分辨率数据分析［J］．测绘科学，2007，32（2）：111~113.
[82] 李庆亭，杨锋杰，张兵，等．重金属污染胁迫下盐肤木的生化效应及波谱特征［J］．遥感学报，2008，12（2）：284~290.
[83] 李娜，吕建升，Altermann W. 光谱分析在植被重金属污染监测中的应用［J］．光谱学与光谱分析，2010，30（9）：2508~2511.
[84] 付卓，肖如林，申文明，等．典型矿区土壤重金属污染对植被影响遥感监测分析—以江西省德兴铜矿为例［J］．环境与可持续发展，2016，41（6）：66~68.

[85] 张耀，周伟．安太堡露天矿区复垦地植被覆盖度反演估算研究［J］．中南林业科技大学学报，2016，36（11）：113~119.

[86] 王金满，郭凌俐，白中科，等．黄土区露天煤矿排土场复垦后土壤与植被的演变规律［J］．农业工程学报，2013，29（21）：223~232.

[87] 任珊珊，于亚军．煤矸山复垦重构土壤剖面养分含量和重金属污染状况分析［J］．西南农业学报，2017，30（4）：842~846.

[88] Demirel N，Emil M K，Duzgun H S. Surface coal mine area monitoring using multi~temporal high~resolution satellite imagery［J］. International Journal of Coal Geology，2011，86（1）：3~11.

[89] 黄丹，刘庆生，刘高焕，等．面向对象的煤矸石堆场SPOT~5影像识别［J］．地球信息科学学报，2015，17（3）：369~377.

[90] 杨文芳，马世斌，杨明，等．高分辨率遥感数据在矿产资源开发及动态监测中的应用［J］．青海大学学报，2014，32（3）：63~66.

[91] 李丽，汪洁，汪劲，等．基于高分卫星遥感数据的金属矿开发现状及环境问题研究~以江西省德兴多金属矿集区为例［J］．中国地质调查，2016，3（5）：60~66.

[92] Pagot E，Pesaresi M，Buda D，et al. Development of an object - oriented classification model using very high resolution satellite imagery for monitoring diamond mining activity［J］. International Journal of Remote Sensing，2008，29（2）：499~512.

[93] Chaussard E，Kerosky S. Characterization of Black Sand Mining Activities and Their Environmental Impacts in the Philippines Using Remote Sensing［J］. Remote Sensing，2016，8（2）：100.

[94] 王金满，郭凌俐，白中科，等．黄土区露天煤矿排土场复垦后土壤与植被的演变规律［J］．农业工程学报，2013，29（21）：223~232.

[95] 李恒凯，刘小生，李博，等．红壤区植被覆盖变化及与地貌因子关系——以赣南地区为例［J］．地理科学，2013，34（1）：103~109.

[96] Jiang Z，Huete A R，Chen J，et al. Analysis of NDVI and scaled difference vegetation index retrievals ofvegetationfraction［J］. Remote Sensing of Environment，2006，101：366~378.

[97] 吴见，刘民士，李伟涛．不同地形条件下植被盖度信息提取技术研究［J］．植物生态学报，2013，37（1）：18~25.

[98] 唐志光，马金辉，李成六，等．三江源自然保护区植被覆盖度遥感估算［J］．兰州大学学报（自然科学版），2010，46（2）：11~16.

[99] 蔡蘅，王结贵，杨瑞霞，等．基于FCD模型的且末绿洲植被覆盖度时空变化分析［J］．国土资源遥感，2013，25（2）：131~137.

[100] Small C. Estimation of urban vegetation abundance by spectral mixture analysis［J］. International journal of remote sensing，2001，22（7）：1305~1334.

[101] Small C，Lu J W T. Estimation and vicarious validation of urban vegetation abundance by spectral mixture analysis［J］. Remote Sensing of Environment，2006，100（4）：441~456.

[102] Xiao J，Moody A. A comparison of methods for estimating fractional green vegetation cover

within a desert ~ to ~ upland transition zone in central New Mexico, USA [J]. Remote Sensing of Environment, 2005, 98 (2): 237~250.

[103] 古丽，加帕尔，陈曦，等. 干旱区荒漠稀疏植被覆盖度提取及尺度扩展效应 [J]. 应用生态学报，2009，20（12）：2925~2934.

[104] 崔天翔，宫兆宁. 不同端元模型下湿地植被覆盖度的提取方法——以北京市野鸭湖湿地自然保护区为例 [J]. 生态学报，2013，33（4）：1160~1171.

[105] 戴尔阜，吴卓，芦海花，等. 基于线性光谱分离技术的西藏乃东县土地覆被变化监测 [J]. 地理科学进展，2015，34（7）：854~861.

[106] 刘丽，匡纲要. 图像纹理特征提取方法综述 [J]. 中国图像图形学报，2009，14（4）：622~635.

[107] Joshi C , De Leeuw J , Skidmore A K , et al . Remotely sensed estimation of forest canopy density : comparison of the performance of four methods [J]. International Journal of Applied Earth Observation and Geoinformation , 2006, 8 (2): 84~95.

[108] 李晓松，高志海，李增元，等. 基于高光谱混合像元分解的干旱地区稀疏植被覆盖度估测 [J]. 应用生态学报，2010 ，21（1）：152~158.

[109] 王聪，杜华强，周国模，等. 基于几何光学模型的毛竹林郁闭度无人机遥感定量反演 [J]. 应用生态学报，2015，26（5）：1501~1509.

[110] 徐涵秋. 南方典型红壤水土流失区地表裸土动态变化分析 [J]. 地理科学，2013，33（4）：489~496.

[111] 李桢，谭永滨，李霖，等. 基于线性光谱混合分析的武汉市地表组分研究 [J]. 遥感技术与应用，2013，28（5）：780~784.

[112] 章忠珍. 定南县林业管理现状，问题及对策研究 [D]. 南昌：南昌大学，2009.

[113] 刘毅. 稀土开采工艺改进后的水土流失现状和水土保持对策 [J]. 水利发展研究，2002，2（2）：30~32.

[114] 杨期和，刘德良，李姣清，等. 粤东北矿山废弃地植被恢复模式探讨 [J]. 亚热带植物科学，2012，41（1）：10~14.

[115] 陈熙，蔡奇英，余祥单，等. 赣南离子型稀土矿山土壤环境因子垂直分布~以龙南矿区为例 [J]. 稀土，2015，36（1）：23~28.

[116] 李红，李德志，宋云，等. 快速城市化背景下上海崇明植被覆盖度景观格局分析 [J]. 华东师范大学学报（自然科学版），2009，（6）：89~100.

[117] 胡金龙，王金叶，周志翔，等. 桂林市区土地利用变化对生态服务价值的影响 [J]. 中南林业科技大学学报，2012，（10）：89~93.

[118] 姚成，赵晋陵. 基于时序 HJ-CCD 影像的区域尺度水稻提取方法研究 [J]. 南京农业大学学报，2015，38（6）：1023~1029.

[119] 谭昌伟，杜颖，童璐，等. 基于开花期卫星遥感数据的大田小麦估产方法比较 [J]. 中国农业科学，2017，50（16）：3101~3109.

[120] 刘真真，张喜旺，陈云生，等. 基于 CASA 模型的区域冬小麦生物量遥感估算 [J]. 农业工程学报，2017，33（4）：225~233.

[121] 毕如田，白中科．基于遥感影像的露天煤矿区土地特征信息及分类研究［J］．农业工程学报，2007，23（2）：77~82.

[122] 李晶，焦利鹏，申莹莹，等．基于 IFZ 与 NDVI 的矿区土地利用/覆盖变化研究［J］．煤炭学报，2016，41（11）：2822~2829.

[123] 黎良财，邓利，曹颖，等．基于NDVI像元二分模型的矿区植被覆盖动态监测［J］．中南林业科技大学学报，2012，32（6）：18~23.

[124] 夏天，吴文斌，周清波，等．冬小麦叶面积指数高光谱遥感反演方法对比［J］．农业工程学报，2013（3）：139~147.

[125] 焦伟，陈亚宁，李稚，等．基于多种回归分析方法的西北干旱区植被 NPP 遥感反演研究［J］．资源科学，2017，39（3）：545~556.

[126] 王清梅，包亮，周梅，等．华北落叶松人工林生物量及碳储量遥感模型研究［J］．林业资源管理，2014（4）：52~57.

[127] 王新云，郭艺歌，何杰．基于多源遥感数据的草地生物量估算方法［J］．农业工程学报，2014，30（11）：159~166.

[128] 谭昌伟，罗明，杨昕，等．运用PLS算法由 HJ-1A/1B 遥感影像估测区域小麦实际单产［J］．农业工程学报，2015，48（15）：4033~4041.

[129] 李宗南，陈仲新，王利民，等．基于小型无人机遥感的玉米倒伏面积提取［J］．农业工程学报，2014，30（19）：207~213.

[130] 陈强，陈云浩，王萌杰，等．2001~2010 年洞庭湖生态系统质量遥感综合评价与变化分析［J］．生态学报，2015，35（13）：4347~4356.

[131] 韩文霆，李广，苑梦婵，等．基于无人机遥感技术的玉米种植信息提取方法研究［J］．农业机械学报，2017，48（1）：139~147.

[132] 李恒凯，雷军，吴娇．基于多源时序 NDVI 的稀土矿区土地毁损与恢复过程分析［J］．农业工程学报，2018，34（01）：232~240.

[133] 鞠丽萍，祝怡斌，李青．南方某离子型稀土矿山的土地复垦［J］．金属矿山，2015，（9）：161~165.

[134] 廖日富．定南县治理废弃稀土矿山的成功实践［J］．中国水土保持，2014（5）：6~7.

[135] 刘会玉，王充，林振山，等．基于 RS 和 GIS 的滇池流域水土流失动态监测［J］．南京师大学报（自然科学版），2012，35（2）：120~124.

[136] 姬翠翠，李晓松，曾源，等．基于遥感和 GIS 的宣化县水土流失定量空间特征分析［J］．国土资源遥感，2010，22（2）：107~112.

[137] Demirci A，Karaburun A. Estimation of soil erosion using RUSLE in a GIS framework：a case study in the Buyukcekmece Lake watershed，northwest Turkey［J］. Environmental Earth Sciences，2012，66（3）：903~913.

[138] Sun W，Shao Q，Liu J. Soil erosion and its response to the changes of precipitation and vegetation cover on the Loess Plateau［J］. Journal of Geographical Sciences，2013，23（6）：1091~1106.

[139] Kumar A，Devi M，Deshmukh B. Integrated Remote Sensing and Geographic Information

System Based RUSLE Modelling for Estimation of Soil Loss in Western Himalaya, India [J]. Water Resources Management, 2014, 28 (10): 3307~3317.

[140] Khadse G K, Vijay R, Labhasetwar P K. Prioritization of catchments based on soil erosion using remote sensing and GIS [J]. Environmental Monitoring and Assessment, 2015, 187 (6): 1~11.

[141] 齐述华，蒋梅鑫，于秀波. 基于遥感和 ULSE 模型评价 1995~2005 年江西土壤侵蚀 [J]. 中国环境科学，2011，31 (7)：1197~1203.

[142] 胡文敏，周卫军，余宇航，等. 基于 RS 和 USLE 的红壤丘陵区小流域水土流失量估算 [J]. 国土资源遥感，2013，25 (3)：171~177.

[143] 陈思旭，杨小唤，肖林林，等. 基于 RUSLE 模型的南方丘陵山区土壤侵蚀研究 [J]. 资源科学，2014，36 (6)：1288~1298.

[144] 殷贺，李正国，王仰麟，等. 基于时间序列植被特征的内蒙古荒漠化评价 [J]. 地理学报，2011，66 (5)：653~661.

[145] 范文义，张文华. 科尔沁沙质荒漠化评价遥感信息模型 [J]. 应用生态学报，2006，17 (11)：2141~2146.

[146] 曾永年，向南平，冯兆东，等. Albedo—NDVI 特征空间及沙漠化遥感监测指数研究 [J]. 地理科学，2006，26 (1)：75~81.

[147] 冯淳，张云峰，焦超卫，等. 秃尾河上游流域土地荒漠化遥感动态研究 [J]. 遥感信息，2016，31 (1)：110~114.

[148] 毋兆鹏，王明霞，赵晓. 基于荒漠化差值指数（DDI）的精河流域荒漠化研究 [J]. 水土保持通报，2014，34 (4)：188~192.

[149] 马雄德，范立民，张晓团，等. 基于遥感的矿区土地荒漠化动态及驱动机制 [J]. 煤炭学报，2016，41 (8)：2063~2070.

[150] 张严俊. 塔西甫拉提·特依拜，夏军，等. 中亚地区土地沙漠化遥感监测——以土库曼斯坦为例 [J]. 干旱区地理 2013，36 (4)：724~730.

[151] 官雨薇. 基于遥感影像的全球荒漠化指数构建及趋势分析 [D]. 成都：电子科技大学，2015.

[152] Renard K G, Foster G R, Weesies G A, et al. RUSLE: Revised universal soil loss equation [J]. Journal of soil and Water Conservation, 1991, 46 (1): 30~33.

[153] 陈燕红，潘文斌，蔡芫镔. 基于 RS/GIS 和 RUSLE 的流域土壤侵蚀定量研究——以福建省吉溪流域为例 [J]. 地质灾害与环境保护，2007，18 (3)：5~10.

[154] Moore I, G Burch. Physical basis of the length-slope factor in the universal soil loss equation [J]. Soil Science Society of America Journal, 1986, 50: 1294~1298.

[155] Wischmeier W H, Simth D D. Agricultural Handbook No. 537 [M]. Science and Education Administration, United States Department of Agriculture, 1978.

[156] LiuBY, Nearing M A, Risse L M. Slope gradient effects on soil loss for steep slopes [J]. Transactions of the ASAE, 1994, 37 (6): 1835~1840.

[157] 蔡崇法，丁树文，史志华，等. 应用 USLE 模型与地理信息系统 IDRISI 预测小流域土

壤侵蚀量的研究［J］. 水土保持学报，2000，14（2）：19~24.
［158］周璟，张旭东，何丹，等. 基于 GIS 与 RUSLE 的武陵山区小流域土壤侵蚀评价研究［J］. 长江流域资源与环境，2011，20（4）：468~474.
［159］陆建忠，陈晓玲，李辉，等. 基于 GIS/RS 和 USLE 鄱阳湖流域土壤侵蚀变化［J］. 农业工程学报，2011，27（2）：337~344.
［160］张平仓，程冬兵. 南方红壤丘陵区水土流失综合治理技术标准（SL 657~2014）［S］. 北京：中国水利水电出版社，2014.
［161］Liang S. Narrowband to broadband conversions of land surface albedo I：Algorithms［J］. Remote Sensing of Environment，2001，76（2）：213~238.
［162］王藏姣，贾铎，雷少刚，等. 基于时间分割算法的半干旱矿区植被动态特征分析［J］. 煤炭学报，2017，42（2）：477~483.
［163］贾铎，牟守国，赵华. 基于 SSA-Mann Kendall 的草原露天矿区 NDVI 时间序列分析［J］. 地球信息科学学报，2016，18（8）：1110~1122.
［164］李晶，李松，夏清. 基于时序 NDVI 的露天煤矿区土地损毁与复垦过程特征分析［J］. 农业工程学报，2015，31（16）：251~257.
［165］白宇，胡海峰，廉旭刚. 山西翼城矿区采动地表植被指数时空变化分析［J］. 煤炭工程，2017，49（9）：146~149.
［166］杨亚莉，马超，成晓倩. 煤矿 InSAR 沉陷区 NDVI 变化的对比研究［J］. 煤炭技术，2016，35（2）：327~329.
［167］陶文旷，雷少刚. 半干旱煤炭开采沉陷区植被扰动响应的时间特征［J］. 生态与农村环境学报，2016，32（2）：200~206.
［168］邱文玮，侯湖平. 基于 RS 的矿区生态扰动地表温度变化研究［J］. 矿业研究与开发，2013，33（2）：68~71.
［169］张寅玲，白中科，陈晓辉，等. 基于遥感技术的露天矿区土地复垦效益评价［J］. 中国矿业，2014，23（6）：71~75.
［170］张寅玲. 露天矿区遥感监测及复垦区生态效应评价［D］. 北京：中国地质大学，2014.
［171］李恒凯，阮永俭，杨柳. 离子稀土矿区地表扰动温度分异效应分析——以岭北矿区为例［J］. 稀土，2017，38（1）：134~142.
［172］胡德勇，乔琨，王兴玲，等. 单窗算法结合 Landsat 8 热红外数据反演地表温度［J］. 遥感学报，2015，19（6）：964~976.
［173］黄绍霖，徐涵秋，王琳. CPF 变化对 Landsat TM/ETM+ 辐射校正结果的影响［J］. 吉林大学学报（地球科学版），2014，44（4）：1382.
［174］Chen F，Zhao X F，Quan Y，et al. A single-channel method based on temporal and spatial information（MTSC）for retrieving land surface temperature from remote sensing data［J］. Journal of Remote Sensing，2014，18（3）：657~672.
［175］韩亮，戴晓爱，邵怀勇，等. 基于实地大气模式改进的大气透射率反演方法［J］. 国土资源遥感，2016，28（4）：88~92.
［176］Qin Z H，Zhang M H，Karnieli A，Berliner P. Mono-window algorithm for retrieving land sur-

face temperature from Landsat TM6 data [J]. Acta GeographicaSinica-Chinese Edition, 2001, 56 (4): 466~475.

[177] 龚绍琦，张茜茹，王少峰，等．地表温度遥感中大气平均作用温度估算模型研究 [J]. 遥感技术与应用, 2015, 30 (6): 1113~1121.

[178] 张成才，陈东河，董洪涛．基于 Landsat-5 TM 数据的河南省白沙灌区地表温度反演研究 [J]. 遥感技术与应用, 2013, 28 (6): 964~968.

[179] Jiménez-Muñoz J C, Sobrino J A. A generalized single-channel method for retrieving land surface temperature from remote sensing data [J]. Journal of Geophysical Research: Atmospheres, 2003, 108 (D22).

[180] Jiménez-Muñoz J C, Sobrino J A, Skoković D, et al. Land surface temperature retrieval methods from Landsat-8 thermal infrared sensor data [J]. IEEE Geoscience and Remote Sensing Letters, 2014, 11 (10): 1840~1843.

[181] 徐涵秋，林中立，潘卫华．单通道算法地表温度反演的若干问题讨论——以 Landsat 系列数据为例 [J]. 武汉大学学报: 信息科学版, 2015, 40 (4): 487~492.

[182] Artis D A, Carnahan W H. Survey of emissivity variability in thermography of urban areas [J]. Remote Sensing of Environment, 1982, 12 (4): 313~329.

[183] 谭琨，廖志宏，杜培军．基于 DEM 的煤火自燃温度反演算法研究 [J]. 煤炭学报, 2014, 39 (S1): 105~111.

[184] 李恒凯，吴立新，刘小生．稀土矿区地表环境变化多时相遥感监测研究——以岭北稀土矿区为例 [J]. 中国矿业大学学报, 2014, 43 (6): 1087~1094.

[185] 尹杰，詹庆明，梁婷．武汉市热岛强度分区与规划应对策略 [J]. 环境监测管理与技术, 2017, 29 (2): 21~25.

[186] 楚万林，齐雁冰，常庆瑞，等．棉花冠层叶片叶绿素含量与高光谱参数的相关性 [J]. 西北农林科技大学学报: 自然科学版, 2016, 44 (9): 65~73.

[187] 赣州市废弃稀土矿山地质环境治理规划（2011~2015 年） [Z]. 赣州市人民政府, 2011.

[188] 廖日富．定南县治理废弃稀土矿山的成功实践 [J]. 中国水土保持, 2014, (5): 6~7.

[189] 王锦地．中国典型地物波谱知识库 [M]. 北京: 科学出版社, 2009.

[190] 史冰全，张晓丽，白雪琪，等．基于“三边”参数的油松林叶绿素估算模型 [J]. 东北林业大学学报, 2015, 43 (5): 80~83.

[191] 李恒凯，欧彬，刘雨婷．基于高光谱参数的竹叶叶绿素质量分数估算模型 [J]. 东北林业大学学报, 2017, 45 (5): 44~48.

[192] 浦瑞良，宫鹏．高光谱遥感及其应用 [M]. 北京: 高等教育出版社, 2000.

[193] 付虎艳，靳涵丞，张洪亮，等．贵州喀斯特山区烟叶高光谱参数与叶绿素含量的关系 [J]. 烟草科技, 2015, 48 (2): 21~26.

[194] Gnyp M L, Bareth G, Li F, et al. Development and implementation of a multiscale biomass model using hyperspectral vegetation indices for winter wheat in the North China Plain [J]. International Journal of Applied Earth Observations & Geoinformation, 2014, 33 (12): 232~

242.
[195] 董恒，孟庆野，王金梁，等. 一种改进的叶绿素提取植被指数 [J]. 红外与毫米波学报，2012，31 (4)：336~341.
[196] Maire G L，François C，Dufrêne E. Towards universal broad leaf chlorophyll indices using PROSPECT simulated database and hyperspectral reflectance measurements [J]. Remote Sensing of Environment，2004，89 (1)：1~28.
[197] Cho M A，Skidmore A K. A new technique for extracting the red edge position from hyperspectral data: The linear extrapolation method [J]. Remote Sensing of Environment，2006，101 (2)：181~193.
[198] RONDEAUX G，STEVEN M，BARET F. Optimization of soil adjusted vegetation indices [J]. Remote Sensing of Environment，1996，55 (2)：95~107.
[199] Broge N H，Leblanc E. Comparing prediction power and stability of broadband and hyperspectral vegetation indices for estimation of green leaf area index and canopy chlorophyll density [J]. Remote Sensing of Environment，2001，76 (2)：156~172.
[200] Sims D A，Gamon J A. Relationships between leaf pigment content and spectral reflectance across a wide range of species，leaf structures and developmental stages [J]. Remote Sensing of Environment，2002，81 (2~3)：337~354.
[201] Zarco-Tejada P J，Miller J R，Mohammed G H，et al. Canopy optical indices from infinite reflectance and canopy reflectance models for forest condition monitoring: Application to hyperspectral CASI data [C] //Geoscience and Remote Sensing Symposium，1999. IGARSS'99 Proceedings. IEEE 1999 International. IEEE，1999，3：1878~1881.
[202] 李明泽，赵小红，刘钺，等. 基于机载高光谱影像的植被冠层叶绿素反演 [J]. 应用生态学报，2013，24 (1)：177~182.
[203] Penuelas J，Baret F，Filella I. Semiempirical Indexes to Assess Carotenoids Chlorophyll a Ratio from Leaf Spectral Reflectance [J]. Photosynthetica，1995，31 (2)：221~230.
[204] Gnyp M L，Bareth G，Li F，et al. Development and implementation of a multiscale biomass model usinghyperspectral vegetation indices for winter wheat in the North China Plain [J]. International Journal of Applied Earth Observations & Geoinformation，2014，33 (12)：232~242.
[205] Daughtry C S T，Walthall C L，Kim M S，et al. Estimating Corn Leaf Chlorophyll Concentration from Leaf and Canopy Reflectance [J]. Remote Sensing of Environment，2000，74 (2)：229~239.
[206] Filella I，Penuelas J. The red edge position and shape as indicators of plant chlorophyll content，biomass and hydric status [J]. International Journal of Remote Sensing，1994，15 (7)：1459~1470.
[207] Barnes J D，Balaguer L，Manrique E，et al. A reappraisal of the use of DMSO for the extraction and determination of chlorophylls a，and b，in lichens and higher plants [J]. Environmental & Experimental Botany，1992，32 (2)：85~100.

[208] 王琦，孟伟，马云峰，等．基于 HJ-1 卫星的大伙房水库叶绿素 a 浓度反演模型研究［J］．安全与环境学报，2013，13（4）：137~141.

[209] 蒋金豹，陈云浩，李京，等．胁迫条件下的植物高光谱遥感实验研究［M］．北京：科学出版社，2016.

[210] 周超．植被重金属含量高光谱遥感反演方法研究［D］．长春：吉林大学，2016.

[211] 何晓群．应用回归分析［M］．北京：中国人民大学出版社，2007.

[212] 王纪华，赵春江，黄文江，等．农业定量遥感基础与应用［M］．北京：科学出版社，2008.

[213] 梅安新，彭望琭，秦其明，等．遥感导论［M］．北京：高等教育出版社，2010.

[214] 陈维君．水稻成熟度和收获时期的高光谱监测［D］．杭州：浙江大学，2006.

[215] 赵时英，等．遥感应用分析原理与方法（第二版）［M］．北京：科学出版社，2016.

[216] Tilling A K，O' Leary G J，Ferwerda J G，et al. Remote sensing of nitrogen and water stress in wheat［J］. Field Crops Research，2007，104（1）：77~85.

[217] Smith K L，M D Steven，Colls J J. Use of hyperspectral derivative ratios in the red~edge region to identify plant stress responses to gas leaks［J］. Remote Sensing of Environment，2004，92（2）：207~217.

[218] 张宣宣．玉米铁毒胁迫的光谱特征与叶绿素含量反演实验研究［D］．沈阳：东北大学，2014.

[219] 刘辉，宫兆宁，赵文吉．基于挺水植物高光谱信息的再生水总氮含量估测——以北京市门城湖湿地公园为例［J］．应用生态学报，2014，25（12）：3609~3618.

[220] 王奕涵，石铁柱，刘会增，等．水稻叶片氮含量反演偏最小二乘模型设计［J］．遥感信息，2015，30（6）：42~47.

[221] 胡军杰．铀矿区植物的光谱特征分析［D］．南昌：东华理工大学，2012.

[222] 石韧，刘礼，高娜．用高光谱数据反演健康与病害落叶松冠层光合色素含量的模型研究——基于 2005 年吉林省敦化和龙两市落叶松冠层采样测量数据［J］．遥感技术与应用，2008，23（3）：264~271

[223] 贾方方，洪权春，宋唯一．基于去包络线法的番茄叶霉病发病程度估测方法［J］．中国生态农业学报，2017，25（6）：805~811.

[224] 何敏，张文君，王卫红．面向对象的最优分割尺度计算模型［J］．大地测量与地球动力学，2009，29（1）：106~109.

[225] 于欢，张树清，孔博，等．面向对象遥感影像分类的最优分割尺度选择研究［J］．中国图像图形学报，2010，15（2）：352~360.

[226] 黄慧萍．面向对象影像分析中的尺度问题研究［D］．北京：中国科学院遥感应用研究所，2003.

[227] Woodcock C E，Strahler A H. The factor of scale in remote sensing［J］. Remote Sensing of Environment，1987，21（3）：311~332.

[228] 张俊，汪云甲，李妍，等．一种面向对象的高分辨率影像最优分割尺度选择算法［J］．科技导报，2009，27（21）：91~94.

[229] 孙燕霞．面向对象的高分影像最优分割尺度方法的研究与应用［J］．黑龙江科技信息，2013，(24)：93~94.

[230] 朱红春，蔡丽杰，刘海英，等．高分辨率影像分类的最优分割尺度计算［J］．测绘科学，2015，40（3）：71~75.

[231] 袁秀华，罗卫，王聪颖．赣州稀土矿山高分辨率遥感影像分割的最优尺度选取［J］．测绘与空间地理信息，2013，36（9）：48~50.

[232] 冯卫东，孙显，王宏琦，等．基于空间语义模型的高分辨率遥感图像目标检测方法［J］．电子与信息学报，2013，35（10）：2518~2523.

[233] 禹文豪，艾廷华．核密度估计法支持下的网络空间 POI 点可视化与分析［J］．测绘学报，2015，44（1）：82~90.

[234] Azizzadeh L，Zadeh L，Zahed L，et al. Fuzzy Sets，Information and Control［J］. Information & Control，1965，8（3）：338~353.

[235] 陈慕杰．模糊网络进度计划技术及风险研究［D］．邯郸：河北工程大学，2011.

[236] 曾志远．卫星遥感图像计算机分类与地学应用研究［M］．北京：科学出版社，2004.

[237] 宋永宏．模糊分类技术在入侵检测中的应用［D］．西安：西安电子科技大学，2006.

[238] Benz U C，Hofmann P，Willhauck G，et al. Multi-resolution，object-oriented fuzzy analysis of remote sensing data for GIS-ready information［J］. International Journal of Photogrammetry & Remote Sensing，2004，58（3~4）：239~258.